内 容 提 要

《现代科学与技术概论》由六章组成：第一章重点阐述科学与技术的基本概念、基本属性、基本理论、基本模型、基本体系以及科学与技术的联系与区别；第二章简要介绍古代科学技术的起源与形成以及古代科学技术的思想与方法；第三章简要介绍近代科学技术的兴起与发展以及近代科学技术的思想与方法；第四章重点介绍现代自然科学的发展及其成就以及现代科学的思想与方法；第五章重点介绍现代高技术的发展与成就以及现代技术的研究方法与创新；第六章论述现代科学技术与社会的关系。

该教材既有史，又有论，以史带论，以论及史，史论结合。全书按科学技术发展历史顺序进行布局，在此基础上重点突出每个历史时期科技发展的基本现状及其成就。教材通过把握继承与发展，基础知识与科学前沿，本学科与相邻学科，知识传授与能力培养，科技革命与社会、经济、文化的发展等关系，以期学生得到较优化的知识结构，顺应新形势下教学内容与教材改革的方向。

全国高等农业院校教材
全国高等农业院校教学指导委员会审定

现代科学与技术概论

朱朝枝　主编

中国农业出版社

主　编　朱朝枝（福建农林大学）
副主编　王秦俊（山西农业大学）
　　　　　徐　秋（河北科技师范学院）
编　者（按姓氏笔画排序）
　　　　　王秦俊（山西农业大学）
　　　　　方平平（福建农林大学）
　　　　　朱朝枝（福建农林大学）
　　　　　范水生（福建农林大学）
　　　　　徐　秋（河北科技师范学院）
　　　　　黄锦文（福建农林大学）
　　　　　曹林奎（上海交通大学）
　　　　　虞冠军（上海交通大学）
　　　　　戴观文（外交学院）

前　言

由于科学技术的迅猛发展，人类社会的面貌正发生着日新月异的变化，科学技术已成为社会经济发展的核心。科学就是力量，技术就是第一生产力，这已是不争的事实。现代的大学生，急需拓宽自己的知识面，急需丰富自己的知识宝库，急需提高自己的科学文化素养，特别是人文、社科及管理类的大学生，非常有必要拓宽自己在科学技术方面的视野。

为了适应时代要求，贯彻中共中央、国务院《关于深化教育改革全面推进素质教育的决定》精神，提高人文社会科学、管理科学等非理工科大学生的科学素养，我们编写了《现代科学与技术概论》这本教材。

本教材由朱朝枝任主编，王秦俊和徐秋任副主编，最后由朱朝枝统稿，具体编写分工如下：

第一章	绪　论	朱朝枝
第二章	古代科学技术的起源与形成	王秦俊
第三章	近代科学技术的兴起和发展	
	第一、四、五节	王秦俊
	第二、三节	徐　秋
第四章	现代自然科学的发展	
	第一、三节	徐　秋
	第二节	黄锦文
	第四、六节	方平平
	第五节	戴观文

	第七、八节	王秦俊
第五章	现代高技术的发展与成就	
	第一节	虞冠军
	第二节	方平平
	第三节	朱朝枝
	第四、五节	黄锦文
	第六、八、九节	范水生
	第七节	徐　秋
	第十节	王秦俊
第六章	科学技术与社会	虞冠军、曹林奎

本教材在编写过程中，参考了大量的文献，谨对文献作者表示衷心的感谢！本教材的出版得到了方方面面的支持，在此一并表示感谢！

限于时间和水平，书中不足之处在所难免，敬请各位同行、专家、读者批评指正。

编　者

2005 年 10 月

目　　录

前言

第一章　绪论 …… 1

第一节　科学 …… 1

一、科学的基本概念 …… 1

二、科学的特征和属性 …… 2

三、现代科学四大基本理论和五大基本模型 …… 3

第二节　技术 …… 6

一、技术的基本概念 …… 6

二、技术的特征和属性 …… 7

三、现代技术的三大体系 …… 8

第三节　科学与技术的关系 …… 9

一、科学与技术的内在联系 …… 9

二、科学与技术的区别 …… 10

第二章　古代科学技术的起源与形成 …… 12

第一节　古代科学技术的起源 …… 12

一、古代技术的起源 …… 12

二、古代自然科学的萌芽 …… 13

第二节　古代科学技术的形成 …… 13

一、古代中国的科学技术 …… 13

二、古埃及、古巴比伦和古印度的科学技术 …… 18

三、古希腊、古罗马的科学技术 …… 19

四、古代阿拉伯国家的科学技术 …… 21

第三节　古代科学技术的特征、科学思想和方法 …… 21

一、古代科学技术的特征 …… 21

二、古代的科学思想和方法 …… 22

第三章　近代科学技术的兴起和发展 …… 25
第一节　近代科学技术兴起的背景 …… 25
一、“十字军东征”和东方科学技术的传播 …… 25
二、工场手工业和远航探险 …… 26
三、大学的兴起 …… 26
四、文艺复兴运动和宗教改革 …… 27
第二节　近代科学的兴起 …… 28
一、近代科学的突破 …… 28
二、经典力学的奠基 …… 29
三、经典力学体系的形成 …… 31
第三节　近代科学的发展 …… 32
一、天文学 …… 32
二、物理学 …… 36
三、数学 …… 40
四、化学 …… 42
五、生物学 …… 46
六、地学 …… 50
第四节　近代技术的形成与发展 …… 51
一、近代技术的形成——第一次技术革命 …… 51
二、近代技术的发展——第二次技术革命 …… 55
第五节　近代科学技术的特征、科学思想和方法 …… 57
一、近代科学技术的特征 …… 57
二、近代的科学思想 …… 58
三、近代的科学方法 …… 59
第四章　现代自然科学的发展 …… 63
第一节　现代物理学的发展 …… 63
一、现代物理学革命的序幕 …… 63
二、现代物理学革命的重大发现 …… 66
第二节　现代天文学 …… 75
一、宇宙概述 …… 75
二、现代宇宙观的形成 …… 77
三、宇宙的起源和演化 …… 80

四、天体的起源和演化 …… 83
第三节　现代数学的研究进展 …… 89
一、现代数学发展的特点 …… 89
二、现代数学的几个主要分支 …… 91
第四节　现代化学的发展 …… 99
一、现代化学的重大成果 …… 99
二、现代化学的地位和作用 …… 103
第五节　现代地学的研究进展 …… 105
一、地球的演化 …… 106
二、地壳的运动 …… 108
三、现代地学的问题 …… 111
第六节　现代生物学 …… 112
一、分子生物学产生的基础 …… 112
二、分子生物学诞生及其发展 …… 116
三、现代生物学发展趋势 …… 123
第七节　生态学与环境科学 …… 123
一、生态学 …… 123
二、环境科学 …… 128
第八节　现代科学的特征、科学思想和方法 …… 133
一、现代科学的特征 …… 133
二、现代科学思想 …… 135
三、现代科学方法——系统科学方法 …… 136
第五章　现代高技术的发展与成就 …… 142
第一节　信息技术 …… 142
一、信息技术的发展 …… 142
二、信息技术的核心内容 …… 143
第二节　生物技术 …… 156
一、生物技术的产生和发展 …… 156
二、生物技术的核心内容 …… 159
三、生物技术的应用 …… 162
第三节　新材料技术 …… 165
一、新型金属材料 …… 165
二、无机非金属材料 …… 167

三、新型高分子材料 …… 169
四、新型复合材料 …… 169
五、光电子材料 …… 170
六、生物医学材料 …… 171
七、纳米材料 …… 173
第四节　新能源技术 …… 174
一、太阳能利用新技术 …… 174
二、核能利用新技术 …… 176
三、地热能利用新技术 …… 179
四、氢能利用新技术 …… 180
五、风能利用新技术 …… 182
六、海洋能的开发和利用 …… 183
七、生物质能利用新技术 …… 184
八、节能新技术 …… 185
第五节　自动化技术 …… 186
一、自动控制和自动控制系统 …… 186
二、自动控制系统的主要装置 …… 187
三、人工智能技术 …… 189
四、农业中的自动化技术 …… 192
五、自动化在其他领域的应用 …… 194
第六节　海洋技术 …… 202
一、海洋技术的发展 …… 202
二、海洋技术的核心内容 …… 204
第七节　激光技术 …… 210
一、激光技术产生的背景 …… 210
二、激光的产生原理与激光的组成 …… 211
三、激光的特点 …… 212
四、激光的主要用途 …… 214
第八节　空间技术 …… 215
一、空间技术的发展 …… 215
二、空间技术的核心内容 …… 219
第九节　环境保护技术 …… 225
一、环境监测与分析技术 …… 225
二、环境污染防治技术 …… 228

三、生态防治技术 …… 235
四、生物修复技术 …… 238
第十节　现代技术方法与技术创新 …… 239
一、现代技术方法 …… 239
二、技术创新 …… 243

第六章　科学技术与社会 …… 248

第一节　科技的社会功能 …… 248
一、科技进步与经济发展 …… 248
二、科技进步与社会变革 …… 253
三、科学技术与科教兴国 …… 255
第二节　科技进步与可持续发展 …… 260
一、人类面临的全球性问题 …… 260
二、产生全球性生态问题的原因 …… 263
三、可持续发展理论的形成 …… 265
四、科技进步是实现可持续发展的重要保证 …… 266
第三节　科学技术与人文社会科学 …… 267
一、科学技术促进人类精神文明的建设 …… 267
二、科学技术推进人类社会制度文明的发展 …… 269
三、科学技术与人文文化相互渗透、协调发展 …… 270

附录一　科学技术发展大事记 …… 275
附录二　科学技术史上的名著 …… 293
附录三　科学技术的重大发现、发明 …… 297
参考文献 …… 301

第一章 绪 论

第一节 科 学

一、科学的基本概念

科学一词，英文为science，源于拉丁文的scio，后来演变为scientia，其本意是学问、知识。中国典籍《礼记·大学》中有："致知在格物，格物而知至"，用格物致知表示实践出真理的概念，日本转译为"致知学"。日本明治维新时期，著名科学启蒙大师、教育学家福泽谕吉把"science"译为"科学"，并在日本得到广泛传播。1893年，康有为从日本引进并使用"科学"一词。严复在翻译《天演论》等著作时，也用了"科学"一词。此后，"科学"一词便在中国得到广泛应用。

科学的内涵和外延是随着科学本身的发展和人们对科学的认识的不断深化而发展变化的。所以，要给科学下一个固定不变的定义是不现实的，只能用广泛的阐明性的叙述来作为一种表述方法。现在，可以从以下三个层面来理解科学的基本含义：首先，科学是一种特殊形式的社会活动，即知识生产活动，是一种创造性智力活动。其次，科学是一种知识体系。我国的《辞海》给科学下的定义是："科学是关于自然界、社会和思维的知识体系"。这是科学概念的最基本内涵。科学知识体系是一个动态系统，随着实践的发展而不断变化。第三，科学是社会发展的实践力。科学不仅是知识生产活动和知识体系，而且是社会发展的实践力量。科学作为实践力量，通过被人们掌握、利用而发展着，起到改造客观世界的作用。所以说，"知识就是力量"。

在英语中，"科学"主要指自然科学。在汉语中，"科学"既指自然科学，也指人文科学和社会科学。本书讲的现代科学主要指现代自然科学。

二、科学的特征和属性

（一）科学知识的客观真理性

自然科学的研究对象是自然界的各种物质客体的结构和运动形式。科学的任务就是揭示物质运动的客观规律，达到真理性的认识。科学必须从事实出发，按世界的本来面貌反映世界，科学的假设是需要的，但不允许无谓的臆造和无根据的假设。科学要用现象的自然原因来解释现象，完全撇开超自然的任何影响。科学的这一特征表明，它不同于宗教信仰，它能为人们提供真理性的知识。

（二）科学内容的无阶级性

科学是生产斗争和科学实验的产物，它的内容与社会经济基础的要求没有什么关系。它虽然是社会意识的一种，但它是社会意识中非意识形态的部分，不属于上层建筑，而属于生产力的范畴，所以科学本身没有阶级性。科学的这一特征表明，它具有共享性。

（三）科学活动的探索性

既然科学是对自然界运动规律的反映，而自然界又处于永不休止的变化之中，所以，科学活动总是处于积极探索的过程之中。科学大厦的建设，是一项永远不会完结的工程，人类总会有所发现、有所发明、有所创造、有所前进，而不会穷尽“终极真理”。科学的这一特征表明，人类认识世界都是由浅至深的过程。

（四）科学认识形式的抽象性

科学虽然以自然界为研究对象，但它并不停留在对自然现象的直观描述阶段。它要透过纷繁复杂的表面现象揭示其内在的本质，进而发现规律。为此，就要经过去粗取精、去伪存真、由此及彼、由表及里的抽象过程，并以概念、范畴、原理等形式确定下来。只有借助于思维的抽象力，才能把握事物的本质及其运动规律。科学的这一特征表明，它不同于艺术。

（五）科学理论的解释性和预见性

科学来源于实践，它还要回到实践中去，它要对人们在生产实践和科学实验中所提出的各种问题做出解释。科学理论的目标就是提供系统的、严密的、有根据的解释。

科学的预见性是指根据对自然现象的本质联系的深刻认识，科学理论能够对自然事物的发展趋势或者尚未发现的事物作出推断和判断。自然界的一切事物都是遵循一定的规律发展变化的。因此，人们一旦掌握了客观规律，就能够预见它的发展进程和结局。科学预见是人们能动性的体现，是人们改造自然的实践活动获得成功的前提。

三、现代科学四大基本理论和五大基本模型

(一) 现代科学四大基本理论

1. 相对论　相对论（狭义相对论和广义相对论）的创立具有重大的意义。狭义相对论建立在两个基本原理上：一为相对性原理，即在一切惯性系中，物理规律的表现形式都相同；二为光速恒定原理，即在所有惯性系中，光速都相同。以这两条原理为前提，可以导出洛伦兹（H. A. Lorentz）变换，从而导出同时的相对性、运动尺子缩短、运动时钟变慢的结论。相对论原理揭示了时空和运动物质不可分割的联系，而且随物质运动状态而改变，证明了时空存在着内在的、本质的联系。广义相对论实质上是在考虑到非惯性系的情况下而建立的一种引力理论。

2. 量子力学　量子力学的创立从普朗克（M. K. Planck）开始，又经过爱因斯坦（A. Einstein）、玻尔（N. Bohr）、德布罗意（L. V. De Broglie）、海森堡（W. K. Heisenberg）、薛定谔（E. Schrödinger）和狄拉克（P. Dirac）等众多科学家的共同努力，于 20 世纪 30 年代形成了一种完整的理论体系，成为对于自然界一切微观领域的普遍适用的理论，从而从根本上改变了经典物理观念，为自然科学的发展开辟了广阔的前景。

3. 基因理论　在 20 世纪中，随着化学、物理学的新成就渗透到生命科学之后，对生命现象的研究从整体深入到细胞、亚细胞和分子水平。分子生物学，包括分子遗传学，在生命科学中占有主流的地位。千百年来，人类对生命现象的研究在很大程度上倾心于探索遗传之谜。直到 20 世纪 20 年代才建立起决定性状遗传的基因理论，后来并进一步地证明了 DNA 是遗传信息的载体。甚至有些著名的遗传学家把遗传学称为基因学。基因携带的信息由基因的结构所决定，信息的表达是由基因的功能而实现的，因此所有生命现象的机制追根到底都与基因的结构与功能相关。

4. 系统理论　20 世纪以来，在科学系统中产生深远影响的横断科学如信息论（学）、控制论（学）和系统论等都得到了迅速的发展。这些与另一门典型的横断科学——数学科学，一起广泛地向其他学科渗透，从横断面上把众多分支学科联结为一体。人类对信息的利用几乎伴随人类的出现就开始。物质、能量和信息是构成世界的 3 大要素，因而这大千世界的一切，不外是物质变化、能量转换和信息控制这 3 种基本客观过程及其相互关系。事物运动的形

式、结构、关系等都可以用信息来表征，因而信息比物质和能量显得更为基本。狭义信息论是研究信息的基本性质、度量方法以及信息的获取、传输、存贮、处理和交换的一般规律的学科；而广义信息论被称为信息科学，它不仅包括了狭义信息论和一般信息论的主要内容，而且还研究有关信息的广阔领域，如语义信息、有效信息和模糊信息等。

与信息论紧密相关的控制论是关于动物、机器和社会的控制与通信的学科，即在一定条件下发挥能动性以实现对系统控制的一门学科。控制概念很普遍，控制是一种有目的的活动，其目的体现在受控对象的行为中。控制与信息不可分，控制过程是一种不断地获取、处理、选择、传送和利用信息的过程。自然系统、人工系统的控制趋于复杂化，现代社会系统日益信息化，因而大系统控制理论得到了新的发展。

与信息论、控制论紧密相关的系统论来源于生物学中机体论的思想，现在已发展成为系统科学中的基本理论部分。它是关于一般系统的本质、特点、运动规律的理论，还包括基于不同学科背景而形成的系统理论，如耗散结构理论、协同论等，都是基于实验和数学方法而建立起来的自组织理论。

（二）现代科学五大基本模型

1. 宇宙演化的热大爆炸模型　20 世纪，天文学的最大 2 项成就是大爆炸宇宙学和恒星演化理论。前者导致了热大爆炸模型的建立。在 20 世纪 20 年代，弗里德曼（H. Frideman）在广义相对论的框架下，论证了宇宙胀缩；哈勃（E. Hubble）发现了星系红移。后来，在 20 世纪 40 年代末，美国物理学家伽莫夫（G. Gamov）等提出了大爆炸宇宙理论，它认为宇宙起源于温度和密度极高的“原始火球”的一次大爆炸。大爆炸的时刻就是今天所观察到的宇宙的开端，这时的温度高达 100 亿度以上，物质密度极大，整个宇宙体系达到平衡，宇宙间只有由中子、质子、电子、光子和中微子等一些基本粒子形态物质混合而成的“宇宙汤”；而 4 种基本力，即引力、强力、弱力和电磁力，逐一分化出来。后来，物质形态依次演化为原子、气态物质、各种恒星体系，最后发展成今天所看到的宇宙。但是，有关大爆炸的起点还存在争议，有关宇宙的膨胀、胀缩等也尚无定论。

2. 粒子物理的标准模型　在 20 世纪下半叶，人们对深层物质结构有了新的认识。物理学从最基本的粒子夸克开始直到整个宇宙的探索，人们总想知道物质世界究竟由什么构成，又是什么在维系着这样复杂的世界。迄今，人们已认识到构成物质的最小组分：12 种轻子——只参加弱相互作用、电磁相互作用的费米子，36 种夸克——感受强作用力的带电粒子；12 种媒介子——传递相互作用的粒子，共计 60 种。作用在物质上的所有复杂的力可归结为 3 种：

引力——由引力子传递的最弱的力，但在宇宙的大距离、大质量尺度上却是强有力的一种力；强力——由胶子携带并仅在原子核内夸克之间起作用的短程力，即将夸克胶结在一起的色力，使原子核保持为一个整体；统一的电弱力——以电磁力和弱力两种表现形式出现的同一基本力，经受了实验检验的电弱统一理论描述的一种力。

夸克和轻子是目前人们所认识的物质结构的新层次。因此在夸克-轻子模型的基础上形成了粒子物理的标准模型理论，即以夸克、轻子作为基本粒子，以电弱统一理论与描述夸克之间强相互作用的量子色动力学理论所构成的理论。

标准模型理论并不完美，还要检验与发展标准模型理论，进而寻找超标准模型理论。

3. *遗传物质DNA双螺旋结构模型* 对遗传物质DNA结构进行研究，首先是量子力学创始人之一的薛定谔。他在《生命是什么?》一书中，用量子力学的观点论证了基因的稳定性和突变发生的可能性。他的研究激发了人们用物理学的思想和方法去探索生命物质及其运动。接着，维尔金斯（M. Winkins）和弗兰克林（R. Franklin）获得了DNA晶体结构的X射线衍射图，证明了DNA呈螺旋形、多股链结构。1953年，生物学家沃森（J. Watson）和物理学家克里克（F. H. Crick）合作，经过反复研究后提出了DNA双螺旋结构的分子模型。DNA双螺旋结构是20世纪生命科学中最伟大的发现，它标志着分子生物学的诞生，为DNA的自我复制、发育与功能以及突变提供了基础，为描述生命的蓝图奠定了分子的基础。

4. *智力活动的图灵计算模型* 大脑与智力（精神）的关系问题长期地囿于哲学思辨或经验观察上。20世纪70年代以来，由于认知科学、神经科学、心理科学和计算机科学的迅速发展，使得人们可以在现代科学的基础上研究知觉、注意、记忆、动作、语言、推理、思考乃至意识等空前困难的问题。早在17世纪，莱布尼茨（G. W. Leibniz）就提出过思维可计算的设想，即符号语言和思维演算的思想。直到20世纪30年代，哥德尔（K. Godel）提出了一般递归函数的概念，后来把可计算的函数归结为一般递归函数，而且可计算函数的计算也就可以归结为图灵理想计算机的计算了。图灵计算是按某种规则将一组数值或符号串转换成另一组数值或符号串的操作过程。图灵（A. M. Turing）在《计算机与智力》一文中提出计算机能思维的观点，并进行了检验：一个人在不接触对象的情况下，同对象进行一系列对话，如果他不能根据这些对话判断出对象是人还是机器，那么，就可以认为这台计算机具有与人相当的智能。符号处理学说有力地推动了人工智能的发展，人们用机器模拟人类智能，以至认为神经元的基本功能是计算、思维，即计算、思维由神经元的计算功能逐级整合而形成。在这些认识的基础上，认知科学家建立了认知的计算理论，特别是提出了在图灵机意义下的“计算”的基本概念。“认知即计算”表明，无论是人脑还是计算机都是操作处理离散符号的形式系统。因此，认知的计算理论又称为符号处理的学说，图灵计算模型就目前所能达到的水平来说还是最成功的。

5. *地壳构造的板块模型* 对陆海变迁的关注可追溯到古希腊时代的柏拉图（Platon）和中国唐代的颜真卿等的思考。直到 20 世纪对陆海变迁的研究才取得了重大的进展，这包括大陆漂移说、海底扩张说和板块构造说。

大陆漂移说的创始人是魏格纳（A. L. Wegener），他在《海陆的起源》一书中论述了南美和非洲大陆能拼合在一起的思想，大西洋两岸的许多生物有亲缘关系，以及在岩石、地层和皱褶构造等方面也相当吻合。在 20 世纪 50 年代后，由古地磁学研究的结果进一步地为大陆漂移说提供了有力的证据。在大陆漂移说中又引申出了海底漂移的观点，于是海底扩张说就应运而生。

海底扩张说是在海洋地质的重大发现之后得到证据的。地球地幔上部分为岩石圈和软流圈，由于软流圈在高温物质地幔上部，地幔中有一个圆环形的对流体，驱使地幔的炽热物质从洋脊的裂谷中涌出，冷却后形成新的海底，并推动原来的海底向两侧扩张，像传送带一样连续运转，海底不断更新，大陆同海底一起在地幔对流体上漂移。

在大陆漂移说和海底扩张说的基础上，岩石板块构造说成为新的全球构造理论。岩石圈被各种断裂分割成的块段称为板块，全球共分为七大板块，即太平洋、亚欧、印澳、非洲、北美、南美和南极板块。板块是漂浮在软流圈上的刚块体，在洋中脊处增生，在海沟处消减，其运动的动力源泉来自地幔的热对流。

地壳构造的板块模型的建立是地球科学史上的一次重大变革，对地球科学产生了深刻的影响，改变了旧的地球观。

第二节　技　术

一、技术的基本概念

技术一词来源于古希腊语（techne），意指“技能”，“技艺”等。古希腊伟大的思想家亚里士多德（Aristotelēs）称技术是制造的智慧。1615 年，英国的巴克爵士创造了“technology”一词，表示技术原理和过程。中国古籍《考工记》中指出："知者造物，巧者述之、守之，世谓之工"，意思是知者发明，巧者负责发明成果的应用，并将其经验、技巧传给后代。这里的操作经验、技巧就是古代的技术。当然，中国古代没有"技术"一词。

最早给技术下定义的学者是18世纪法国百科全书派领袖狄德罗（D. Diderot）。在他主编的《百科全书》的"技术"词条中指出：技术"就是为了完成某种特定目标而协调动作的方法、手段和规则的完整系统"。这个定义包含以下几个重要观点：①指出技术是一种有实际目标的活动；②强调技术的实现要通过社会协调来完成；③指出技术的物质体现是手段、工具；④阐明了技术的非物质形式是方法、规则等知识；⑤指明技术本身是由许多要素组成的完整系统。

在现代，对技术有狭义和广义两种不同的理解：狭义的理解，只把技术限制在工程学的范围内，如机械技术、电子技术、化工技术、建筑技术等；广义的理解，则把技术概念扩展到社会、生活、思维的领域。我国学者给技术下的广义定义是："人类在为自身生存和社会发展所进行的实践活动中，为了达到预期目的而根据客观规律对自然、社会进行调节、控制、改造的知识、技能、手段、规则方法的集合。"这表明，现代技术已经超越了工程学的范围，从生产领域向社会生活的各领域扩展了。

二、技术的特征和属性

（一）技术的"中介"性

技术的根本任务是解决人类改造客观世界的实践活动中"做什么"和"怎么做"的问题。就是说，在人们改造自然和社会的实践活动中，要改变自然物的形态或对社会进行调控，这是技术所要解决的"做什么"的问题。而把技术作为知识、技能、手段、方法的系统，被用来实现特定的目的，这是技术所需要解决的"怎么做"的问题。正是在解决"怎么做"的问题上，体现出了技术的本质特征，表明了人对自然和社会的能动关系，是通过技术的"中介"作用来实现的。

（二）技术的自然属性

技术的自然属性是指任何技术都必须符合自然规律。任何时代的技术，都是对自然规律的自觉或不自觉的应用。在古代，人类的知识还很贫乏，从总体上还达不到对自然规律的自觉掌握和应用。所以，古代技术主要依赖于人们的经验知识。在现代，由于科学的发展为技术提供了系统的理论知识，技术成了对自然规律的自觉应用。技术的自然属性，决定了科学知识成为技术的主体要素，技术在外在形态上，表现为科学化技术。

（三）技术的社会属性

技术既具在自然属性，又具有社会属性。技术的社会属性是指任何技术都是人们为了满足社会需要，按人的目的而创造发明的。技术发明和应用的过程要受各种社会条件的制约，技术的发展方向、进程、结果要受社会的支配。技术成果利用的性质（利与害）及价值，由社会的经济关系来决定，由社会来评价。现代技术活动，同人类的经济、政治、军事、文化及人们的日常生活有着十分密切的联系。技术的适用性并不能由技术本身决定，而是由技术发展的环境和目标决定的。技术环境包括人口、自然资源、经济发展水平、政治法律制度、文化传统、价值观念等。环境不同，目标不同，技术发展的方向、模式、特点也不同。这些都显示了技术的社会属性。

三、现代技术的三大体系

现代技术已发展成为一个庞大的复杂系统，在这庞大的复杂系统中，主要由三大基本技术体系，即物质变化技术体系、能量转换技术体系和信息控制技术体系组成。

（一）物质变化技术体系

物质变化包括物质的组分变化、物态和物性变化、外形和色泽变化。物质变化技术主要包括各种材料的设计、制备和加工。就材料的大类来分有：金属材料、无机非金属材料、有机高分子材料和复合材料、结构材料（按不同的力学性能）和功能材料（光、电、磁、热、声等性能）、块状材料、薄膜材料、粉末材料和纤维材料等。在20世纪中，材料技术表现出一些基本特征：对材料的选择已从低分子走向高分子，对材料的制备已从合成走向组合合成，对材料的加工已从微米走向纳米；主要朝着高功能化、超高性能化、复杂化和智能化方向发展。

（二）能量转换技术体系

能量转换包括诸多能量形式的转换，如电池是化学能转变为电能的装置，光电池是光能转变为电能的装置，蒸汽机是热能转换为机械能的装置，发电机是机械能转换为电能的装置，电动机是电能转换为机械能的装置，电炉是电能转换为热能的装置等。在20世纪，能量转换技术有更多更新的发展，如喷气推进技术、核能技术、光电技术和多种能量转换技术。

航空技术和航天技术都以喷气推进技术为基础，使得喷气式飞机能在航空空间实现超音速飞行，使得运载火箭足以实现3种宇宙速度飞行。核能技术是巨大能量释放技术，在战争时代被用于制造核武器，在和平环境用于发电。还有多种能量资源，如煤、天然气、石油、太阳能、风能、水能等均可转换成可用的能源。

（三）信息控制技术体系

信息的本质是控制。信息技术就是形成信息控制系统，对信息过程（产生、采集、存储、交换、处理等）能动地加以利用。电磁相互作用是信息技术的主要能量载体；核酸分子是生物信息的载体，如对遗传信息的携带与传递。

在信息技术的发展中，电子电路集成化、信息处理数字化和信息传输网络化占有重要的地位。集成电路从小规模发展到中、大、超大规模，并向极大规模前进。数字化技术的核心是模数转换，即以模拟信号转换为数字信号，与模拟信号相比，数字信号具有许多优点，如纠正错误、数据压缩能力等。电脑网络连接技术、光缆铺成信息高速公路和运行在地球同步轨道上的通信卫星使人类生存空间信息相通。

第三节　科学与技术的关系

科学与技术既有内在的联系也有重要的区别，从本质上看，科学是反映客观事物属性及其运动规律的知识体系，回答"为什么"的问题；技术是利用客观规律，创造人工事物的过程、方法和手段，回答"怎么做"的问题。二者既有原则性的区别，又有着相互依存、相互转化的密切关系。

一、科学与技术的内在联系

现代科学与技术是一个辩证统一的整体。科学离不开技术，技术也离不开科学，它们互为前提、互为基础。科学中有技术，技术中有科学。例如，基础科学（物理、化学、生物、天文、地学）都离不开实验和观察技术；而许多高技术（电子技术、计算机技术、激光技术、生物工程技术、超导技术等）又离不开科学的指导，都要应用最新的科学理论。现代科学的发展，一开始就依赖于先进的技术手段。由于现代科学研究已深入到了微观世界，扩展到了宇宙天体，只有借助于先进的实验装置（高能加速器、射电望远镜）才能进行。因此，科学对技术的依赖性越来越强，出现了"科学技术化"的趋势。同时，技术也更加科学化。可以说，现代科学是高技术之母，科学是技术的先导和发源地。高技术发展的道路是，首先是有了新的科学发现，提出了新的科学理论和原理（即知识创新），进一步才考虑如何将这些成果应用于社会实践（如生产斗争、军事斗争）中去，创造新的应用技术（即技术的发明）。从发现核裂变现象到制造原子弹、从发现受激辐射现象到研制成功激光器，从发现DNA的双螺旋结构到进行基因重组等等，这些高技术的出现，表明它们是“以现代科学为基础的技术”。

二、科学与技术的区别

（一）科学与技术的构成要素不同

科学的要素是概念、范畴、定律、原理、假说。技术的要素分为两类：一类是主体要素，即经验、理论、技能；另一类是客体要素，即工具、机器等装置。

（二）科学与技术的任务不同

科学的任务是有所发现，揭示自然界的新现象、新规律；技术的任务是利用自然、控制自然，创造人工自然物。

（三）科学与技术所要解决的问题不同

科学主要解决“是什么”和“为什么”的问题；技术主要解决“做什么”和“怎么做”的问题。

（四）科学与技术的研究过程不同

科学研究的目标有较大不确定性，往往难以预见在未来会作出什么发现，也难以计算出作出某种新发现需要多少时间，付出多大代价；技术开发虽然也有一定不确定性，但新产品的研制、新工艺的开发还是有既定的目标的，有较明确的步骤和经费预算，技术开发工作的计划性比较强。

（五）科学与技术的劳动特点不同

科学研究的自由度要大些，个体性较强；技术开发活动虽然必须发挥个人的独创性，但是，其活动的集体性较强。

（六）科学与技术的成果的表现形式不同

科学研究的成果主要表现为学术论文、学术专著，它的价值主要在于深化人类认识，增加人类知识宝库；技术开发的成果主要表现为工艺流程、设计方案、技术装置，它的价值主要在于实用性、经济性和可行性以及对社会实践的推动作用。

思考题

1. 什么叫科学？它有哪些特征？
2. 简述现代科学的四大基本理论。

3. 简述现代科学的五大基本模型。
4. 什么叫技术？它有哪些特征？
5. 简述现代技术的三大体系。
6. 试述现代技术的联系与区别。

第二章　古代科学技术的起源与形成

第一节　古代科学技术的起源

一、古代技术的起源

原始社会的技术主要体现在以下几个方面。石器加工技术，是原始社会最基本的技术，也是人类的“出生证”，它意味着人类掌握了最初的原始技术。火的使用，拓宽了人类的活动空间，是人第一次支配了一种自然力，标志着初期人类结束了茹毛饮血的生活方式。弓箭技术，是原始人的又一项重大技术发明，意味着人类已经学会使用一种机械，它可以把能量储存起来，并在瞬间将储能转化为动能。纺织技术，在原始社会后期，人类使用野生葛、麻为原料，经过纤维分离、纺纱、织布3道加工工序而制成布；一些畜牧地区也开始用羊毛纺织制成衣服。建筑技术，旧石器晚期原始人已经学会用石头或日晒砖建造房屋。制陶技术，在原始社会制陶技术的产生和发展经历了胚架制陶、手工制陶、轮盘制陶3个阶段，有了生活使用的锅、容器一类的陶器。冶金技术，原始社会后期出现了用冶金方法制造的青铜器、铁器代替石器，带动了技术大飞跃。运输技术，原始社会人类在实践中搬运重物一开始利用撬车（雪车）、树干、圆木，后来从滚动的圆柱发展到在车轴上装上轮子；古埃及人最早的水上交通工具是用枝条和稻草密密编成的物体，盖上兽皮或涂上油脂捆成筏，或用动物皮缝制成中空筏，也有用火将大树干烧成中空而制成独木舟；随着锋利石器的出现，人类又制造了规模较大的船，据史前遗物考证，美索不达米亚的船只完成了环绕阿拉伯到埃及的航行，我国新石器时代末期也有船只驶过了台湾海峡。

远古时期的技术发明是在极度困难的条件下完成的，具有划时代的意义，使人的衣、行、住、食的原始需要得到了解决，这些技术创造是近代和现代文明的基石。

二、古代自然科学的萌芽

原始人在改造自然的活动中，也积累着生产经验和对自然界的认识，这种认识是以经验知识的形式存在着。这些经验知识虽然没有提升到理论水平和表现为文字的形态，但它在本质上是与力学、化学、生物学相符合的，被称为是自然科学的萌芽。

恩格斯指出："随着手的发展、随着劳动而开始的人对自然界的统治，在每一个新的进展中扩大了人的眼界。他们在自然对象中不断发现新的、以往所不知道的属性"。[①]原始人在石器工具的制作过程中要逐步摸索石头的性质，知道什么石头最宜于加工，怎样根据不同的用途确定加工的形状和方法，这是人类最初获得的经验知识。原始人在实践中学会了保存火种，他们知道了要"养活"火，应当用什么来"喂"它，即有哪些自然物可用来作燃料，用击石或钻木的方法取火，用火烧烤或煮熟食物，这是与经验知识分不开的。原始人能制造和使用弓箭，表明他们已有了长期积累的经验和较发达的智力，弓、弦、箭是复杂的工具，具有奇妙的力学机构和知识：制造弓箭要知道选用最适宜的木材加工弓身；用动物的腱、皮革或植物纤维做弦，用石、骨或兽牙制成箭镞，箭上常附有羽毛，使其能更好地定向飞行。远古时期遗留下来的文物，以及对近代还过着部落生活的民族的考察，都证明原始社会的人们已有了虽然粗浅却又相当广泛的知识。

第二节　古代科学技术的形成

一、古代中国的科学技术

（一）古代中国的科学成就

1. 数学　早在公元前 14 世纪的商朝，我国就能使用十进位制。《易经》是二进制的前身，而二进制的"开与关"的设计是现代计算机的基础。我国最早的数学著作是公元前 1 世纪问世的《周髀算经》。东汉成书的《九章算术》标志着我国数学体系的初步形成，它包括算术、初等代数、初等几何等方面的内容，在后来近 2 000 年中，它一直被用作我国的数学教材，在世界数学史上有着重要的地位。该书通过 246 个应用题及其解法，表现了中国数学用代数方法解决

①恩格斯．自然辩证法．北京：人民出版社，1971．151

大量的实际问题的特点。此后，历代数学家通过对它的注释和证明，推动了数学的发展。三国时期的刘徽用创立的割圆术求出$\pi=3.141\,59$，已经比希腊人先进。而南北朝时期著名数学家祖冲之算出π在3.141 592 6～3.141 592 7之间，这个纪录1 000多年后才被打破。关于分数的概念及其运算、正负数的概念、加减法则、开平方以及一般的二次方程组的解法等在世界上都是最早的，唐初王孝通的三次方程求解比欧洲早600多年。我国数学在宋元时期达到新的高度，陆续出现了一批著名的数学家和高水平的数学著作，如秦九韶的《数书九章》，李冶的《测圆海镜》、杨辉的《详解九章算法》和《杨辉算法》、朱世兰的《算法启蒙》、《四元玉鉴》等，都代表了当时中国和世界上最高的数学水平。

2. 天文学　古代天文学是在农业生产和制定历法的推动下发展起来的。我国历代都很重视历法，形成了我国的天文学体系。我国历法起源很早，《尚书·尧典》中已有置闰的概念，战国时有了二十四节气。春秋末年的“四分历”，回归年定为366.25日。我国古代历法大都使用阴阳历，在汉代就已形成包括年月日、节气、日月五星位置、日月食预报等内容的历法体系。我国古代在大量观测恒星、行星、日月和异常天象等方面积累了世界上最丰富、最完整的天象资料，其中对恒星数目的记载、日月食的记载，以及太阳黑子、彗星、新星、超新星的记载都是世界上最多、最早的。我国古代的天文观测仪器也独具特色，像东汉著名科学家张衡制作的演示实际天象的浑天仪、预测地震的候风地动仪和元代科学家郭守敬制造的圭表、简仪等，既准确、又精致。另外我国古代曾提出过“盖天说”、“浑天说”和“宣夜说”等宇宙结构理论，提出了宇宙无限的概念。对后来的天文观测和天文仪器的制作影响较大的是“浑天说”，认为宇宙像个鸡蛋，地球处在天球之中，如同蛋黄居鸡蛋内部一样，恒星处在天球之上，而日、月、行星则游离于天球附近。

3. 物理、化学　战国前期成书的《墨经》中包含光学、力学、声学等物理学知识，记述了小孔成像、平面、凹面及凸面镜成像等问题，在世界上首先提出了光的直进原理。战国至汉代成书的《考工记》中，对声音与震动的关系，对钟、鼓、磬等乐器的结构与音响的关系进行了定性研究；对箭镞各部位的比例与飞行轨道的关系予以记述，反映了当时高水平的弹道学知识。我国古代磁学成就比较突出，在世界上第一次提出了地磁偏角的著作是北宋沈括的《梦溪笔谈》。

西汉初炼丹术在我国产生，炼丹家们将已接触到的多种金属、非金属及其化合物，通过熔融、熔解、蒸馏、升华、取代、复分解、结晶等方法进行化学转换和无机合成。他们的活动为探索某些新药和新冶金方法提供了经验。

4. 中医药学　我国有独特的中医学理论。在“整体恒动观”思想的指导下，对疾病的诊断治疗讲究“辨证论治”，综合分析有关患者发病的各种因素和表现，强调因人、因时、因地制宜，并把治疗与调养、治病与防病结合起来。我国有丰富的医药学文献，现存有8 000种。战国晚期的《黄帝内经》是最早的医学经典，它创立了由阴阳学说，脏腑学说和经络学说组成的中医学理论。东汉的《神农本草经》是中国最早的药物学专著，也是我国本草学的经典。中国医圣张仲景东汉时期所著《伤寒杂病论》是理、法、方、药俱全的经典著作，书中提出了“辨证施治”的基本原则，把已有的阴阳学说、脏腑学说和经络学说同诊断学中的“四诊”、“六经”、“八纲”结合起来，总结出了一套行之有效的治疗方法。与此同时，神医华佗已经开始使用“麻沸散”施行全身麻醉来进行外科手术。中药学方面的代表作是明朝李时珍所著的《本草纲目》。全书共52卷，分16部62类，190万字，共载药物1 892种，附方11 096个，配有插图1 160幅。书中对每种药物的名称、产地、形态、气味及药物采集、栽培方法和炮制过程都有详细叙述，并附药方，此书早在万历年间就流传到日本、朝鲜和越南，17、18世纪又传到欧洲，被达尔文（C. R. Darwin）誉为“中国古代的百科全书”，相继被全部或部分译成日、英、德、法、俄、拉丁等多种文字，推动了世界医药学和生物学的发展。此外，从北宋初期起，我国就可以从尿中提取激素，在明朝，就开始应用人痘接种来预防天花。

5. 农学　自古以来，我国就以“以农为本”，“以农立国”著称。早在春秋战国时期，中国就开始使用牛耕和铁犁。在2 000多年的农业生产中积累起来的农业生产知识，被整理并系统化为农学著作。据不完全统计，我国古代农书总数达376种，像最早战国时期的农学著作《吕氏春秋》、两汉时期氾胜之的《氾胜之书》、北魏贾思勰所著的《齐民要术》、南宋初年陈旉的《农书》、元代王祯的《王祯农书》等，涉及到农业生产的不同地区、不同环节、不同方面。在我国的农书中，最著名的是《齐民要术》，其内容丰富、资料多、记述详细正确，全书正文共92篇，包括各种农作物的栽培育种、果树林木的育苗嫁接、家畜饲养和农产品加工等，涉及农、林、牧、副、渔等各个方面，是世界现存最早、最完整的农业科技名著，在世界农学史和生物学史上占有重要地位。书中有很多内容如绿肥轮作制、阔叶树育苗、家畜外形鉴定等，比世界其他先进民族的记载要早三四百年，甚至1 000多年。明末杰出的科学家徐光启编写的《农政全书》，汇总了中国历代农学各方面的经验知识，是一部我国古代农业科学的百科全书。这些农学著作突出表现了我国“因时因地因物制宜、精耕细作”的农学思想体系，包括积极利用和改造土壤、用地养地、使地“常新壮”、抗旱保墒、合理用水、合理施肥、“用粪犹用药”、适时播种、种子处理、田间精细管理等思想。

(二) 古代中国的技术成就

1. 古代中国的四大发明

(1) 造纸技术。据考古发现，我国大约在公元前1世纪就已经有了纸，它是纺织业漂絮沤麻的副产品。到东汉时期，蔡伦对造纸技术进行了大胆的改革与创新。除了用麻作原料之外，还采用树皮、破布等一些含纤维的材料，并采用灰碱液蒸煮的加工技术，从而大大提高了纸的产量和质量，此后纸开始代替竹帛在全国推广。到了唐代，中国已能生产多种名贵的纸张，如北方的桑皮纸、四川的蜀纸、安徽的宣纸及江南的竹纸等。隋唐之后，我国的造纸技术不断外传，纸从此成为世界传播文化、交流思想的重要工具。

(2) 印刷技术。纸出现以后，由于出版书籍的需要，印刷技术也随之产生。隋唐之际，出现了最早的雕版印刷术，这种印刷术一般用木材为原料，先在木板上刻反字，再给字版涂上墨，印在纸上，由于节工省时，很快盛行起来。大约在1041—1048年间，宋代雕刻工毕昇又创造了活字印刷术，即用胶泥做成规格一致的毛胚，在一端刻上反体单字，用火烧硬，成为单个的胶泥活字。用这些活字排版，既节省费用，又大大缩短了时间，十分经济方便，是印刷史上一项重大革命。元代王祯又将胶泥活字改为木活字，创造了转轮排字架，此后还出现了锡、铜、铅等金属材料制成的活字。13世纪后，活字印刷术传到了朝鲜、日本等国，欧洲15世纪才掌握了活字印刷术。

(3) 指南针。最早的指南针出现在战国时期，是用天然磁石磨成勺形，把它放在特别光滑的盘子上，用以指南，称为司南。到了宋代后期，人们又发现钢铁在磁石上磨过后，也有磁性，于是又出现了以此为原料的指南鱼。由于航海事业发展的需要，人们开始使用水浮式指南针在阴雨天辨别方向。到元代时，航海已完全靠指南针指引航向，实现了全天候航行。随着对外贸易和海上交通的发展，指南针先传到阿拉伯地区，到13世纪初，欧洲也开始使用指南针了。

(4) 火药技术。火药是在炼丹过程中发明的。为了配制长生不老药，炼丹家逐渐认识了硫磺、硝石的若干化学特性。唐代著名医学家孙思邈在他的《丹经》中，第一次记载了配制火药的基本方法，即将硫磺和硝石混合，加入点着火的皂角子，就能发生焰火。唐末，将炭与硫磺、硝石混合的黑色火药已经发明。到宋元时期，各种火药成分有了较合理的定量配比，并开始在战争中使用，出现了最早的火炮、火枪、火箭、地雷、炸弹等火药武器。火药在13世纪时传到阿拉伯各国，14世纪后又经阿拉伯地区传到欧洲。

2. 制瓷技术　瓷器制作技术最早出现在商代，到春秋战国时期，已能够生产胎质坚密、器形规整的青釉瓷器。南北朝白釉瓷器开始萌芽，隋朝趋于成熟，到了唐代白釉瓷器已能与青釉瓷器媲美。宋元时期，出现了不少各有特色的窑系，把瓷器的配料、制胎、施釉、焙烧工艺技术提高到新的水平。例如，定窑生产的影青瓷，瓷胎厚度只有0.1毫米左右，其白度与透光度已接近现代水平。同时，还能制造出青、红、黑、紫、米黄等多种彩色瓷器。我国古代的瓷器以它瑰丽的色彩、高雅的气质、优美的造型，深得世人喜爱，成为高贵的艺术珍品。直到18世纪初欧洲才真正掌握了制瓷技术。

3. *冶炼、采矿技术*　在春秋时期，我国已开始采用生铁冶炼工艺。由于采用生铁冶炼工艺炼出的铁比采用块炼铁工艺炼的铁质量高得多，而且容易铸造，成本也低得多，铁器在我国很快普及使用。到战国时期，有了生铁柔化技术，即用高温加热生铁铸件，然后退火热处理的方法，提高了生铁的韧性，西方两千年后才掌握了上述两种冶炼工艺。在冶铁技术快速发展的同时，我国还发明了世界上最早的炼钢技术，春秋末年已能生产块铁渗碳钢和铸铁脱碳钢。到了汉代，又出现了炒钢法、百炼钢和灌钢法，其中炒钢法到18世纪才由英国人掌握。

在冶炼技术发展的同时，采矿技术也得到了相应的发展。湖北大冶古矿遗址表明，在春秋战国时期，我国已能将矿井开凿到50米以下，整个矿井由竖井、斜井、平巷等组成，并能较好地解决通风、排水、照明、提运、支架等一系列复杂的技术问题。

4. *丝织技术*　中国是最早养蚕和织造丝绸的国家。早在3 000多年前的殷商时代，就开始了养蚕和丝织，周代出现了官办的丝织业，规模很大。到西汉时，绸、绫、缎、绢的丝织技术已十分精湛。唐朝以后，由于丝绸的染色技术得到发展，印花技术和纺织技术有了很大改进，制造的丝织品尤为精美。丝绸作为我国的名贵特产通过“丝绸之路”传到西方后，得到西方人的喜爱，被他们奉为至宝。

5. *机械制造技术*　机械制造技术除农业机具、天文仪器和纺织机械外，还有不少重大创造。秦汉时我国已经有了铜或铁制造的齿轮；西汉时期的指南车、记里鼓车，都是通过复杂的齿轮系统进行自动指向、记载的机械。魏晋时著名的“水转连磨”，能用齿轮带动好几个磨同时转动。机械钟表的前身是天文钟，这种装置我国可以追溯到后汉张衡制造的水运浑天仪，机械钟表的关键部件操纵器也是我国发明的。元代郭守敬在制造天文仪器时还发明了滚珠轴承。

6. *造船技术*　春秋战国时期，我国的造船业已有了相当大的规模。广州发现的汉初造船工场表明，当时已能制造长约30米、载重50～60吨的木船，已有了船台和滑道下水的结构。出土的汉代船舵、水密隔舱都是造船史上的重大发明，西方直到18世纪才有水密隔舱。我国的帆船以其独特的结构和优良的性能而闻名于世，沙船是其重要船型之一，它方头平底，多桅多帆，吃水浅、阻力小、速度快、稳定性好，利于使风，即使逆风也能航行。郑和下西洋的宝船即是沙型船。东汉还有一种10层的高大楼船，唐代李皋创造了桨轮船（也叫明轮船），把舟楫改为连续运转的桨轮，这是船舶推进技术上的重大进步，比西方要早七八百年。

7. 建筑技术　我国古代建筑有自己的独特风格，万里长城是世界建筑奇迹之一，唐代长安城，明清两代建成的北京城，其建筑的宏伟、规划的严整，代表了我国古代都市与宫廷规划、建筑的高超水平。我国古代园林独树一帜，是世界造园艺术的瑰宝。我国古代建筑中，木框架结构有着重要的地位，山西应县辽代木塔，高达67.31米，历经900多年的风雪和多次地震，仍完好屹立，是世界现存最高的木结构建筑。我国现存古代桥梁建筑较多，隋代工匠李春设计的河北赵州桥，采用了“敞肩拱”桥形，比国外要早1 200年。福建泉州洛阳桥，先抛石筑堤然后在堤上建造桥墩，广东潮州的广济桥，中段采用活动浮桥，他们是“筏形基地”和活动桥的先驱。北宋李械编写的《营造法式》，系统总结了我国古代建筑技术的成就，是一部重要的建筑技术专著。

8. 水工技术　我国古代人民在治河、修渠、筑堰等方面，修建了不少举世闻名的水利工程。公元前250年的秦朝时期，李冰领导修建的都江堰，在总体布置、堤坝修筑、水道疏浚、就地取材、灌溉与防洪兼顾等各方面都相当完善、相当科学。隋代修建的南北大运河，是世界上开凿最早、规模最大、里程最长的运河工程。

二、古埃及、古巴比伦和古印度的科学技术

古埃及人创造了人类历史上最早的太阳历，把1年确定为365天，把天狼星与太阳同时升起，尼罗河水开始泛滥作为一年的开始。由于河水泛滥，需要重新界定土地边界，古埃及在几何学上做出了很大贡献，那时他们已有圆形、三角形、梯形等面积及立方体体积的计算方法。埃及人在制作木乃伊的过程中还增长了解剖知识，促进了医疗技术的发展。古埃及在公元前2000年前后修建的国王陵墓——金字塔，是古代建筑的奇迹，是古埃及人聪明智慧的象征。

古巴比伦有着较为发达的数理天文学体系。他们发明了阴历历法，1年为354天，12个月，大小月相间，大月30日，小月29日，每日24小时，每小时60分，1分为60秒，以7天为1个星期。他们编制了日月运行表，可计算

月食出现的周期。古巴比伦人发明了60进制的计数系统，掌握了解一元二次方程的方法。他们还发明了最早的冶铁技术，建造了世界上最雄伟气派的城市——新巴比伦城。

由于印度文化宗教气氛浓厚，关注神多于关注人，有关人类认识自然的活动记载很少。因此，印度人在科学技术方面的贡献就显得贫乏些。但是印度数学家制定的数的记号，创造零的概念及其数字符号“0”，在世界数学发展史上都具有极其重要的地位。

三、古希腊、古罗马的科学技术

（一）自然哲学

古希腊的科学思想主要集中在当时的自然哲学中。研究自然哲学的学者最先关注的是自然万物的本质及来源问题。米利都学派的泰勒斯（Thales）首先提出世界万物是由水元素组成的思想。他的学生阿那克西米尼（Anaximene）主张世界本原是气，认为气通过浓缩和稀释形成万事万物。著名学者赫拉克利特（Herakleilos）认为生成万事万物的是火。此后，毕达哥拉斯学派的将上述单一元素发展成多元素说，认为世界万物是由水、气、火、土4种元素构成的。古希腊百科全书式的人物亚里士多德进一步发展了这一学说，提出“四原性”即冷、热、干、湿4种性质的结合，产生4种元素，进而才产生万事万物。毕达哥拉斯学派则从事物的量方面来回答世界的起源，认为万物的本原是数，由数产生出点、线、面、体，产生出4种元素，他们以各种不同的方式相互转化，于是制造出有生命的、精神的、球形的世界。此外，学者留基伯（Leucippus）和德莫克利特（Democritus）还提出了构成事物更为本质的学说——原子论，认为组成物质的最小单位是原子，原子不可分，但数量无限，他们在宇宙中处于漩涡运动，由于结合和分离，造成事物的生和灭，也带来了事物的大小、形状等方面的差异。

（二）天文学、数学和力学

在天文学领域，毕达哥拉斯学派从他们所喜爱的数字和几何图形出发，认为天体有10个，且都是球形的，绕中心“火”转动，整个宇宙是和谐的，天体运动服从数学法则，这种宇宙模型为古希腊数理天文学的发展奠定了基础。亚里士多德进一步指出，地球处在宇宙中心固定不动，其他天体绕地球作匀速圆周运动。古罗马时期的著名天文学家托勒密（C. Ptolemy）循着这一思想，用几何学的语言描述宇宙模型，使地心说成为一套完整的严密的理论体系。由于此体系较好的解释了人眼所能观测到的现象，所以到近代以前一直居天文学理论的统治地位。另外，天文学家阿利斯塔克（Aristarchus）还提出了太阳中心说的思想，他用几何学的知识测量日、地、月之间的距离时发现太阳比地球大得多，因此，他确信太阳是宇宙的中心，地球的其他天体一起绕太阳转动。在当时地心说盛行的时代，虽然太阳中心说遭到冷遇，但是对近代哥白尼（N. Copernicus）的天文学思想的形成产生了很大影响。

在数学领域，古希腊著名的数学家欧几里得（Euclid）把亚里士多德的以演绎为特点的形式逻辑引入数学，系统地整理了以往的几何知识。他从10个不证自明的公理出发，依靠严谨的逻辑推理，得出467个数学命题，写出了13卷的《几何原本》，建立了几何学的理论体系。这一巨著在数学史和科学史上的影响十分深远，曾再版了1 000多次，其内容直到非欧几何诞生前大约2000多年来，从未改动过，而且直到19世纪前，一直是欧洲的数学教科书，而且这种公理化的方法对科学后来的发展起到了很大的作用。

如果说欧几里得的《几何原本》是古希腊数学高峰的话，那么，同一时期的杰出学者阿基米德（Archimedes）创立的力学原理就是古希腊力学的高峰，其代表作有《论浮体》、《论平板的平衡》、《论杠杆》、《论重心》等，其中提出的杠杆原理、浮体定律最著名。在这些著作中，不仅有原理的逻辑证明和数学表达式，而且还反映了应用这些原理所得到的多种发明创造，如起重机、投石炮、大型透镜、螺旋提水器等。阿基米德在力学研究中所开创的把科学研究与实验和数学相结合、把自然科学与技术发明应用相结合的方法和途径，对近代科学的发展有重大的方法论意义。

（三）技术成就

早在公元前1200年，古希腊人就掌握了较高的造船技术，挂有帆的大船已能航行到非洲。到公元前500年时，出现能乘坐数名水手、用许多船桨划行、速度较快的单甲板平底船和两级平底船。到公元前200年时，还出现了三级平底船，载重量可达250吨左右。古希腊的建筑别具一格，在公元前500年已采用高大华丽的列柱技术建造高大的神庙，他们所创造的多利亚、爱奥尼亚和科林斯3种石柱风格，对日后整个西方建筑的发展有着重要的影响。

罗马帝国时期相继建成的宏伟和豪华多姿的大剧场、大神殿、大浴池、凯旋门、竞技场等，使古罗马的建筑著称一时。古罗马人早在公元前2世纪就修建了著名的9条古罗马水道，总长达90千米。公元1世纪又修建了186千米长的暗渠，采用了虹吸技术和筑坝蓄水技术等。通过贮水池、导水道把泉水引入罗马城，并与公共浴池、喷泉、排水道等形成庞大的供水系统。古罗马人还修筑了长约8万千米的直通罗马的大道，构成了四通八达的交通网。

公元2世纪，随着古罗马帝国渐趋瓦解，曾经辉煌一时的古希腊、古罗马的科学技术很快衰落了。但古希腊、古罗马的科学技术成就，尤其是科学成就，对近代西方科学技术的兴起和发展有着极为重要的影响。

四、古代阿拉伯国家的科学技术

（一）古代阿拉伯国家的科学技术成就

阿拉伯人的数学和天文学是源于古希腊和印度，他们在吸收和消化后很快取得了很大的成绩。阿拉伯人的数学和天文学研究结合紧密，天文学家曾对托勒密的本轮-均轮地心说提出质疑，后来哥白尼创立日心说时曾受过阿拉伯人的启发。古代阿拉伯的医学是在广泛吸收了希腊、印度、中国、波斯等国的医学知识基础上发展起来的。拉齐的《医学大成》是一部内容丰富的医学百科全书，以后被译成拉丁文和英文长期流传于欧洲。继其后的有被誉为“医学之王”的伊本·西那的名著《医典》，后来被欧洲许多大学作为医学教科书。

（二）古代阿拉伯国家对科学技术特殊贡献

（1）沟通东西方科学文化。阿拉伯帝国地处欧、亚、非三大洲的接壤处，而且对外商贸活动频繁，这使他们同时接触东西方先进的科学技术和文化，也因此成了沟通东西方的桥梁。中国古代的四大发明以及丝织等先进技术和产品是经由阿拉伯人传到欧洲的。中国、印度的医药学也经过阿拉伯，对西方产生了一定的影响。阿拉伯人同时将西方的以及他们自己的科技成果带到了中国。如元代时阿拉伯一些天文学家和医生来到中国，带来了包括托勒密著作在内的科学书籍多种，还有天文仪器、阿拉伯药物等。阿拔斯帝国于830年在首都巴格达创立著名的“智慧馆”，这是一个国家科研机构、编译机构，也是一个国家图书馆，集中了大批专家学者在此研究东西方文化，成为东西方文化的交流的桥梁。经过了约100年的努力，阿拉伯成为了一个学术气氛相当浓厚的国家，科学技术水平后来居上，迅速地赶上了当时的世界先进水平。

（2）保存古希腊学术典籍。罗马人没能发扬古希腊的学术传统，进入中世纪后，古希腊的科学和文化在欧洲几乎湮灭，大量典籍殆尽，所幸由于阿拉伯人致力于搜集和翻译这些典籍，因而得以保存。后来欧洲人正是从阿拉伯人那里重新发现古希腊的学术，这对近代自然科学的诞生起到了难以估量的影响作用。

第三节　古代科学技术的特征、科学思想和方法

一、古代科学技术的特征

古代科学技术从原始时代的萌发开始到近代自然科学产生以前，主要表现

为实用科学、理论知识和自然哲学3种形态特征。

实用科学是人们在生产实践、医疗和日常生活中所积累的经验知识体系，是科学与技术尚未分化的一种知识形态，其最大特点是描述性和经验性。古代科学知识的主要来源是日常生产和生活经验，是常识的积累和解释。古代农学和医药学在古代实用科学中占有很重要的地位，这表现了古代的科学技术本质是农业文明的一部分，是一种典型的农业文化。中国古代科学以农为本，其天文学、数学和地学都具有明显的为农业服务的特色，甚至在古代自然观上朴素的辩证法和整体论思想也是农业生产有机性、生态性的具体表现。古代的实用科学家崇尚实务，行之万里，询至百工，见闻广博，这与理论家和哲学家有明显区别，从而形成了古代科学家中的工匠传统。在古代社会中真正对生产和现实有用的就是古代科学家所收集的经验知识。在古代中国和罗马的实用科学表现的比较突出，尤其是中国居于当时的世界前列科学，明代宋应星的《天工开物》就是古代实用科学的代表作之一。

理论知识在古代社会主要表现在天文学、力学和数学中，当时实用科学中虽然包含着力学、物理、化学、生物学和病理学的原理，但是尚未揭示出来。在古代民族中，古希腊人在科学理论上的成就最多、最为典型的代表是阿基米德、欧几里得、亚里士多德和托勒密。阿基米德著名的杠杆原理和浮力定理是揭示自然界的力学原理，是现在力学教材基础内容。欧几里得的几何学更是一个比较完备的理论化体系，形成了初等几何的主要逻辑体系。亚里士多德的物理学和托勒密地心说虽然总体上是不正确的，但他们却是从理论、原理的角度进行阐述的，其中也包含了一些正确的理论知识，并且这两个理论可以用当时的观察事实来证实。

自然哲学是古代科学的一种知识形态。在古代，科学与哲学还没有分化，许多科学知识包含在自然哲学中。古代自然哲学通常是对自然现象的根本性说明，如世界本原问题、天体结构问题、物质结构问题、生命起源问题等。在自然哲学科学知识中，其最大的特点就是思辨性和猜测性，在直观基础上，依靠想像回答自然之谜。当直观材料不够用时，就用猜测来弥补。在古人看来，猜测只要能自圆其说，在逻辑上能自洽就可以采用。

二、古代的科学思想和方法

古代科学技术的形态是与当时的科学技术研究的思想和整体方法、手段密切联系在一起的。

古代实用科学形态的形成，主要是通过观察、测量、经验描述的方法建立的。天文学、农学、生物学、医学领域的许多知识是通过人们长期的观察积累形成的。古代的许多科学著述来自于观察他人的实践活动，听到或看到别人的经验。

古代理论知识形态的形成，主要是通过逻辑方法和数学方法建立的。亚里士多德以三段论为中心建立了演绎推理体系，是科学理论化论证的重要工具，对阿基米德和欧几里得等人的研究，以及近代科学的产生和现代科学的发展有着重要的影响，他认为“完满的科学知识必须要有论证，论证的理论就是逻辑”①。古希腊十分注重数学推理和证明，创建了一些研究数学理论的基本方法，如归谬法、归纳法、演绎法等，欧几里得把形式逻辑与几何结合起来，建立了公理化方法。注重逻辑与数学结合使古希腊的理论思维和理论自然科学达到了较高的水平。在我国战国时期也有多种形式的逻辑推理，如二难推理、类比推理、假言推理等，但都仅限于社会学说领域，自然科学中没有使用逻辑推理。同时在古代已经产生实验方法，在古希腊的亚历山大里亚时期，已经开始了简单的实验研究，在生理学领域有了人体解剖，罗马时期著名医学家盖仑(Galen) 建立的西方医学体系，就是对希腊医学知识和解剖知识的系统化。阿基米德首创将实验方法与数学的演绎推理结合起来。这一切，都反映了当时的科学家已经初步达到了近代实验科学所要求的科学方法。

古代科学理论建立的一个基本原则是力求用最简单的原理来说明看来是比较复杂的现象。亚里士多德说“自然界不做多余的事情”，古代科学家的主要兴趣是把比较复杂的东西简单化，而不是在简单的东西内部揭示出复杂性。柏拉图用“匀速”与“正圆”的结合来解释天体的运动，就是这个原则的范例。人的认识是一个从粗线条描绘到细线条描绘的发展过程，在没有弄清楚天体的运行轨道是正圆还是椭圆以前，古人没有根据设想椭圆轨道，却有理由设想正圆轨道。古希腊人在科学理论知识上的成就归功于他们崇尚数学推论和逻辑论证，他们把它作为一种理性分析的方法，形成了古代科学家的学者传统，对理论自然科学的形成与发展起了重要的作用。

古代自然哲学的产生是与古代人的整体的辩证思维方法和思辨性的猜测相联系的。整体、联系、发展的辩证思维方法，使古代科学技术表现出一种综合性和整体性。古中国阴阳五行学说和八卦理论，古希腊的四元素论，都充分体现了把自然界看作一个整体系统。整体中各种要素相互联系、相互作用，形成了事物的发展变化。在这种辩证思维方法的发展基础上，古代自然哲学在事实不足，缺乏定量的情况下，开始依靠思辨和猜测方法对自然现象进行说明。思

①陈昌曙．自然科学的发展与认识论．北京：人民出版社，1983．36

辨和猜测是人类认识自然的必要方法，但其结果这就必然包含了许多天才的预见和错误的胡猜乱想。从自然哲学民族性上看，古希腊自然哲学刨根究底，深入分析单个因素的作用，具有穷追不舍的精神，后使对自然的研究科学具有了分化的趋势，为近代自然科学的发展作了方向性的规定；中国古代自然哲学遵循辩证逻辑原则，注重整体的完整一致，注重哲理的思辨，不考究命题在形式上的统一，它与道德观念相结合起来，走上了与西方不同的道路，形成远离自然科学的伦理哲学。

古代科学技术在思想和方法的许多方面已接近近代科学技术的特征，它对人类文明的贡献，不在于给后人留下了伟大的物质文明，而在于给人们提供了一种理性的思维方式和科学研究方法，这是人类最宝贵的精神文化财富，为近现代科学技术的产生与发展打下了坚实的基础。

思考题

1. 简述古代中国的科学成就。
2. 简述古代中国的技术成就。
3. 古埃及有哪些科学技术成就？
4. 古巴比伦有哪些科学技术成就？
5. 古印度有哪些科学技术成就？
6. 简述古希腊、古罗马的科学技术成就。
7. 简述古代阿拉伯国家的技术成就。
8. 古代科学技术有哪些特征？
9. 试析古代的科学思想与方法。
10. 试述古代阿拉伯国家对世界科学技术的贡献。

第三章　近代科学技术的兴起和发展

第一节　近代科学技术兴起的背景

一、"十字军东征"和东方科学技术的传播

在度过中世纪前期500年最黑暗的年代后，随着城市经济的兴起，欧洲新兴的手工业主和商人越来越不满足城市之内和城市附近的活动范围，开始把视线转向世界的东方。教会则急于扩大自己的势力范围，迫使东方穆斯林改宗。欧洲的封建贵族和骑士也垂涎东方的财富。这3股势力结合在一起，便打起夺回基督教圣地耶路撒冷的宗教旗帜，从1096—1291年，不到200年的时间里，连续发动了8次著名的"十字军东征"。这场战争虽然以失败告终，使各国人民蒙受了战争带来的巨大灾难和损失，但是它在客观上促进了东西方的物质和科学文化交流。一方面，十字军从阿拉伯国家带回了一些古希腊自然哲学文献，使欧洲人得以认识到还保存在那一带的古希腊文化，从而大开眼界；另一方面，不少东方先进的手工业技术、农业技术和科学知识传入西欧，特别是中国古代四大发明的传入，使欧洲的科学技术面貌发生了很大改观。这些不仅促进了整个欧洲农业、手工业的发展，商业的恢复和城市的复苏，而且在东方文明、古希腊文明和他们所继承的古罗马文明的融合中，推动了一种新文明的诞生。英国政治家、哲学家F. 培根（F. Bacon）在1620年就曾指出，中国的"三大发明"改变了整个世界事物的面貌和状态，没有一个帝国、没有一个教派、没有一个大人物对人类的影响，能像这三种发明那样巨大和深远。马克思说："火药、指南针和印刷术——这是预告资产阶级社会到来的三大发明，火药把骑士阶层炸得粉碎，指南针打开了世界市场并建立了殖民地，而印刷术则变成新教的工具，总的说来变成科学复兴的手段，变成对精神发展创造必要前提的最强大的杠杆。"①

①马克思．机器、自然力和科学的应用．北京：人民出版社，1978．67

二、工场手工业和远航探险

约在14世纪左右，在意大利和地中海沿岸的一些城市相继出现了资本主义的萌芽，其标志是工场手工业的出现。手工工厂的出现促进了生产技术的改进、分工和协作的发展，为进一步改进技术和使用机器创造了条件。纺织业的兴起、脚踏纺车、脚踏织布机的推广使用，促进了金属冶炼和机械加工等行业的进步。技术上的改进给自然科学的发展开辟了道路。

1488年，葡萄牙航海家狄亚士（B. Diaz）绕过好望角。达·伽马于1497—1499年间完成的航行，最终确定了从欧洲经印度洋到东方的航线。意大利航海家哥伦布（C. Colombo）1492年率领的3艘帆船抵达美洲大陆，发现新大陆。1519—1522年间，葡萄牙人麦哲伦（F. Magellan）率领的船队最终完成了人类首次环球航行的壮举。

远航探险和地理大发现对欧洲的社会和科学技术产生了极大的促进作用：第一，它为欧洲人开拓了市场，给他们带来了更多的财富，加速了资本的积累；第二，远航探险的需要，加速了造船业、冶金业、枪炮制造业以及各种出口产品工业的发展，同时推动了天文学、地理学、物理学、生物学和数学的发展；第三，它首次确证了地球是圆的，使欧洲人从狭小的欧洲大陆和地中海域进入广阔的大洋和大陆，扩大了视野，丰富了他们的知识；第四，航海探险中所体现出的自信和冒险精神激励着他们去从事科学研究、科学探险和各种科学考察活动，这也为近代科学革命提供了精神动力。

三、大学的兴起

中世纪后期由于社会条件的变化，使原有的教会学校不能满足文化发展的需要，12世纪以后，在教会学校的基础上，欧洲各地出现了许多大学。如英国牛津大学（1167年建立）和剑桥大学（1209年建立），法国的巴黎大学（1160年建立）和蒙皮利埃大学（1212年建立），意大利的阿雷佐大学（1215年建立）、帕多瓦大学（1222年建立）和那不勒斯大学（1224年建立），葡萄牙的里斯本大学（1290年建立）。虽然这时的大学仍然控制在教会手里，神学仍是大学讲授的重要内容，但医学、自然科学知识和逻辑学也进入大学讲坛，满足了人们追求世俗知识的需要。大学的出现，不仅使从穆斯林世界得到的新的学术思想迂回曲折地扩散出去，为科学复兴准备了人才，而且为学术研究建立了基地，成为具有近代精神的欧洲学术活动中心。一些欧洲的科学家开始只是著书介绍古希腊的数学和自然科学，如意大利人裴波那契著《算经》(1202年)、《几何实习》(1220年)和《四艺》(1225年)，接着他们便着手从事自己独立的科学研究工作，并取得了一些成就。以J. 布里丹和N. 奥雷斯默为代表在14世纪的法国形成了“巴黎学派”，布里丹通过抛射体运动的研究，提出了“冲力”(即动量)的概念；奥雷斯默在对地心说的研究中，提出了“组合运动”的概念，提出了用几何图形表示物理运动，这个学派对匀速运动和匀加速运动作了不少研究工作，并用定量分析代替定性分析。

在英国的大学中，著名的实验科学先驱——R. 培根（R. Bacon)，曾就读于牛津大学和巴黎大学，并在这两校任教过，他认真钻研古希腊和阿拉伯著作，深知前人的学说又强烈反对盲目崇拜权威。他非常重视经验在知识体系中的地位，认为经验科学是高于其他科学的、唯一可以提供确定性的、能够认识现象原因的科学。他积极倡导科学实验，认为实验方法远胜于思辨方法，“没有实验什么都不能得到令人满意的理解”。他同样重视数学，认为要了解经验就不能离开数学，只有运用数学才能发现和表达可靠无误的真理，他指出：“数学是科学大门的钥匙”，数学应先于逻辑，而逻辑必须依靠数学。培根这种“实验-数学”思想萌芽表明新的科学思想和科学方法已在欧洲的土地上萌生。所有这些，都为文艺复兴以后近代自然科学在欧洲的兴起作了准备。

四、文艺复兴运动和宗教改革

14世纪发端于意大利，随后波及整个欧洲的反神学的文艺复兴运动，是一场思想文化解放运动。新兴的资产阶级为了反对宗教神学的黑暗统治和封建专制，借助复兴古典文化运动，利用古希腊文化中蕴藏的世俗观念、民主思想、理性主义和探索精神，与宗教神学中的专制主义、蒙昧主义、经院哲学相抗衡。他们在文学、绘画等方面极力宣扬以人为中心的人文主义思想。他们歌颂人性，反对神性；提倡人权，反对神权；赞颂人道、个性自由和世俗生活，反对宗教禁锢、来世观念和禁欲主义。恩格斯指出：“这是一次人类从来没有经历过的最伟大的、进步的变革”[①]。这场运动不仅是一场复兴古典文化的运动，更是一场新时代的启蒙运动，把人们的眼光从神转移到自然界和人类自身，恢复了人类的理性，使人们重新获得了独立思考的能力，从而鼓舞着人类靠自己和知识的力量从事创造性的工作，导致了欧洲历史转折、思想解放、学术发达、巨人辈出，开创了人类历史长河中的一个光辉时代。

①马克思恩格斯选集 第3卷. 北京：人民出版社，1972. 445

从14、15世纪开始，在西欧与中欧国家兴起宗教改革运动，运动的目的是改革教会，建立起符合资产阶级利益的教义。点燃宗教改革运动之火的是德国教士马丁·路德（M. Luther），他的新教学说竭力摆脱教会的统治，主张在信仰领域个人自由，表现了人们经过中世纪长期宗教精神束缚后心中追求自由、平等的理想。路德发表了《九十五条论纲》，抨击罗马教皇公开出售赎罪券，使宗教改革运动达到高潮，席卷欧洲。这些教义促进了科学技术的发展，近代欧洲的著名科学家中新教徒占了很大的比例，就是一个很好的例证。宗教改革运动，客观上动摇了罗马教会至高无上的权力，打破了教会在思想文化领域的精神独裁，把人们的眼光从神转移到自然界和人类自身，鼓舞人类靠自己和知识的力量从事创造性的工作，为自然科学从神学中解放出来，创造了必要的社会前提。

第二节　近代科学的兴起

一、近代科学的突破

（一）哥白尼日心说的建立

远航探险的地理大发现、文艺复兴与宗教改革为近代科学的诞生创造了必要的外部条件，自然科学要取得独立生存的权利，还要在具有产生和发展的内部条件下进行自身的革命。一场酝酿已久的科学革命于16世纪中叶开始，近代科学就在这场伟大的革命中诞生。

1543年，波兰天文学家哥白尼的不朽著作《天体运行论》问世，这是自然科学从神学中解放出来的独立宣言，它奏响了科学革命的序曲。

哥白尼早年在波兰哥拉科夫大学学习数学和自然科学时就对天文学产生浓厚的兴趣，学会了使用仪器观测天象。此后，他到意大利攻读法律和医学的同时，继续钻研天文学，主要研究亚历山大城的天文学家托勒密的地心体系。此间他接触了几位很有思想的天文学家，受到了很大影响和启发，逐渐形成了日心说的基本观念。回到波兰后，他一面进行天文观测，一面根据观测结果修正数据，完善他的日心学说。经过30多年的努力，终于写成了6卷本的《天体运行论》，提出了以太阳为中心的宇宙日心体系。其基本观点认为：太阳是宇宙的中心，行星都绕太阳运转；地球是围绕太阳运转的一颗普通行星，本身在公转的同时有自转；月球是地球的卫星，地球带着月球绕日运行；行星在太阳系中的排列次序是土、木、火、地、月、金、水，它们的绕日周期分别为30年、12年、2年、1年、几个月；处在这些行星中心的是太阳。这一学说能够比较合理地解释行星的不规则运动及其他天体运动现象，整个宇宙模型显得简洁、和谐。然而，更为重要的是，日心说纠正了托勒密的地心说，把颠倒了1 000多年的日地关系更正过来，挑战并摧毁了地球居于宇宙中心是上帝安排的神学宇宙观，带头向宗教神学开了第一枪。

在今天看来，虽然哥白尼学说错误很多，但日心说的阐明仍是近代科学史上的一件划时代的大事。使得天文学的进一步发展有了牢靠的基础，成为科学的天文学诞生的标志，而由此引发的对于运动机制的探讨，推动了力学研究的发展，从而也就成为近代科学诞生的标志，是自然科学从神学中解放出来的宣言书。

（二）哈维血液循环论的发现

与哥白尼的天文学革命同时，在医学领域也发生了类似的根本性变革。达·芬奇（L. da Vinci）为了确定人体的正确比例和结构，亲自解剖尸体，画出了许多精细的尸体解剖图。他曾研究过心脏的肌肉并画出心脏瓣膜图，用水的循环来比喻血的运行，表述了血液循环的概念。在哥白尼发表日心说的同一年，比利时医生维萨留斯（A. Vesalius）发表了《人体的构造》一书，打破了统治西方医学界 1 000 多年的古罗马医生盖仑建立的传统医学观念，为近代医学和生理学诞生做出了不朽的贡献。在维萨留斯之后，西班牙著名医生塞尔维特（M. Servetus）于 1553 年提出血液小循环理论；英国医生哈维（W. Harvey）在对大量动物的心脏作解剖、实验和对胎儿血液流动进行研究的基础上，进而提出了血液大循环理论，并在 1628 年出版了《心血循环运动论》一书，从而标志着人体血液循环理论的建立。

哈维的血液循环学说不仅科学地描述了人体的血液循环运动，解释了生命现象的生理基础，而且扫除了传统的盖伦的“肝为血液循环中心说”，使生理学成为一门真正的科学，因此后人誉哈维为“近代生理学之父”。

二、经典力学的奠基

（一）开普勒行星理论的贡献

德国著名天文学家、数学家开普勒（J. Kepler）认为哥白尼日心体系中，所表现出的简洁的几何秩序与和谐的数字关系，正反映了数学理性主义思想。开普勒一生崇尚真理，追求数的和谐与完美。他利用他的老师第谷·布拉赫（Tycho Brahe）留下的长达 20 年观测行星运动的精确观测记录资料，经深入研究开普勒坚信第谷数据的精确性，并按着第谷的数据发现行星运行的轨道是椭圆形，开普勒发现了行星运动三定律。

第一定律：行星轨道是椭圆，太阳位于椭圆的一个焦点上，也称“轨道定律”。

第二定律：在相等的时间内行星和太阳的联线在椭圆轨道内扫过的面积相等，又称“面积定律”。

第三定律：任何两行星公转周期的平方同轨道长半轴的立方成正比，又称“周期定律”。

开普勒的行星运动三定律，正确地描绘了行星运动的轨迹、时间、速度及与太阳的关系，揭示了天体的基本运动规律，为天体力学的诞生提供了坚实的基础，因此，开普勒获得了“天空的立法者”的美誉。开普勒的行星理论把哥白尼日心说向前推进了一大步，并把它放在力学系统中加以考察，为后来牛顿建立万有引力定律和经典力学体系奠定了基础。

（二）经典力学的奠基

意大利著名的天文学家和实验物理学家伽利略（G. Galileo）是经典力学的奠基人，也是近代科学方法的创立者，他为近代科学的建立做出了具有划时代意义的贡献。

伽利略 1564 年生于意大利比萨，在比萨大学学习时，就对数学着迷。此后，他开始倾心研究欧几里得几何学和阿基米德物理学，很快便取得一系列成就。在科学成果方面，伽利略的贡献主要是天文学和物理学；在科学研究方法上，伽利略的贡献则在于把实验提高到真正的科学水平，又将实验方法与数学方法成功地结合起来。伽利略在运动力学上进行了一系列开创性工作。1604 年，伽利略设计了斜面实验，总结了自由落体定律：物体下落的速度与时间成正比，它下落的距离与时间的平方成正比。一系列实验证明亚里士多德的下落物体的速度与重量有关的结论是错误的，打破了亚里士多德运动学思想对物理学的束缚，纠正了亚里士多德的力是产生物体速度的原因的错误观点，揭示了力是产生加速度的原因，并导出当物体不受外力作用时，运动的物体做匀速直线运动的惯性原理。有了自由落体定律和匀速直线运动的概念，伽利略进一步指出，抛物体运动是由垂直向下的自由落体运动和水平方向上的匀速直线运动合成的。

在天文学上伽利略于 1609 年制成世界上第一架天文望远镜，并首先把它指向星空，由此发现了月球、金星、太阳等天体上一系列肉眼观察不到而前所未知的天文现象，大大开阔了人们认识自然的眼界。伽利略把上述发现写成《星际信使》一书，后来又发表《关于托勒密和哥白尼两大世界体系的对话》，为哥白尼学说的传播和发展提供了科学论证。

在物理学上伽利略的主要成就是发现了著名的自由落体定律、惯性原理、抛物体的运动规律、单摆周期性质，所有这些都为经典力学的创立奠定了基础。

在科学研究方法上，伽利略一方面将实验对象和操作过程加以理想化，通过人为的控制减少非必要因素的干扰，使自然过程更加纯化，从而创立了真正的科学实验方法；另一方面在把实验方法与数学方法二者的结合中，他尤其注重分析过程，使对自然界的认识更加深化、精确，同时他对数学赋予了确定的物理意义，使实验数学方法更加成熟、完善，成为科学家们追求的工作目标和工作方法。由于伽利略为近代科学的创立做出了奠基性的贡献，因此伽利略被尊称为“近代科学之父”。

三、经典力学体系的形成

（一）万有引力定律的发现

开普勒行星运动三定律的发现，打破了天体必然作等速正圆运动的观念，使哥白尼学说更为简洁，太阳系的空间形态基本得到澄清。但是它只解决了天体运动学方面的问题，而没有回答动力学方面的问题。因此，开普勒之后相继有荷兰物理学家惠更斯（C. Huygens）、英国物理学家胡克（R. Hooke）、英国天文学家哈雷（E. Halley）等人对行星运动的原因作了深入的研究，并且提出了向心力公式和引力的平方反比关系，这对牛顿后来建立万有引力定律起了至关重要的作用。

牛顿（I. Newton）是英国著名的物理学家和数学家，科学史上划时代的人物。当他还在剑桥大学三一学院学习时，就开始对力学和光学进行研究。毕业后，他将研究推向深入，在著名的《自然哲学的数学原理》一书中，给出了一种力的定义，大意是施加的力是能够使物体改变它的静止状态或匀速直线运动的状态的一种作用，这几乎就是力的现代定义。事实上，力是代表物体间的一种相互作用，由于这种作用，物体会改变速度，即获得加速度。力有很多种，这由物体间的相互作用的不同方式而决定，如重力、摩擦力、弹性力等。

1665—1666 年，牛顿独立地发现了地球与月球间的引力与其距离平方成反比的关系，并把这种引力推广至太阳系。牛顿认为，太阳系中任何两个天体间存在着相互吸引的作用力，并且这一引力也存在于地面的任何两个物体之间，称为万有引力。牛顿还假定，这一引力的大小不仅与物体间的距离平方成反比，而且与两物体的质量的乘积成正比，这就是万有引力定律。根据万有引力定律，牛顿重新推算出开普勒三定律，证明天体在这一引力作用下的运动的确遵循开普勒定律，万有引力是维持太阳系“秩序”的动力学原因。

发现万有引力定律的科学意义在于该引力理论把天上的和地球上的物体所

做的机械运动统一起来，透过不同的现象看到了相同的本质，将人类对力学的研究提高到一个新的水平。

(二) 牛顿运动三定律的提出

在定义了力的概念以后，牛顿在伽利略关于物体运动研究的基础上，总结出地面物体运动的三大定律。

第一定律：任何物体在没有受到外力的作用时，都保持原有的运动状态不变，即原来静止的就保持自己的静止状态，原来运动的就继续做匀速直线运动。

第二定律：物体的加速度与所受合外力成正比，与物体的质量成反比，加速度的方向与外力的方向相同。

第三定律：两个物体之间的作用力与反作用力大小相等，方向相反，并且在同一条直线上。

运动第一定律即惯性定律，是牛顿在继承伽利略和笛卡儿（R. Descartes）工作成果的基础上，加以发展和完善而成的；运动第二定律原始形式是动量定理的微分表述，也是在伽利略研究的基础上，进一步弄清了质点动量的时间变化率与施于该质点的力的关系；运动第三定律即作用力与反作用力定律，是由惠更斯等人发现的，牛顿则进行了深入的研究并加以概括而建立的。最后，牛顿将这三个定律归结为一个整体，作为动力学的基石。

可见，万有引力定律和运动三定律的发现既有前人奠定的基础，又有牛顿的深入观察、实验和理论概括；既有众多科学家艰苦的劳动，又有牛顿广泛利用人类已有的智慧和成果，经过辛勤工作所付出的心血。这正如牛顿自己在临终时所说的话："如果我比别人看得远一些，那是因为我站在巨人们的肩膀上。"

1687 年牛顿出版了代表他科学思想和科学成就顶峰的《自然哲学的数学原理》巨著，这是科学史上一部重要的文献。在该书中，牛顿把过去人们一向认为互不相关的地上物体运动规律和天上物体运动规律及自然界中一切力学现象都概括在一个以空间、时间、质量和力为基础，以运动三定律为核心，以万有引力定律为综合，用微积分作为数学工具来描述的完整的、普遍的、严密的经典力学理论体系，实现了物理学史上也是科学史上第一次大综合，成为科学革命的一座丰碑。

第三节　近代科学的发展

一、天文学

最早的天文学是从观察日月星辰的分布和运动周期开始的。古代的天文学家测量太阳、月亮、星星在天空的位置，研究它们的位置随着时间变化的规律，从而创建了天体测量学。经过千余年的资料积累和分析，终于导致哥白尼日心说的创立。

到了17世纪，牛顿把力学规律应用到行星运动，发现了万有引力，创建了天文学的一个新分支——天体力学。天体力学的诞生，加上天文望远镜的发明和使用，使人们对天体的认识进入了一个新的领域。从此，天文学从单纯地描述天体位置的几何关系，进入到研究天体之间力的作用。这是人类认识宇宙的一次飞跃。

（一）太阳系和星系的结构

太阳系是由太阳、行星、小行星、彗星、流星及行星际物质构成的天体系统。

太阳是一颗恒星，它是太阳系的中心天体，它的质量占太阳系总质量的99.86%，直径为139万千米，表面温度约6 000 ℃，中心温度约1 500万摄氏度。太阳系中的其他天体，在太阳的引力作用下都绕太阳公转。通常认为太阳系的大行星共有9颗，离太阳最近的一颗行星是水星，其次是金星，再次是地球、火星、木星、土星、天王星、海王星，最远的是冥王星。这些星都沿着同一方向自西向东绕着太阳转动，轨道都是椭圆的。我们可以用望远镜看到它们，而且能够测定它的大小、绕太阳运行一圈的时间等。

水星，距离太阳最近，它与太阳的平均距离是5 791万千米，体积和质量在九大行星中水星最小。它绕太阳运行一圈所需的时间（即公转周期）是88天。它的自转周期，1965年用雷达回波法测得是58.6天。自从1974年宇宙飞船多次掠过水星上空以来，人类对于水星的知识大大增加。探测结果证实了水星具有磁场和大气痕迹，它的表面温度，向太阳的一面很高，超过400 ℃，背太阳的一面很低，约为−162 ℃。

金星，中国也叫“启明”和“长庚”，它是全天最亮的星，有时甚至在白天也能看到。它与太阳的平均距离为10 821万千米；绕太阳一周需225天，自转一周244天。金星与天王星的自转方向和其他行星相反，是自东向西运转的。1975年10月，两个宇宙飞船的降落装置分别在金星上软着陆，发回照片，揭示了这个行星的面貌。金星大气层中氧和水汽很少，97%是二氧化碳，水蒸气约1%，氧气不超过0.1%；表面温度高达480 ℃左右。

地球，是九大行星中一个适合于生物存在和繁衍的行星。当然，宇宙间还会有别的繁殖生命的星球。地球与太阳的平均距离是14 960万千米，直径约13 000千米；公转周期为365．25天，自转周期23时56分。地球的轨道为一椭圆，它和地球赤道面相交成23°27′的角度，故有四季寒暑和昼夜长短的差别。地球有一个卫星，即月球。

火星，与太阳的平均距离为22 794万千米；公转周期为687天，自转周期为24时37分；表面温度中午高达28℃，夜晚低至－132℃。通过望远镜可以发现火星周围有空气，情形很像地球。而且，它也像地球一样，定期地发生着季节的变化，每季约长6个月。1976年7月宇宙飞船的探测器在火星上软着陆，发回情报，发现火星的大气层中含氩1.5%，含氦3%，证明从火星的土壤中有水蒸气蒸腾入大气层。很多人估计火星上可能有生命繁殖。火星有2颗卫星，这2颗卫星的体积都很小。

木星，与太阳平均距离77 830万千米；公转周期约12年，自转周期为9时50分；表面最高温度约－140℃；它有14颗卫星。1973年、1974年宇宙飞船逼近木星，发回照片，说明木星像太阳，而不像地球。

土星，与太阳平均距离142 700万千米；公转周期29.46年，自转周期是10时14分；表面最高温度约－150℃；它有10颗卫星。

天王星，与太阳距离287 400万千米；公转周期为84年，自转周期为10时49分；表面温度在－180℃左右；它有5颗卫星。天王星自转的方向是自东向西的，它的卫星也同样由东向西运转。

海王星，与太阳平均距离为451 600万千米；公转周期164.79年，自转周期15时48分；表面温度－200℃左右；它有2颗卫星。

冥王星，是九大行星中距离太阳最远的一颗行星，有591 325万千米；公转周期247.69年，自转周期为6天9时。因为离太阳最远而且是最小的行星，因此受到太阳的光和热很少。

太阳系除九大行星外，在火星与木星轨道之间还有许多小行星。轨道已确定的小行星有1 900多颗，实际存在的数目可能比这还要多。其中最大的一颗叫谷神星，直径约1 000千米。已发现的星的总质量大约只有地球的1/3 000。

彗星，通常叫“扫帚星”，也是太阳系里较小的天体。彗星形状很特别，靠近太阳时显得十分明亮，并且拖有一条长长的尾巴。肉眼能见的彗星很少。

流星体，是太阳系内更小的天体。当它高速进入地球大气层时，同大气摩擦燃烧发光、发热，形成明亮的光迹，称为流星现象，少数大流星在大气中没燃烧尽，落到地面的残骸就称为“陨星”。此外，行星际还有稀疏微尘和气体物质。

太阳作为一个恒星并不“恒”，它既有自转，同时又带着地球和其他行星以250千米/秒的速度绕银河系中心旋转，旋转一周大约2.5亿年。在银河系像太阳这样的恒星大约有1 500亿个，太阳只是银河系上千亿个恒星中的一个。

银河系是一个具有漩涡结构的圆盘型星系。它本身有旋转运动，并且在旋转运动中呈现出中间厚、周围薄的“铁饼”形状，其直径大约是10万光年，中心厚约1万光年（1光年＝9.460 5×10^{12}千米）。

在宇宙中，除了我们的银河系以外，还有许许多多同我们这个银河系类似的恒星系统，称为河外星系。

（二）天体演化理论

天体是怎样形成的，这是天文学研究的一个重要内容。从哥白尼的太阳中心说建立之后，开普勒建立行星运动三定律后，有关太阳系理论结构的问题已相继解决。到18世纪下半叶，太阳系、恒星和星系的起源问题，便纳入了科学理论的领域，人们逐渐相信，天体和天体系统都有自己发展的历史，它们是通过演化逐步形成的。

1. 太阳系的起源　1755年德国哲学家康德（I. Kant）在《宇宙发展史概论》一书中，首先提出太阳系起源于原始星云的假说。1796年，法国著名数学家和天文学家拉普拉斯（Laplace）在《宇宙系统论》一书中，也提出了一个类似的星云假说。认为太阳系是由原始星云演化而成的。太阳系起源于一团巨大的尘埃和气体云，气体云的某一部分可能脱离气团的主体，自己成为一个局部漩涡。先形成一个气体圆盘，接着收缩，圆盘遗弃出一些小型的环圈或环带，逐渐脱离主圆盘。每个独立的环圈自己形成一个小型的漩涡，聚合成一颗行星；这种气体的旋转还产生更小的气体环圈，形成行星和卫星。这种假说为天文学研究开辟了一条新的道路，其中的演化思想已为后来的天文学家所吸收，在科学上起了很大的作用。但这种假说无法说明行星和太阳之间角动量分布极不均匀的现象；而且根据这个假说预见的太阳自转周期（0.5天左右），与实际观测到的周期（26天），相差悬殊。显然，这个假说是有缺陷的，不能原封不动的搬用。

由于拉普拉斯是数学家，并采用了数学方法来加以论证，星云假说才引起科学界的关注。星云假说，尽管在科学上还存在有诸多问题，但是其演化的科学思想对于19世纪的科学产生了巨大的影响。

2. 恒星的演化　近几十年来，天文学家对天体演化的研究，已从太阳系转向恒星、星系乃至整个宇宙方面来。根据观测资料，人们认为恒星是从主要由氢组成的非常稀薄的气体形成的。它们通过收缩，形成原恒星。继续收缩，温度提高，原恒星就发育成真正的恒星，达到主星序，开始将氢转变成氦，体积膨胀，向空间抛射物质，经过红巨星阶段进入演化的最后阶段，变成白矮星。

3. 星系的演化　星系是包括数以千亿计的恒星的系统，它的演化要复杂得多，目前我们对它知道得非常少。一般认为像银河系这样巨大的恒星系统，也是由稀薄的弥漫星云经过凝聚，逐渐演化形成的。对我们所观测到的宇宙，目前有各种不同的假说，有的认为宇宙只是在膨胀，有的认为收缩以后再膨胀，或者是在振荡，但这些假说都必须承认这个宇宙是演化着的宇宙。

二、物 理 学

16 世纪以后，物理学采用了系统的实验方法，在此基础上发现了许多前所未见的事实，很快建立了一套完整的理论，在科学史上人们把它称为经典理论物理学，它以经典力学、热力学和统计物理学、经典电动力学为基础，构成为一个完整、严密的理论体系。由于经典力学已在上节介绍，所以这里着重介绍热力学、统计物理学和经典电动力学。

（一）热力学和统计物理学

1. 对“热质说”的批判　很早人们就开始研究热运动了。那时，已经认识到较热物体和较冷物体之间的区别，知道了摩擦取火等热现象。但对“热”的本质的认识，却经历了一个漫长的过程。

17、18 世纪，随着计温学和量热学的发展，使人类对现象的研究走上定量和精密实验的阶段。对于热是什么的问题，当时存在两大观点：一是以培根、胡克、笛卡儿为代表的热动说，认为热是物体内部微小粒子的机械运动；一是以布莱克（J. Black）、伽桑狄（P. Gassendi）等为代表的热质说，认为热是一种可流动的特殊物质（热流体），热质粒子之间相互排斥，但却受到普通物质粒子的吸引，而且不同的普通物质对热流体的吸引力不同。由于热质说非常容易解释当时发现的热现象：热的传导、对流和辐射，气体的扩散，物态变化，比热和潜热，化学反应热等，甚至对摩擦生热现象也能给出牵强的解释；也由于当时对热动说缺乏科学实验依据，经过了激烈的争论之后，到 18 世纪 80 年代，热质说统领了热学研究的各个领域，当时几乎整个欧洲都相信热质说。

对热现象的解释却普遍流行“热质说”，认为热是一种物质，叫做“热质”或“热素”，物体的冷热是由这种神秘的热质所决定的；热的物体含的热质较多，冷的物体含的热质较少，当时，热质说能够解释一些热现象，人们用热质说还建立了一套热传导的理论。

随着实践的发展，热质说的内在矛盾才逐渐暴露了出来。18 世纪末，英国伯爵、物理学家伦福德（C. Rumford）用钻炮膛的实验发现发热的量大致与所做的功成正比，而与钻下来的铁屑量无关；18 世纪末的两三年内，伦福德和英国科学家戴维（H. Davy）有关摩擦生热现象的实验研究向热质说发起了致命性的挑战。戴维用两块冰在真空中互相摩擦，发现冰竟然融化了。以上实验事实说明，热可以由机械运动——摩擦转化而来，热不是一种物质，而是物质的一种运动形式。人们通过对摩擦生热和物体冷热原因的研究，提出了热是物质分子的无规则运动的理论。

2. *热力学第一定律*　机械运动可以转化为热运动，热运动是否可以转化为机械运动呢？蒸汽机的发明和广泛应用，说明热运动是可以转化为机械运动的。实践的进一步发展，还发现了各种运动形式之间的联系和转化的许多事实，如电和磁之间的联系，电能和热能、化学能、机械能之间的联系和转化等。这为人们总结能量守恒和转化定律打下了基础。

能量守恒和转化定律首先是在研究热和机械运动的转化时提出的，热力学第一定律就是能量守恒和转化定律在热力学上的特殊表现，是指外界传递给某系统的热量等于系统内能的增量和系统对外所做的功的总和。热力学第一定律揭示了热、力学、电、化学等各种运动形式之间的统一性，说明了自然界物质间能量转化的规律性。这是牛顿建立力学体系以来物理学上的第二次理论大综合。1851年英国物理学家开尔文（W. T. L. Kelvin）和德国物理学家克劳修斯（R. J. E. Clausius）提出，把能量守恒与转化定律作为自然界的普遍规律，并确定为热力学第一定律。

能量守恒原理（热力学第一定律）是由六七种不同职业的几十个科学家，先后在4个国家，从不同的侧面独立地发现的，被公认为19世纪自然科学上的三大发现之一。其中，特别值得介绍的是德国医生迈尔（J. R. Mayer），他于1840年从荷兰到达爪哇的船上发现船员的静脉血比在欧洲时红些。他把这归因于人体在热带维持体温所需要的新陈代谢的速率比在欧洲低，消耗动脉血中含的氧也就少。由此，他进一步认识到：体力和体热都必定来源于食物中所含的化学能，如果动物体能的输入同支出是平衡的，那么，所有这些形式的能在量上就必定守恒。1842年迈尔又发表了“论无机界的力”一文，他在考虑人体输入的“力”和输出的“力”应该平衡的基础上，提出了更普遍的“力”的转化和守恒的概念。迈尔讲的“力”实际上是能量。除迈尔以外，焦耳（J. P. Joule）和亥姆霍兹（H. L. F. von Helmholtz）也做了大量的工作，为能量守恒定律的确定做出了贡献。

3. *热力学第二定律*　第一个对蒸汽机的效率进行精密的物理和数学研究的是法国青年军事工程师沙第·卡诺（S. Carnot）。他兴趣很广，关心工业的发展，也研究政治经济学理论和税收改革等方面的问题。1821年以后，卡诺集中精力研究蒸汽机，并于1824年发表了《关于火的动力的考查》。他在书中指出：热机做功的必要条件是它必须工作在一个“热源”和一个“冷源”之间；一部热机所产生的机械功的大小，在原则上决定于热源与冷源的温度差，而与热机的工作物质无关。这就是以后的所谓“卡诺定理”，实质上也就是热力学第二定律的一种表述。

热力学第一定律确立了不同形式的能量相互转化时，它们之间存在一定的定量关系，但是它没有说明这些变化应该向什么方向进行，热力学第二定律则解决了这个问题。热力学第二定律有几种表述形式，几种较著名的表述例如：热量总是从高温物体传到低温物体，不可能把热量从低温物体传到高温物体而不产生其他的变化；功可以全部转化为热，而任何热机都不能把所受的热量全部地转变为功；在孤立系统内发生的过程，总使整个系统的熵的数值增加。

经典热力学和经典统计物理学都是研究热运动的规律及其应用的科学，但二者采用的方法却不同。热力学的方法是研究宏观的物理过程，不涉及物质内部的结构，而统计物理学的方法则要考虑物质内部结构，并用数学中统计和概率的方法，以得出其整体的规律。热力学和统计物理学理论的建立，是 19 世纪自然科学中的一个重要成就，有力地推动了产业革命。

热力学第一和第二定律的建立，从几个方面表明了热运动及其转化的规律，奠定了经典热力学的理论基础。

（二）经典电动力学

电和磁是 2 000 多年前就已发现了的自然现象，但在 19 世纪以前，人们认为两者是各不相关的。直到 18 世纪 80 年代，人们也仅知道静止的电荷和瞬间的放电现象。

1. *电流的发现*　电学是发展较慢的一个学科，直到 19 世纪之前，它还没有超出静电学的范围，且基本上停留在定性的观察和实验阶段。另外电与磁被独立地研究，尚未将二者联系在一起。

动电是意大利解剖学家伽伐尼（L. Galvani）于 1786 年在解剖青蛙时偶然发现的。这是电学中的一个重大转折，标志着在静电之外开辟了动电即电流研究的新领域。以后意大利物理学家伏打（A. Volta）对类似现象进行了大量实验，于 1799—1800 年制成世界第一个能产生稳恒电流的装置——伏打电池。最早的为科学研究提供了电能，是物理学上的一个创举。1826 年，德国物理学家欧姆（G. S. Ohm）在实验研究中发现了电位差、电流强度和电阻之间的定量关系，总结出欧姆定律。这是电学中的一个重要发现，它使人们的认识由静电进入到动电，从而开辟了物理学的一个崭新研究领域。

丹麦物理学家奥斯特（H. C. Oersted）从 19 世纪初就开始思索电和磁之间的联系。奥斯特信奉康德哲学，相信自然界的力是统一的，电流一定会有磁效应。但探索了近20年都没有得到结果。一直到了1820年初，在一次讲课后，他偶然把一根导线同一枚磁针平行地放着，当导线通过强电流时，他十分惊骇地发现：磁针动起来了，转了几乎90°，当电流反向通过时，磁针也反向偏转，这一现象是对牛顿理论的一次冲击。因为，在牛顿理论看来，电力和磁力是不能互相转化的，而且两个物体之间的相互作用只能沿着连接它们的直线方向。奥斯特的发现立即引起了强烈的反响，许多科学家都重复做他的实验。1822年，法国物理学家安培（A. M. Ampere）发现了电流产生磁力的基本定律，奠定了电磁学的基础。

2. 电磁感应定律的发现　19世纪陆续建立了有关电和磁的一些基本定律。实验物理学家法拉第（M. Faraday）对电磁效应作深入思考后，提出了既然电能产生磁，那么磁也应该能够产生电的设想。为探索“磁生电”问题，法拉第进行了长达11年的实验研究，在1831年发现了电磁感应现象，即磁铁同导线相对运动时，导线中有电流产生；也可表述为当闭合电路的磁通量发生变化时，回路中就产生感应电流，其电动势的大小与穿过闭合回路的磁通量变化率成正比。电磁感应定律的发现，全面地揭示了电与磁的相互转化和统一关系，为电磁理论的建立和现代电工学奠定了基础。法拉第发现的电磁感应定律，是发电机的理论基础，为人类开辟了新的能源，电力时代的大门从此被打开了。

为了解释电磁感应现象，法拉第提出“磁力线”和“场”的概念，认为空间不是虚空的，而是布满磁力线的“场”。因此，空间也就具有同物质一样的某种性质。这是牛顿以后物理学基本概念的最重要的发展，但在当时几乎所有的物理学家都把它看作是离经叛道的妄想。

完整的电磁学理论的确立是由英国物理学家麦克斯韦（J. C. Maxwell）完成的。从1855年开始，麦克斯韦继承和发展了法拉第有关电与磁的思想，系统地考察了19世纪前50年取得的一系列电学成就，用数学方法把全部电磁学内容概括为一组简洁、优美的方程式，圆满地解释了各种客观电磁运动现象。麦克斯韦还由这组方程导出电磁波的传播速度为光速，进而预言，光波就是电磁波。麦克斯韦的电磁理论把电、磁、光统一起来，实现了物理学理论上的又一次大综合。

电磁学的建立，为电力技术进入社会生产和生活领域起了先导作用。1832年，法国的皮克西制出世界上第一台永磁式直流发电机；1866年德国的西门子制成自激式直流发电机；1870年，比利时的格拉姆制成具有环形电枢的直流发电机。到19世纪70年代后，电力已成为取代蒸汽动力而占统治地位的新的能源。电力的广泛应用，有力地推动了一批新兴工业的诞生，促进了一系列技术发明的问世。由大型发电厂、高压输电网、变电站组成的电力工业发展起来了，而制造发电机、发动机、变压器和电线电缆等为主的电气设备工业也迅速兴起。1844年，美国人莫尔斯发明了有线电报；1876年，美国人贝尔发明了电话；1879年美国大发明家爱迪生发明了白炽灯；1895年，意大利马可尼与俄国人波波夫发明了无线电通信。这一切都标志一场继蒸汽动力革命之后以电力革命为主要标志的第二次技术革命，使人类进入了一个更加光明、更加美好的电气新时代。

3. 经典电动力学的确立　法拉第以物理的直觉提出“场”的概念，到1858年，英国青年物理学家麦克斯韦利用19世纪20年代和30年代数学家在理论方面的研究成果，把法拉第的思想用数学语言表述出来，建立了经典电动力学的基本运动方程——麦克斯韦方程组。麦克斯韦预言了电磁波的存在，预言电磁波传播的速度就是光传播的速度，并进而认为光不过是波长在一定范围内的特殊的电磁波。这样，光学、电学和磁学就融合成为一体，实现了经典物理学的第三次大综合。麦克斯韦的电磁理论当时只有少数几个犹豫不决的支持者，多数知名的物理学家并不赞同。德国青年物理学家赫兹（H. Hertz）用实验证实了电磁波的存在，反对的意见才逐渐销声匿迹。这时经典电动力学才算真正得以确立。

经典理论物理学经过众多物理学家3个多世纪的努力，到19世纪末，已发展成为一个极为严密的科学体系，使经典物理学的大厦得以落成。而这一时期，也正是资本主义工业文明日渐兴起与发展的时期，经典物理学的众多研究成果，既带来了科技史上的第一次技术革命（即蒸汽机革命），又推动了第二次技术革命（即电力革命）的发展。

三、数　学

（一）解析几何

解析几何的出现，把数的研究和形的研究结合起来，从而沟通了几何学和代数。我国宋元时代出现的几何代数化工作，把一些几何特征用代数来表达，几何关系被表达为代数式之间的关系，这是解析几何的萌芽。解析几何是数学中的最基本的学科之一，也是科学技术中的最基本的数学工具。解析几何的产生和发展，曾在数学的发展过程中起着非常重要的作用。

在古希腊，几何学几乎就是数学的同义语，代数以几何的面貌出现，代数问题的解决往往依赖几何方法的解决和论证。17世纪初，生产力的发展和科学技术的进步，给数学不断提出新的问题，要求数学从运动、变化的观点去研究和解决一些实践与理论问题。比如，在变速运动中，应如何解决速度、路程和时间的变化问题，如何用数学语言描述和研究物体运动变化的过程，怎样用数学语言阐述抛物体的运动规律等。所有这些只用初等数学的方法显然是无能为力的，因此，研究和解决这些新的对象和实际问题，必须突破以往研究常量数学的范围和方法。

法国数学家笛卡儿和费马（P. Fermat）最先认识到要描述和研究物体运动变化的过程，必须借助和依靠新的数学工具即变量数学的方法。笛卡儿认为，数学不单是为了锻炼人们的思考能力，更主要地是为了说明自然现象，因此，必须给说明静止状态的数学以新的要求和解释。笛卡儿在其《科学中正确运用理性和追求真理的方法论》一书的附录《几何学》中，较全面地叙述了解析几何的基本思想和主要观点，并创造了一种新的方法，即引进坐标，首先建立了点与数组的一一对应关系，进而将曲线看作是动点的轨迹，运用变量所适应的方程来加以表示。费马也提出，凡是含有两个未知数的方程，就总能确定一个轨迹，而且根据方程，便能描绘出曲线。

综上所述，解析几何的基本内涵和主要方法是：通过坐标的建立，将几何的基本元素——点，和代数的基本研究对象——数之间对应起来，然后在这个基础之上，建立起曲线或曲面与方程的对应关系。比如，已知动点的某种运动规律，即可建立动点的轨迹方程。同样，有了变量所适合的某个方程，就可以做出它所表示的几何图像，并根据方程讨论一些几何性质。这样就将几何与代数紧密结合起来，利用代数的方法就能解决几何的问题，而且这种方法已成为研究和解决某些运动、变化问题的有力工具。由于变量数学的引进，大大地推动了微积分学的发展，使整个数学学科有了极其重大的进步。解析几何的产生，可以说是数学发展史上的一次重大飞跃。

（二）微积分学的创立

17 世纪下半叶，牛顿和莱布尼茨系统地运用变量的观点和变量的方法，分别独立地建立了一门既非几何学、又非代数学的新的学科领域——微积分。但他们所建立的微积分，都是从直观的无穷小量出发的，其理论基础可以说很不牢固。直到 19 世纪，柯西（A. Cauchy）等人才把微积分学建立在极限理论上，尤其是康托尔（G. F. Cantor）等人建立严格的实数理论后，极限理论才有了较严格、巩固的基础，微积分学科最终得以严密化。在 18、19 世纪以后，数学家除了为微积分的完善做奠基工作外，在微积分的基础上发展出了无穷级数、常微分方程、偏微分方程以及变分法等学科。

微积分学由微分学、积分学两部分组成。其中，微分学研究函数的导数与微分及其在函数研究中的应用。导数是微分学的基本概念，其原型是经典物理中的瞬时速度。导数是函数对自变量的变化率，因此，它是研究变量之间依赖关系的重要工具和手段。比如，自变量是时间，函数是位移或是力所做的功，那么导数就分别是速度或功率。导数还可以用来研究函数的图形，借助导数能够求出某些函数的极大值和极小值等。

积分学主要研究积分的性质、计算及其在自然科学与技术科学中的应用。积分学的最基本概念是关于一元函数的定积分与不定积分。定积分的基本思想是通过有限逼近无限，即是有限和的极限，这样使用极限的方法就使积分学有了严格的理论基础。不定积分是对于某一给定函数，求出一个或一族（若运算结果不唯一）函数，使其导数为这一给定函数，可见对求出的一个或一族函数进行微分就可得到该给定函数，所以积分是微分的逆运算。

微积分开创了不同于以往的全新的数学研究领域和方法，使数学研究走向更加抽象和深刻，促进了数学理论的发展。在数学的应用上，使人们得到了较之以往新型的计算技巧，扩大了数学的应用领域。

总之，微积分的思想、方法在理论和应用两个方面极大地推动了近代数学的发展，可以说，整个18世纪的主要数学成果，都是在以微积分为核心思想的带动下取得的。而微积分思想在逻辑上的某些缺陷与不足，又给现代的数学研究开辟了新的方向和领域。

（三）对数的发明

随着天文学和航海业的发展，三角运算愈趋复杂，急需一种简便的计算方法，对数便应运而生。1614年苏格兰数学家纳波尔（Napier）发表了《奇妙的对数规则的描述》，首次对对数规则进行描述。由于对数能化乘除为加减，人们又制作了对数表，所以计算时间大大缩短。这项计算技术深受人们欢迎，从而在世界范围内广为传播。不久各种计算工具相继产生。1617年纳波尔发明了一种能进行乘除、乘方、开方运算的算法；1620年英国人制成世界上第一把对数尺；1621年英国数学家布里格斯（H. Briggs）完成了第一个常用对数表；1645年法国数学家帕斯卡（B. Pascal）发明了能进行加减运算的手摇加法机。

四、化　　学

（一）科学元素概念的提出

英国化学家波义耳（R. Boyle）一生有不少重要的科学建树，但他对科学最重要的贡献是把化学确立为一门科学。作为这个功绩的标志之一是他给“元素”下了一个科学定义。波义耳认为，化学的主要任务是研究万物由什么组成、万物分解成什么。他认为，组成万物的元素不是古代自然哲学家或炼金术士们所说的元素，而是用一般化学方法不能再分解为更简单的实物。波义耳为元素概念提出了一个科学的定义，为化学研究指出了正确的方向。

波义耳对化学的另一个重要贡献是奠定了化学研究中定量的分析。波义耳很重视实验，他一生从事过许许多多的实验。在实验中，他特别要求对化学变化做定量的研究。波义耳所进行的大量实验导致他做出众多重要的发现。例如，波义耳通过焙烧实验来考察火的性质。他认为火是由带有重量的火粒子所组成的，这种火粒子的高速运动是产生热的根本原因。他的这种观点为后来"燃素学说"提供了基础。

（二）氧化理论的建立

氧化理论是在否定燃素说的基础上发展起来的。燃素说是化学中建立的第一个理论，其基本观点为：燃素就是火微粒子构成的火元素，是火的动力；可燃物之所以能燃烧，是因为它本身含有燃素。物体失去燃素，就变成灰烬，灰烬获得燃素又会复活，一切与燃烧有关的化学变化，都可归结为物体吸收燃素和释放燃素的过程。

燃素说的这些观点，解释了当时所能知道的大多数化学现象，对当时已积累起来的经验事实做了理论上的概括，使得包括燃烧在内的大多数化学反应在燃素说基础上得到了统一的说明。但是燃素说毕竟是把影像误作为原形的假说，与真实的氧化还原过程相比较，恰恰是对燃烧现象做了颠倒的解释，把化合过程描述成了分解过程，把映象当作了原形，假象当作了本质。随着实验化学的发展日益暴露了燃素说和新的化学事实之间的矛盾。

1774 年，英国化学家普列斯特（J. L. Proust）利用聚光镜照射氧化汞，制出了氧气。在普列斯特利发现氧的前一年，瑞典化学家舍勒（C. W. Scheele）也通过两种方法发现了氧：其一，通过加热硝酸盐或氧化汞与碳酸盐的混合物，并用碱液吸收所得气体中的酸性气，从而获得氧气；其二，用黑锰矿（二氧化锰）与浓硫酸共热，蒸馏而获得氧。

普列斯特利和舍勒虽然发现了氧，但因受燃素说的影响，没有能做出"氧能助燃"的结论，甚至把他们发现的氧叫作"脱燃素的空气"，这个事实说明，一种错误的但是有权威的理论，往往会阻碍科学的进步。

在普列斯特利和舍勒发现氧的基础上，法国化学家拉瓦锡（A. L. Lavoisier）对燃烧的过程，进行了严格的定量研究。他于 1777 年向巴黎科学院提交了一篇名为《燃烧理论》的报告。他指出，燃烧是有氧参加的发出光和热的化学反应，物质燃烧时会吸收氧，因而重量会增加，所增加的重量等于吸收氧的重量，一般物质燃烧后会变成酸，金属燃烧后会变成金属氧化物。

拉瓦锡建立的科学燃烧理论，否定了统治人们思想达100多年的燃素说，是化学史上的一个里程碑。

（三）原子-分子论学说的提出

英国化学家、物理学家道尔顿（J. Dalton）继承和发展了古代原子论和牛顿的机械原子论，把模糊的原子假说作了一番改造，在新的历史条件下建立了科学的原子论，使其成为近代化学的一种确定性的基础理论。这一理论使人们能够解释各种类型的物质及其化学反应。实际上，它的意义超出了化学领域，使得人们对物质结构的一个重要层次——原子的认识，建立在科学的基础之上。

科学原子论在化学的发展史上，具有划时代的意义，它从根本上否定了化学炼金术，并阐明了物质不灭定律的内在涵义。道尔顿所建立的科学原子论，把化学真正地建立为独立的学科，为化学家们提供了许多重要的新思想、新概念和新方法。

但道尔顿的原子论本身还远远不是一种完整的理论，它还存在着两个重要缺陷：一是把组成化合物的最小粒子称为“复杂原子”，而否定以至废弃“分子”的概念；二是认为原子是不可再分割的，与他提出的“复杂原子”相矛盾。随着科学的发展，道尔顿的原子论还必然在实践中不断完善和发展。

意大利化学家阿伏伽德罗（A. Avogadro）在1811年提出了分子学说。他的学说有3个要点：①无论是化合物还是单质，在被进行分割时，必有一个最小并且保持该物质特性的单位，这个单位就是分子；②单质的分子可以由多个原子组成；③处于同样温度和压力下的气体，无论是单质还是化合物，相同的体积中必有相同数目的分子。

阿伏伽德罗的思想是十分可贵的，但是他提出的观点没有能马上被学术界所接受，而是被冷落了近50年。

分子论被承认，应归功于意大利的另一位化学家康尼查罗（S. Cannizzarol）的出色工作。1860年在德国卡尔斯鲁厄的首次国际学术讨论会结束时，康尼查罗散发了著名的《化学哲学课程大纲》，论述了当年阿伏伽德罗提出的分子论，他还公布了他所测得的分子量表。至此，分子假说终于得到了肯定和公认。阿伏伽德罗分子学说的确定，使道尔顿原子论发展成为完整、全面的原子-分子论。

原子-分子论是近代化学发展史上首次重大的辩证综合，它揭示了物质结构存在原子、分子这样的层次，近代物质结构理论由此取得了重大突破。因此，随着原子-分子论的形成，整个近代化学发展的基础也就奠定了。

（四）有机化学的兴起

有机化学的兴起，是与社会的需要和生产的发展密切相关的。人类对有机物质的利用有相当久远的历史。人们从动植物体内提取和分离出的一些有机物质，并分别按它们的特殊性能投入使用，在这个过程中，人们获得了有关有机物的感性经验。

近代有机化学的系统研究开始于对有机物的提纯、分析和合成。18世纪后期，德国著名化学家舍勒（C. W. Scheele）在有机化合物的分离和提纯方面做了较为突出的工作。他亲自提取了大量纯净的有机酸，这些工作丰富了人们对有机物的认识。

如果说有机物质的提纯和分析使有机化学研究迈出了重要的一步，那么有机物质的人工合成，则可以看作是有机化学发展道路上的一个重要里程碑。18世纪末到19世纪初，在生物界和化学界流行着一种“生命力论”，这种生命力论认为：由于动植物有一种神秘的“活力”，因此它能产生有机物，而无机物因没有“活力”，不能产生有机物，并认为无机物与有机物之间有一道不可逾越的鸿沟。1824年，德国化学家维勒（F. Wöhler）用自己的实验打破了这一传统的观念。他在研究“氰酸银作用于氨水”时，发现除生成草酸外，还有一种白色结晶物，经过检验，证实它就是尿素。后来，他又分别利用不同的无机物通过不同的途径进行试验，结果都合成了尿素。尿素的人工合成填补了无机物到有机物之间的鸿沟，打击了神秘的生命力论，开辟了有机物人工合成的新天地。

在近代有机分子结构理论建立的过程中，德国化学家凯库勒（F. A. Kekulé）做出了重要的贡献。凯库勒提出：不同元素的原子化合时，总是倾向于遵循亲和力单位数是等价的原则。凯库勒还把原子概念引入到有机化合物的研究中，并发现和确立了碳的四价结构，且有自身相结合的能力，提出了“碳链学说”。

后来，人们又进一步认识到，有机化合物分子中各个原子，不是平面排布，而是有一定空间立体排列方式，由此建立了有机立体化学结构理论。

（五）元素周期律的发现

化学元素周期律的发现是众多科学家大量的工作和资料的积累。1829年，德国化学家德贝莱纳（J. W. Doberener）首先开始对元素的原子量和化学性质之间的关系进行研究。他发现当时已知的54种元素中，可列出几个元素组，每组包括3个元素，同组内元素的性质相似。1862年，法国矿物学家尚古多（Chancourois）提出了关于元素性质就是数的变化的论点，创造了一个“螺旋图”。1865年，英国工业化学家纽兰兹（J. A. R. Newlands）把当时已知的元素按原子量大小的顺序排列时发现：从某一指定的元素起，第八元素是第一元素的某种重复，就像音乐中的八度音，他称之为“八音律”。

在这一时期，还有一些科学家做了许多工作，为元素周期律的最终发现开辟了道路。1869 年，俄国化学家门捷列夫和德国化学家迈尔（J. R. Mayer）各自独立地发现了元素周期律。他们对当时已知的各种元素进行认真研究，根据化学活性的顺序，原子价的分类，原子量的大小等，制成了一个化学元素周期表。门捷列夫的元素周期表初步实现了使元素系统化，把当时已发现的 63 个元素全部列到表里，而且还给未知的元素留下了 4 个空位，指出了它们的原子量，并预言了这些元素必定存在。后来，这些预言都被证实。

元素周期律的发现表明，自然界的元素不是孤立的偶然堆积，而是有机联系的统一体。同时也表明元素性质的发展变化的过程是由量变到质变的过程，是由低级到高级、由简单到复杂的过程。元素周期律的发现，拉开了无机化学系统化的序幕，为现代化学系统发展奠定了重要的理论基础。

五、生 物 学

（一）细胞学说的建立

早在 17 世纪，显微镜刚刚问世的时候，物理学家胡克就在显微镜下看到软木薄片是由许多蜂窝状的小结构组成的现象。他将这些小结构命名为“细胞”，这是细胞一词的第一次出现。18 世纪末和 19 世纪初，许多科学家试图在植物界和动物界中寻找结构方面的基本单位。例如，德国诗人、生物学家歌德（J. W. Goethe）认为植物的叶是一切植物的基本单位。德国自然哲学家奥肯（L. Oken）认为一切生物都是由一种称为“黏液囊泡”的基本单位构成的。

到了 19 世纪 30 年代，一些科学家在显微镜下观察到细胞的细胞质、细胞核、细胞壁等结构以及细胞质的运动，而且动物体内也发现了细胞。1831 年，英国医生布朗（R. Brown）发现了植物细胞的细胞核。1835 年，捷克人普金野（Pukinje）又发现了母鸡卵细胞的细胞质。这一时期的研究为细胞学说的建立创造了条件。

细胞学说最终是由德国植物学家施莱登（M. J. Schleiden）和动物学家施旺（T. Schwann）完成的。1838 年，施莱登开始研究细胞的形态及其作用。同年他发表了《植物发生论》一文。在论文中，他提出无论怎样复杂的植物体，都是由细胞组成的，细胞不仅自己是一种独立的生命，而且作为植物体生命的一部分维持着整个植物体的生命。

随后，他将自己的观点告诉了动物学家施旺（T. Schwann）并提示他可在动物组织上研究这类问题。在施莱登的启发下，施旺结合自己的工作，在1839年，发表了题为“关于动植物的结构和生长一致性的显微研究”的论文，提出“有机体都有一个普遍的发育原则，这就是细胞的形成”。文中首先描述蝌蚪体内脊索和各种不同来源的软骨结构和生长，接着论证一切动物组织的构成基础都是细胞，最后专门论述细胞的形成方式和发展。

在1838—1839年，施莱登和施旺分别发表了植物细胞和动物细胞基本认识的专著。他们两人取得完全一致的看法，创立了细胞学说，即一切植物和动物都是由细胞构成的，细胞是生命的结构和功能的基本单位。

细胞学说一经确立，马上显示出其生命力，大大促进了生物学的发展。恩格斯说：“有了这个发现，有机的有生命的自然产物——比较解剖学、生理学和胚胎学才获得了巩固的基础。”此后，在细胞学说的基础上，人们对生物界进行了更深入的研究，发现了细胞的全能性，即任何细胞都具有发育成完整个体的潜在能力。根据这一理论，人们发展了组织培养、克隆技术等高科技的生物技术。

（二）血液循环的发现

1. 塞尔维特的工作　塞尔维特生于西班牙。他经过大量的观察实验，首先发现了人体中血液的小循环。他认为血液从心脏流入肺时，是暗红色的，经过肺变成鲜红色再流回心脏，由于当时氧气还没有发现，所以他无法说明为什么血液经过肺时会变得鲜红。这里值得说明的是，塞尔维特的工作不仅是初步发现了人体中的血液循环，更重要的是在于他反对宗教神学的精神。

塞尔维特是在与伪科学斗争中献出生命的伟大科学家之一。他尊重实验和理性，反对神学和迷信。他写了《论三位一体的错误》、《论糖浆》、《论基督教的“复兴”》等书，批判宗教神学，宣传科学思想，这使宗教界大为恼火，他被告发到宗教裁判所。为此，他被逮捕，但他侥幸逃出了监狱，宗教裁判所对他进行了缺席审判，对他判处火刑，连同著作一起烧掉，由于他不在，烧了他的模拟像。塞尔维特死里逃生不久，又在日内瓦重新被捕，再次被处以火刑，用火烤了两个小时才把他烧死，这是历史上宗教神学迫害科学家最残忍的一例。

2. 哈维发现血液循环　英国生理学家哈维（W. Harvey），运用观察和实验方法，进行了大量的活体解剖实验。在解剖研究的基础上，1628年写成名著《心血运动论》，书中准确地说明了血液在人体中的循环过程。

哈维在《心血运动论》中指出，血液在人体中，如同水在自然中一样，是循环运动的。这种循环如下：血液是靠心脏的搏动力量，循着血管周而复始地运动，这种循环运动可分为两部分：第一，大循环，也叫体循环，血液从左心室出发，沿动脉流到全身，再循着静脉回到右心房。因为当时尚没有显微镜，哈维没有能发现毛细血管，也就无法准确说明，血液如何从静脉到动脉。第二，小循环，又称肺循环，从身体中回来的静脉血，进入右心房，再入右心室，从右心室到肺动脉，经肺部变成鲜红以后，再回到左心房，进入左心室，从而完成一个循环周期。血液循环的发现，给生物学中的传统观念“盖仑的灵气说”以致命的打击，成为生物学和生理学发展的里程碑。

（三）生物分类学的形成

文艺复兴以后，由于地理大发现和航海贸易的发展，发现了许多新物种，这就迫切地需要对这些物种进行详细的分类。当时流行的生物分类方法有2种。

1. 人为分类　这种分类主要从人的认识角度把生物分成不同的类型，把生物划分成不连续的一个阶梯序列。

2. 自然分类　这种分类根据物种的连续性和亲缘关系，把它们的一切特征和器官加以比较，进行分类，虽然这样分类比较复杂，但比较接近实际。

生物分类学的代表人物是瑞典生物学家林耐（C. Linné），他提出了著名的植物24纲。1735年，林耐出版了他的名著《自然系统》，他系统说明了生物分类的原则和见解，建立了一套比较完整的分类体系，把当时已知的1.8万种植物分为纲、目、科、属、种。根据雄蕊的数目把植物分为24纲，这种分法流传得非常久远。林耐提出的分类体系和原则，结束了分类学中的混乱状态，使分类学发展到新的阶段。从此，人们可以把积累起来的动植物资料，加以科学地整理和分门别类地研究，找出了它们之间的内在联系，把动植物的本性和亲缘关系揭示出来，为科学进化论的确立提供了大量的素材。

（四）达尔文的进化论

“进化论”一词最早是由法国博物学家拉马克（J. B. Lamarck）提出的。1809年他出版了《动物学哲学》一书，提出环境对生物进化的直接影响，如动物器官因用得过多或过少而导致进化或退化（即“用进废退”），这些后天获得的性状改变是能够遗传的（即“获得性遗传”），并逐渐形成新的物种。他的这种“用进废退”和“获得性遗传”等理论，描述了动物进化的过程，为达尔文科学进化论的完成创造了必要条件。

英国著名博物学家、生物学家、进化论的完成者达尔文于1831年随海军勘探船作历时五年的环球旅行，观察和收集了关于动植物和地质等方面的大量资料，经过综合与分析，形成了生物进化论的概念。1859年，他将几十年理论上的研究与实践上的探索所取得的成果转化为轰动全球的《物种起源》一书。其基本观点是：遗传变异和自然选择是物种进化的原因和条件，生物中普遍存在变异现象，而变异的发生直接来源于生活条件的变化，生物通过与环境之间，不同物种之间及种内不同个体之间的生存斗争，适者生存，不适者被淘汰，生物逐步产生新的类型或物种，从而客观进化，这样就构成了整个生物进化的图景。后来他又发表了《动物和植物在家养下的变异》、《人类起源及性的选择》等，进一步充实了进化论的内容。

达尔文的进化学说把生物领域的各门学科理论综合起来，形成统一的一门科学，第一次对整个生物界的发生、发展作出了较完整和规律性的解释，是生物学上划时代的里程碑。

（五）生理学

较早对生理学进行探索的是桑克托留斯，他曾研究过人体的睡眠、休息、活动、出汗等过程；笛卡儿用机械的观点研究人体，把人看成是一架机器，认为人的心脏中有一种“无光之火”给心脏以十分强烈的火和热；博雷利对人的生理的解释也像笛卡儿一样，认为是一种单纯的机械运动，他是医学物理学的奠基人。另外，格列森（F. Glisson）提出，生理活动是机体的应激反应，如胆囊和胆道，被刺激时就会释放出更多的胆汁，他以这类现象为依据，建立了生理学的“应激理论”。

18 世纪的哈尔波夫（Boerhaave）和他的学生哈勒（A. von Haller）研究了人体的消化、呼吸等过程，并著有《实验生理学》一书，开拓了实验生理学的新领域。但这时的拉美特刊也和以前的笛卡儿一样，认为人是机器，按着物理规律来运转。1777 年，拉瓦锡发现氧化燃烧过程以后，用氧化说解释动物的呼吸。

19 世纪，化学家维勒在 1828 年合成尿素以后打破了生理学中“生命力”的神话，在有机界和无机界之间架起了一座桥梁。著名的马让迪主要以“活体解剖”来探索人的生理过程，但这种方法引起了一系列的抗议，许多人反对他做这种“疯狂”的实验。

马让迪的学生贝尔纳（C. Bernard）又继续了马让迪的工作，发现了肝脏的产糖功能和血管运动神经，还发现了刺伤脑的第四脑室底部能使动物发生暂时性的糖尿病。他通过一系列的研究说明，机体功能的产生是受中枢神经控制的。贝尔纳最重要的贡献是最先把机体分为内环境和外环境，并指出，尽管外环境变化，但内环境还是能够保持恒定，内环境的恒定是生命得以存在的条件。他提出的“内环境恒定”的概念是生理学上一个十分重要的概念。他所撰写的《实验医学研究导论》成了生理学发展史上的一个里程碑。在生理学方面，贝尔纳主要奠定了两个方面的基础。

(1) 解决了动物肝脏的糖分生成作用和动物的合成能力。他证实了动物食物中，即使不含糖分时，动物血中也依然存在着糖类，说明了其他物质在肝脏中转化为葡萄糖的作用，从而否定了动物肝脏只能从血液（必须经过食物）摄取葡萄糖的旧观念，同时还发现了糖在所有组织中的酵解作用。

(2) 创造性地提出了生物体内环境恒定的概念。这一概念一直启迪着后来的研究者，并被后来的研究所充实和发展。例如，坎农（B. Cannon）后来就独立地在贝尔纳研究的基础上，提出了生命的“体内平衡”（homeostasis）的新概念，并认为可以通过这种平衡维持生命内环境的恒定。

（六）遗传学

在遗传学上做出重大贡献的是奥地利人孟德尔（G. Mendel），他被称为“现代遗传学之父”。1865 年他发表了《植物杂交实验》的论文，从而提出了相当于现代科学所说的“基因”的“遗传单位”的概念。孟德尔通过豌豆的实验，发现了遗传定律，即著名的孟德尔定律，该定律包括 3 个部分：①显性定律；②分离定律；③自由组合定律（独立分配定律）。

孟德尔的发现，在遗传学上有着划时代的意义，但当时并未引起注意，因而被埋没了很长时间，一直到 20 世纪初，经过荷兰植物学家德佛里斯、德国植物学家柯灵斯、奥地利植物学家丘歇马克分别予以证实，孟德尔遗传定律才被确定下来。

德国杰出的生物学家魏斯曼（A. Weismann）把细胞学、进化论、遗传学三者统一起来。他早年在哥廷根学医，后放弃医学专门研究动物学。1865 年发表了《作为遗传理论基础的物质连续性》的论文，指出：遗传是有一定化学成分的、首先是具有一定分子性质的物质，从亲代向子代传递实现。他还通过对细胞分裂和多方面的显微研究指出：细胞分裂的复杂机制，实际上其唯一意义在于分裂染色体，而染色体是细胞核内最重要的成分。魏斯曼的研究，成了现代分子生物学的基础。

六、地　学

（一）“水成论”与“火成论”

早在 18 世纪以前，就有了对岩石成因的水成说和火成说之争，但没有形成系统的观点。18 世纪末，德国矿物学家维尔纳（A. Werner）把水成说的观点进一步深化。他指出地球表面最初是一片汪洋，所有岩层都是在海水中经沉淀、结晶而形成，后来由于全球水位突然下降，才使岩层露出水面，形成高山和陆地。苏格兰地质学家赫顿（J. Hutton）则极力主张火成说。他认为地心是熔融的岩石，当能量达到一定程度时，熔融的岩石就会冲破地壳喷发出来，固化为新岩层。水成说和火成说两大学派的争论持续了 40 年之久，对 19 世纪的灾变论和渐变论的产生有重大影响。

（二）“灾变论”与“渐变论”

灾变论的主要代表是法国地质学家居维叶（G. B. Cuvier）。1825 年，他在《论地球表面的变动》一书中把地质变化的形式看成是突发的灾变。因为地质考察发现，不同的地层中，有各种不同的化石，并且地层越深，其动植物化石的构造越简单，和现在的动植物形态差别也越大，有的种属已灭绝。据此，居维叶指出，由于发生过多次洪水灾变，才出现了不同的地层。他认为这种洪水的进退是大规模的激变，每一次洪水都把地球上的生物扫荡净尽，造成化石，而最后一次洪水即是《圣经》上所说的“摩西洪水”，它退却后才出现了现今这种地层的基本轮廓。居维叶的灾变论，由于把神学引进地质学中，得到宗教的支持而盛行一时。

正值灾变论盛行之时，英国著名地质学家赖尔（Ryle），经过长期的地质勘察，和对前人的学说的研究，于 1833 年完成了《地质学原理》一书。赖尔在书中指出，地质的变迁，不必用什么神奇的、超自然的力量来解释，就从现在不断发生着的自然作用，如风、雨、河流、海浪、潮汐、冰川、火山和地震等自然力，不断地侵蚀搬运以及沉积，就能改变地层表面的状况。从古至今，这种微弱的地质作用是均一的。因而过去的地质变化过程是缓慢的。赖尔还指出，如果把地球的年龄估计过短，就看不出这种缓慢的变化。而居维叶正是把几百万年的历史误认为几千年来研究，才导致灾变论的出现，只要把地球的历史看得很长很长，人们就能看到，地球经过一系列缓慢变化，已经发生了巨大变革。赖尔的渐变论有力地驳斥了灾变论的观点，把地质学引向了进化、科学的道路。

第四节 近代技术的形成与发展

一、近代技术的形成——第一次技术革命

第一次技术革命发生于 18 世纪 60 年代的英国，这与当时英国的社会条件密不可分。英国资产阶级上台一百多年来，进行了农业资本主义改革。大规模的圈地运动，使封建庄园变成了资本主义牧场，失去土地的农民成为城市工业的“自由”劳动力。资产阶级还采取了一系列保护私人财产，鼓励工商业发展，奖励技术发明，优待欧洲大陆的能工巧匠等政策。同时英国资产阶级通过

不断扩建殖民地，扩大海外贸易，掠夺各地资源，贩卖黑奴等，积累了巨额资金。这些条件使英国成为第一次技术革命的发源地。

(一) 纺织技术

自18世纪以来，在纺织业中迅速增长的社会需求与落后的生产技术之间的矛盾逐渐暴露出来，推动着技术的进步。纺织业技术体系的发展是在织布技术与纺纱技术相互交错进步的过程中实现的。

1733年织布工人凯伊（J. Kay）发明了织布用的飞梭，使织布效率提高了一倍而引起严重的“纱荒”，要求纺纱技术予以革新。1765年纺织工人哈格里沃斯（J. Hargreaves）发明了多轴纺纱机即“珍妮机”，揭开了第一次技术革命的序幕。1769年理发匠阿克莱特（R. Arkwright）发明了使线更结实的水力纺纱机。1779年工人克伦普顿（S. Crompton）综合了珍妮机与水力机的优点，发明了纺线既匀称又结实的走锭精纺机即自动“骡机”，大大提高了纺纱的数量和质量，初步完成了纺纱机的革新，却引起了“织布与纺纱”新的不平衡。1785年牧师卡特莱特（A. Cartwright）发明了用水力推动的卧式自动织布机，提高效率40倍，基本解决了纺纱与织布的矛盾。随之而来的是一系列与纺织配套的机器发明，先后出现了净棉机、梳棉机、轧棉机、自动卷布机、漂白机、整染机等机器，实现了纺织行业的机械化，并带动了毛纺织业、造纸业、印刷业等相关行业的机械化浪潮。

(二) 蒸汽机技术

机械化浪潮形成了机器与动力不足的矛盾。在17世纪的科学革命中就有人提出了通过冷凝产生真空作动力的设想。1695年法国的丹尼斯·巴本发明活塞蒸汽机，用作抽水装置。1698年英国的军事工程师托马斯·萨弗里发明蒸汽抽水机。1705年英国铁匠托马斯·纽可门发明常压蒸汽机。

格拉斯哥大学的仪器修理工瓦特（J. Watt）在前人发明的基础上，对用于矿井抽水的蒸汽机进行了一系列改革与创新。1763年他在修理当时矿山提水用的纽可门蒸汽机时，受“比热”、“潜热”知识启发，发现纽可门蒸汽机效率低的主要原因是机器每完成一次冲程，汽缸就必须冷却一次，下一冲程时再加热汽缸，这样反复冷凝、加热，把大量热能白白消耗掉了。瓦特在蒸汽机上加了一个冷凝器，完成了往复式蒸汽机，成为一项划时代的发明，在此基础上对纽可门蒸汽机进行了一系列根本性的改革，成功地发明了既高效能、又实用的蒸汽机。与以前的蒸汽机比较，瓦特的蒸汽机极大地减少燃料消耗，提高了热效率。

瓦特蒸汽机的效率比当时已有的蒸汽机的效率提高了5倍的同时，他还采用一套连杆曲柄传动机构，把蒸汽机的直线运动改为圆周运动，使蒸汽机带动其他机械做功成为可能，接着他还设计了飞轮、进气阀门、离心调速器等，使蒸汽机能够连续而稳定的向外输出动力，从而使瓦特蒸汽机表现出可适用于各种不同用途的“万能动力机”的最大优点。当时所有的大机器都可以用瓦特蒸汽机带动，成为大工业普遍应用的动力机。整个工业、社会生活的面貌因此而大为改观，于是才有了近代人类历史上的第一次产业革命。

（三）机器制造技术

织布机、纺纱机以及蒸汽机的发明与应用，为工业发展提供了巨大的可能性，而要将这种可能性转化为现实，又取决于机器制造水平。

1775 年英国工程师威尔金森改革了斯米顿制造的镗床，提高了加工精度，用它加工的汽缸内径的误差只有 1 毫米。1797 年英国机械师亨利・莫兹利制造出了全金属的大型车床，特别是发明了车床上的滑动刀架，改变了以往用手工加工作业的方法，克服了手工操作很难按尺寸要求加工的缺陷，使得一般工人也能迅速而精确地加工部件。这两项发明在机床发展史上占有重要地位，特别是滑动刀架的发明对技术史的影响不亚于瓦特的蒸汽机，它标志着金属加工技术发生了质的飞跃。

到 19 世纪 50 年代，龙门刨床、铣床、钻床、打孔机、开槽机等机床先后问世，机器制造业完成了从手工向机器操作的过度，并且进入了用机器制造机器的时代。

（四）钢铁冶炼技术

近代机器制造业的发展使原来的冶金业在产量和质量上都无法满足需求。英国 18 世纪以前用木炭炼铁，18 世纪后由于木炭短缺而改用煤炼铁。但英国煤炭中含有硫等杂质，所炼出的铁质地很脆，难以使用。1735 年英国人达比发明了先把煤炭炼焦炭，再用焦炭炼铁的方法，使英国的铁产量迅速增长。1750 年钟表匠亨兹曼（B. Huntsman）发明了用坩埚炼钢的方法，坩埚用耐火泥制成，将生铁投入坩埚后将埚封闭，由于铁水与空气隔绝，炼出了相当纯净的钢。1784 年工程师亨利・科特又发明了搅炼法，让铁水在不停的搅动中脱碳，冷却后锻压即成熟铁。搅炼法的出现为精炼优质铁开辟了一条广阔的道路。到 18 世纪末，英国已成为欧洲重要的钢铁出口国，率先进入钢铁时代。

（五）交通运输技术

蒸汽机的应用，根本改变了交通运输技术的面貌，直接导致了轮船、火车的发明。

1807 年美国工程师富尔顿（R. Fulton）发明了轮船，船长 40 米，宽 4 米，所用蒸汽机是 13.4 千瓦。1836—1838 年间，“天狼星”号和“大西洋”等轮船完成了横渡大西洋的航行，以后轮船的航速不断加快，到 1860 年，“格利特伊斯坦”号横渡大西洋只用了11天，水上航行开始进入蒸汽机时代。

与此同时，陆路运输的蒸汽机车也逐渐成熟并投入使用。1814年英国煤矿工人斯蒂芬逊（G. Stephenson）制造出第一台牵引用的蒸汽机车，1825年又制造出第一台客货混合运输的“旅行号”蒸汽机车，牵引载客450人和货物90吨，净运行2小时，走过56千米，成功达到目的地。此后，火车作为重要的交通工具进入实用阶段，英国、法国、德国、俄国纷纷兴建铁路，1840年世界铁路总长达9 000千米，1870年增加到21万千米。第一次世界大战前，用于铁路的投资占世界工业总投资的1/4。

(六) 化工技术

1746年，英国医生罗巴克发明了铅室制造硫酸的方法，由此开始了硫酸的工业化生产。1791年，法国医生路布兰发明了以氯化钠为原料的制碱方法。他将食盐和硫酸化合得到硫酸钠，让硫酸钠与石灰、木炭相作用得到了碳酸钠，这一制碱法在19世纪上半叶发展很快。1840年被称为德国“化学之父”的著名化学家李比希（1803—1873）确立了恢复土壤肥力的化学原理，并合成过磷酸肥料，从此开始了工业制造肥料的历史。到19世纪40年代，德国、英国等欧洲国家陆续建立了磷肥厂、氮肥厂、钾肥厂，使化肥工业获得发展。这一时期有机化学合成技术也有了较大发展。1845年，德国化学家霍夫曼（1818—1892）在煤焦油中首先发现苯胺，英国化学家用苯胺合成奎宁时，意外地发现了优良染料——苯胺紫。1856年英国人帕金建成了世界第一个合成煤焦油染料工厂。不久，人们从煤焦油中已能提取大量芳香族化合物，并以这些物质为原料，制成种类繁多的香料、杀菌剂、炸药、药品等。

整个19世纪是化工技术全面发展的时期，凡是与人类生活有关的化工部门都建立起来了，到19世纪末，化工技术已经与冶金技术和电力技术并驾齐驱了。

第一次技术革命具有明显的特点：第一，它形成了以纺织技术为先导、以蒸汽动力技术为主导的技术体系。在微观上出现了工厂普遍采用的由“工作机-传动机构-动力机”三环节构成的机器体系，导致了一种新的普适性技术规范的建立，使这场革命从纺织领域扩散到机械、冶金、运输等领域，从英国传播到欧洲大陆和北美洲。第二，它是以第一次科学革命中的牛顿力学为基础的。长达200多年的力学革命似乎没有引起技术上的重大变革，但毕竟在牛顿力学完善并向应用力学发展的时代，把技术革命和产业革命召唤起来了，而且造就了科学与技术之间的新型关系。第三，这次技术革命直接导致产业革命，前者超前后者不多，二者几乎同步发生。技术革命与产业革命的不同之处是，前者是技术体系的根本变革，后者则是生产体系与产业结构的变革，不仅包含生产力的革命，而且包含生产关系的革命。

二、近代技术的发展——第二次技术革命

19 世纪中叶，当第一次技术革命的成果在欧洲大陆全面推广之际，伴随着近代自然科学的全面繁荣，西方人又迎来了第二次技术革命。这场革命的标志是电力应用。以电机和电力传输、无线电通讯等一系列发明为代表，实现了电能与机械能等各种形式的能量之间的相互转化，给工农业生产提供了远比蒸汽动力更为强大而方便的能源，并由此发展了电力、电化工、汽车、航空、电子等一大批技术密集型新兴产业，原有的资本密集型工业开始向技术密集型工业转移，人类社会从蒸汽时代进入电气时代。

（一）电力技术

在电磁理论的指导下，不少工程师和科学家进行着发电机和电动机的研究。1866 年德国的发明家、商人沃纳·西门子（W. Siemens）用电磁铁代替永久磁铁，并靠电机自身发出的电流为自身电磁铁励磁，制造出了第一台能提供强大电流的自激式发电机，从而打开了近代强电技术大门。1873 年德国人阿尔特涅克又研制成功了鼓状转子，使发电机能产生更加均匀的电流，从此发电机得以广泛推广而进入实用阶段。19 世纪 70 年代电动机进入了实用阶段。1879 年出现了电动机驱动的电车，此后还出现了电梯、起重机、电动机车等。尤其是 19 世纪 80 年代后，法国物理学家、电气技师德普勒研制出第一条高压输电线路，采用英、美、德、俄等国电气工程技术人员发明的三相发电机、电动机、变压器，最终建立了三相交流供电系统。三相交流电容易变换电压，高压输电电能损耗小，从而降低了远距离供电成本，使电力很快成为整个工业部门普遍使用的强大动力。

（二）电信技术

电磁理论的建立不仅推动着电力技术的发展，而且还推动着电信技术的发展。1838 年美国的莫尔斯（S. F. Morse）发明了由点划组成的电报电码，制造出了第一台有发展前途的电报机。1844 年，美国在华盛顿和巴尔的摩之间建成了一条长 64 千米的电报线路，电报进入实用阶段。1876 年，美国人贝尔（A. G. Bell）发明了电话，不久美国人爱迪生又解决了长距离通话的问题，使电话很快得到普及。19 世纪末德国科学家赫兹证明电磁波的存在，1895 年马可尼（G. Marconi）用粉末检波器和自制的接收机、发射机、天线，进行了电磁波传递信号的实验，1896 年收发距离达到 14.5 千米，1899 年收发距离

增大到50千米，1901年无线电信号从英国跨越大西洋，传送到加拿大，为无线电在全球的应用打开了大门。

（三）内燃机技术

19世纪中叶，一批工程技术人员在热力学理论的指导下，开始了内燃机的研制。1860年法国人雷诺研制出第一台电点火的煤气内燃机，但热效率只有4%。1862年法国工程师罗沙斯为提高内燃机效率进行了理论分析，提出了等容燃烧的四冲程循环原理。1876年德国工程师奥托（N. A. Otto）依据罗沙斯提出的原理，研制出第一台四冲程往复活塞式内燃机。1883年与奥托合作的德国工程师戴姆勒，用汽油代替煤气作内燃机的燃料，制成了第一台汽油内燃机。从此，功率大、体积小、重量轻、效率高的内燃机成为交通工具的主要动力，并带动了汽车工业的迅速崛起。1892年，德国工程师狄塞尔成功地研制出了完全靠压缩点火燃烧的柴油内燃机，成本降低，而热效率和输出功率进一步提高，柴油机成为重型运输工具（如拖拉机、机车、轮船等）的发动机。柴油机的发明还促使燃气轮机和蒸汽涡轮机的相继问世，为电力工业的发展提供了更强大的动力。

（四）钢铁冶炼技术

1855年，英国发明家贝塞麦（H. Bessemer）发明了把生铁熔化吹入空气再加入高锰铁水的转炉炼钢法，这种转炉炼钢法只需大约10分钟时间，就可把10吨左右的生铁炼成熟铁或钢，且费用减少10倍。转炉炼钢法可以较快较多地炼出合格钢材，开辟了炼钢的新纪元。1864—1868年法国人马丁（P. E. Martin）和德国人西门子（W. Siemens）发明了“西门子-马丁炼钢法”（又称平炉炼钢法）。平炉炼钢法与转炉炼钢法相比较，点燃熔炼的时间长些，但产量高，一炉能炼出上百吨钢水，钢的质量较稳定均匀，能生产优质钢。从此，平炉和转炉炼钢法并驾齐驱，为钢产量的大幅度上升做出了贡献。据资料统计，19世纪80年代全世界钢产量只有70万吨，到1900年钢产量迅速增加到2 783万吨。

第二次技术革命的特点：①技术由经验性、规则性向以理论为基础的科学性转变。比起上一次技术革命来，以电力技术为标志的第二次技术革命尽管仍然有着经验的因素，但在更大程度上是第二次科学革命超前技术发展的直接结果。这次科学革命大约历时一个世纪，而超前第二次技术革命却不到半个世纪。这表明科学对技术的作用加快了、加强了。作为先导和主导技术的电气技术和无线电技术来说，他们主要依赖于电磁感应现象的发现和电磁学基本规律的确立。②形成以电力技术为主导的各种技术全面变革的新技术体系。其主导技术是电力技术、电报、电话及无线电通信技术，其他重大技术变革包括内燃机技术及新交通工具技术、钢铁冶金技术、化工技术，为20世纪技术革命奠立了坚实的基础。③产生了“科学家-工程师-企业家”集成式风格的科技转化型人才。例如，西门子（德）、克虏伯（德）、蔡斯（德）、爱迪生（美）、贝尔（美）和马可尼（英、意）等，他们与17世纪帕斯卡（法）、笛卡儿（法）和莱布尼茨（德）等人那种“科学家-数学家-哲学家”复合型人才风格显著不同，反映出19世纪科学技术与经济日趋密切结合的时代新特征。④这是一次席卷欧洲和北美大陆、震撼世界的技术革命。19世纪法国和德国主要是在本国科学兴隆的基础上完成第一次革命，并进而实现第二次技术革命而超过英国。美国则主要是利用欧洲和本国的科学成果，在完成两次技术革命中形成本国的技术兴隆，进而成为下一时期的世界科学中心。这些国家在电力技术革命的基础上，又完成第二次产业革命，出现电气工业、钢铁工业、汽车工业、化学工业等新兴工业的大发展。

第五节 近代科学技术的特征、科学思想和方法

一、近代科学技术的特征

就自然科学的发展来看，16—18世纪的自然科学从宗教神学的束缚中解放出来，天文学以日心说代替了地心说，哈维的血液循环理论代替了盖仑的三灵气论，拉瓦锡以氧化燃烧理论推翻了燃素说，特别是牛顿力学代替了亚里士多德的力学理论，建立了以牛顿力学为中心的近代自然科学体系，实现了科学知识的第一次大综合，形成了第一次科学革命。而到了19世纪，科学研究从自然界的状态转向过程研究，自然科学三大发现揭示自然界运动形式普遍联系，有机化学揭示无机界和有机界联系，电磁理论完成物理学第二次理论大综合。

从自然科学的形态上来看，在16—18世纪，自然科学由经验科学形态发展到了实验科学形态，即以科学实验为基础的自然知识的主要形态，整个自然科学在这一阶段处于搜集材料的阶段。力学成了这一时期的带头学科、基础学科和主导学科。到了19世纪，自然科学由实验科学形态发展到了理论科学形态，由搜集材料发展到了整理材料的阶段，物理学替代了力学成为带头科学、基础学科和主导学科。19世纪的科学无论在广度还是深度上都比16—18世纪的科学有了更高程度的发展。在时间上，它已追溯到太阳系的起源；在空间上，已确立了微小原子与庞大银河系的存在；在深度上，已涉及宇宙的未来、生命的本质与起源等深奥的理论问题。这些都是牛顿时代的科学所无法比拟的。

从技术体系上来看，近代的技术体系发生了两次革命性的变化。第一次技

术革命，形成了以蒸汽动力为核心的工业技术体系，改变了以前以农业为中心的技术体系；第二次技术革命形成以电力技术为主导的各种技术全面变革的新技术体系，标志着人类进入了电气时代，使工业社会进一步发展起来。

从科学与技术的关系来看，在18世纪末以前，技术发展相对独立和超前于自然科学理论；到19世纪自然科学理论开始超过技术并推动技术的发展，体现了科学对技术的作用加快了、加强了。培根提出“知识就是力量”，“一旦有经验的人学会读书写字，就会希望有更好的东西出现”，倡导把学者传统和工匠传统结合起来，就会有新的科学原理和新的技术发明出现。

从科学技术与社会的关系来看，近代科学作为一种革命力量，在血与火的洗礼中走上历史舞台，争得了崇高的社会地位，科学技术与政治、经济、文化等方面的关系越来越密切，从培根的“知识就是力量”发展到马克思的“科技是生产力”观点，科学技术的社会功能作用体现出来了，它引起了社会发展的巨大进步。科学技术与经济中心由意大利转移到英国后，相继转移到法国与德国，出现了世界性转移的现象。

二、近代的科学思想

16—18世纪的科学是近代自然科学发展的早期，它是在同宗教和经院哲学的斗争中产生的，在哲学思想上，形成了自己的唯物主义认识路线。主要表现在以下几个方面：第一，反对盲目迷信权威，反对做权威词句的奴隶，提倡在前人的基础上有所创新，有所突破。近代科学在这条认识路线的指引下蓬勃发展起来了，但这样一来又在科学界广泛形成了这样的看法：哲学即思辨，而思辨就是无用的经院式的清谈，所以科学与哲学毫不相干。这种轻视哲学、轻视理论思维的经验论，到了19世纪就日益暴露了它的局限性。

16—18世纪科学思想的基本特征是以牛顿为代表的力学机械论（或叫牛顿纲领）。这种思想或传统包括这样一些基本原则和信念：机械论、粒子论、实在论、连续性观念、绝对时空观、单值决定论、可逆性观念、简单性观念、精确性观念和分析原则等，这十个基本观念形成了一种体系，产生了一种综合的整体效应，统治和影响科学界达几个世纪。近代科学的各种辉煌成果，一方面是作为带头科学力学对其他学科的发展产生了重大影响；另一方面是离不开牛顿纲领，甚至可以说这些成果几乎都是在它的指导下完成的。在很长的历史时期内，科学家都认为这个纲领是不言而喻的唯一的科学纲领，抛弃这个纲领，科学大厦就会倒塌。

16—18世纪形成的科学思想，对科学历史发挥了巨大的推动作用，但同时与科学的不断发展形成尖锐的矛盾，甚至引起科学思想的混乱。牛顿与林耐的最后遭遇生动地表现了这种混乱。他们两人一个研究无生命的物质世界，一个研究有生命的物质世界，但其思想却是一脉相承的。牛顿认为物体自身不能改变状态，林耐认为物种不会变异；牛顿认为天体的运动最初是由上帝的推动造成的，林耐认为最初的物种是上帝创造的；牛顿认为自然在增加与繁殖的命令下忠实地仿造上帝给它规定的范本，林耐认为物种类型按照繁殖规律产生永远和自己相似的类型；牛顿强调惯性，林耐强调遗传；牛顿研究力而不考虑真正运动的原因，林耐只进行分类而不考虑种的变异。结果两人都在理论上陷入疑虑矛盾之中，最后都向神学伸出了求救的手。这样，被哥白尼（N. Copernicus）驱逐了的上帝，又被牛顿、林耐请了进来，这就是16—18世纪自然科学的一段戏剧性的历程。康德（I. Kant）则分析了牛顿思想中的一些矛盾，提出要用联系与发展的观点来研究天体的演化，在科学思想史上有了新的突破。但是这些思想在18世纪还不可能得到充分的支持，他们在等待着历史新纪元的到来。

到了19世纪，科学思想的基本特征力学机械论继续流行，并已开始突现其局限性。在这个时期物理学已取代力学，科学思想中已开始出现物理学机械论的萌芽。19世纪科学思想的一个突出矛盾，是科学成果与科学思想的矛盾，科学家的科学成就在客观上已超越了力学机械论，能量定律、电磁学理论在客观上已向力学机械论发出了挑战，可是一些科学家在思想上仍然被力学机械论所束缚，主观上还迷信力学机械论。人们对热力学所蕴含的富有革命性的新思想缺乏必要的甚至是初步的认识。相对于科学成果而言，科学思想的进展明显滞后。

在机械唯物主义思想盛行的环境里，辩证唯物主义也开始萌芽。18世纪末康德、拉普拉斯（P. S. Laplace）研究了天体的演化并提出了星云假说，赖尔研究了地球的演化，达尔文研究了生物的演化。电磁学的发展说明了电、磁与光的联系，元素周期律说明了化学元素之间的联系，有机化学的发展说明了有机界与无机界、各种有机化合物之间的联系，细胞学说说明了动植物之间、高等生物与低等生物之间的联系，达尔文学说揭示了各个物种、各个个体之间的联系，能量守恒与转化定律则揭示了自然界各种运动形态的联系。科学理论的进展，带来了科学思想的变革，它开辟了科学从演化发展和多重联系的角度观察和认识世界的思路。

三、近代的科学方法

观察方法和实验方法是科学研究的基本方法。16—18世纪大多数科学家都认为观察、实验是获得知识的主要方法。

在近代前期，除力学和化学的研究应用实验方法较多外，其他自然科学（如天文学、地质学等）仍然是利用观察方法，与古代的不同之处是，利用仪器设备甚至人为实验强化或干扰研究对象，进行定量观测。

16—18世纪实验方法使自然科学由经验科学的形态发展到了实验科学的形态。在文艺复兴之前，13世纪英国的罗吉尔·培根就开始倡导实验方法，他被称作实验科学的先驱。被誉为“实验科学创始人”的伽利略，不仅用科学实验驳倒了亚里士多德的物理学的旧理论，而且提出自然界是一部伟大的书，获得科学知识的基础就是实验，用实验发现真理，检验理论。哈维提出了不以书本为根据，而以实验为根据；不以哲学家为老师，而以自然界为老师的口号。

伽利略不仅倡导实验方法，更重要的是他继承了古希腊阿基米德的实验与数学相结合的研究方法。他指出研究科学要先提取出从现象中获得的直观认识的主要部分，用最简单的数学形式表示出来，以建立量的概念，再由此式用数学方法导出另一易于实验证实的数量关系，然后通过实验证实这种数量关系。伽利略的这一方法被牛顿等近代物理学大师所继承，创立了经典力学推动了科学的发展。

归纳和演绎的思维方法是近代自然科学的重要思维方法。弗兰西斯·培根创立了近代科学的归纳法，罗素尊称他为“给科学研究程序进行逻辑组织化的先驱”。他认为科学知识是经过证明了的知识，理论的基础、原始的概念和命题是依靠经验得出来的，从经验上升到理论是一个逐步上升的过程。被称为“欧洲文艺复兴以来，第一个为人类争取并保证理性权利的人”，法国哲学家、数学家、物理学家笛卡儿，则在同一时期创立了演绎法。他的演绎法不是简单的重提古希腊的演绎法，而是以数学为基础，认为作为演绎法的出发点的命题与数学公理相类似，是直观的可靠的真理。他要求方法要具有清晰性和明了性。在他的科学体系中，数学原理的简单性原理起着重要作用。培根倡导的经验归纳法受到一些人的推崇，他们相信世界的知识只能来自经验；而笛卡儿所倡导的演绎方法则更有许多人的支持，他们相信人类能从由直觉获得的普遍原理推导出所有关于客观世界的知识，如果说前者是经验主义者，后者则是理性主义者。

经验主义方法论和理性主义方法论是牛顿时代两大主要的科学方法论思潮，他们从根本上影响了当时的科学，渗透在各门科学之中。然而，同一时代的这两大对立方法，都有着共同的特点——即机械还原论的思维方式。机械还原论就是把复杂现象化解为简单现象来看，努力把宇宙中的一切现象还原到机械图景的思想方法。在这种思想方法指导下，科学家们确认凡是未达到力学水平的理论都不是彻底的和成功的理论，只有当考察对象被力学模式所解释时，才可告慰自己。这一方法虽然有明显的局限性，但正是它指引那个时代的科学家们开拓和征服了一个又一个自然领域，使他们被人们所理解和认知。与还原论密切相关的另一种科学方法是分析的方法，即把整体对象分解为各个因素或组成部分加以研究的方法。笛卡儿使用此法建立了解析几何，史蒂芬创立了把力分解为两个力合力的平行四边形法则，伽利略和牛顿在力学上取得成功的前提，在于把复杂的运动理解为若干运动的简单合成。如果不进行这种分解，行星运动将永远得不到解释。但是这种把事物分割开来进行研究的方法，久而久之就成了一种习惯，总是把自然界的事物和过程孤立起来，撇开广泛的总的联系去进行考察，不是把他们看成运动的东西，而是看作静止的东西，不是看作本质上变化着的东西，而是看作不变的东西，看作死的东西。这种把物质世界看作孤立的、静止的、死的东西的观点，就是形而上学的自然观。

与分析方法相联系，牛顿创立分析与综合相结合的科学方法。牛顿认为在自然科学里，在研究困难的事物时，总是应当先用分析方法，后用综合方法。用分析方法可以得到从复合物论证到他们的成分，从运动到产生运动的力，而综合方法则是在事物发生的原因已经找到，并且把他们确立为原理，再用这些原理去解释由他们发生的现象，并证明这些解释的正确性。牛顿运用分析与综合方法成功地创立了经典力学的逻辑体系。到了 19 世纪，自然科学领域的一系列重大发现，科学家开始用一个全新的自然观思想审度自然，科学的辩证思维方式和方法已经开始形成。科学家不再把自然界当作一个既成事物，而是当作一个发展过程来研究；已不再用静止、孤立的方法来研究自然界，而在不同程度上采用发展、联系的观点来研究自然界。康德-拉普拉斯的星云说、赖尔的地质演化理论、达尔文的进化论、克劳修斯的熵增理论等，向经典力学的机械思维方式提出了严峻的挑战，分别在自然界的不同的领域和层面引入了发展和演化，使得科学思维方式发生了一次质的突破和变革。经典的电磁理论的建立，不仅从多方面带来了科学思维方式的变革，它还向我们展示了一幅不同于经典力学的但也可以定量描述的相对完整的科学的世界图景。这是一幅由连续的电磁场构成的将电、磁、光等现象统一在一起的世界图景。

思考题

1. 试析近代科学技术兴起的背景。
2. 近代科学突破的标志是什么？
3. 简述开普勒、伽利略和牛顿的主要贡献。

4. 近代科学包括哪些学科？各有哪些主要成就？
5. 简述哥白尼日心说和哈维血液循环的基本观点。
6. 试析第一次技术革命发源于英国的原因。
7. 简述第一次技术革命的主要技术领域。
8. 简述第一次技术革命的特点。
9. 第二次技术革命以什么为标志？它包括哪些技术领域？
10. 简述第二次技术革命的特点。
11. 近代科学技术的特征有哪些？
12. 试述近代科学思想和科学方法。
13. 试述19世纪自然科学的三大发现的意义。

第四章　现代自然科学的发展

第一节　现代物理学的发展

现代科学技术诞生于19世纪末20世纪初，并以这一时期物理学上的三大成就为基础构建了现代科学技术体系。

19世纪，由于能量转化与守恒定律的发现以及麦克斯韦电磁学理论的建立，使得原先各自独立发展的力学、热学、电磁学和光学融会贯通为一体，最终形成一个完整的经典物理学体系。因此，到19世纪末，人们普遍认为物理学的发展已经达到十分完善的地步，物理学中的一切主要规律都已找到，所有基本问题都得到解决。1900年4月，著名的英国物理学家开尔文在总结近百年来物理学所取得的成就时说："在已经基本建成的科学大厦中，后辈物理学家只要做些零碎的修补工作就行了，只是在物理学晴朗天空的远处，还有两朵小小的令人不安的乌云。"这两朵乌云是指用已有的物理学理论无法解释的黑体辐射和迈克尔逊-莫雷实验事实。其实，两朵乌云仅是个代表，随着物理学的深入发展，出现了越来越多用经典物理学解决不了的现象。这意味着物理学并非大功告成，而是面临着新问题的挑战，又正是这种挑战，才引发了世纪之交的物理学革命。经过这场革命的洗礼，物理学以其崭新的姿态从近代时期大踏步地迈入现代时期。

一、现代物理学革命的序幕

19世纪末物理学的三大发现揭开了现代物理学革命的序幕。

(一) X射线的发现

1895年11月8日，德国物理学家伦琴（W. K. Rontgen）在进行阴极射线研究时偶然发现了一些奇异的现象：位于高真空阴极射线管附近的用黑纸严密包好的照相底片会被感光；用黑纸包裹的阴极射线管也能使荧光物质发出荧光，而阴极射线是透不出玻璃管的。因此，伦琴认为，还存在着发自阴极射线管，但又非阴极射线的另一种看不见的射线。他把这种射线称为X射线。进一步的研究表明，X射线具有很强的穿透力，除了少数几种物质外，几乎所有的物质都能被它穿透。伦琴还用X射线拍下了他夫人手骨结构及手指上金戒指的轮廓的照片。这意味着从此以后，人类就可以借助X射线透视人体，因而该照片有着其特殊的历史意义。经过6个多星期的深入研究，伦琴于12月28日向德国维尔茨堡物理医学会递交了《一种新的射线——初步报告》的论文。这一伟大发现很快轰动世界，引起了许多国家科学家们的极大兴趣，他们竞相开展类似的研究，仅1896年一年，就发表了相关研究的文章1 000多篇。尤其是X射线发现3个月后，维也纳医院在外科医疗中便首次应用X射线拍片，对病情进行诊断。1901年，伦琴因发现X射线而获得首届诺贝尔物理学奖。

1912年，德国物理学家劳厄从晶体衍射的新发现中判断X射线是一种频率极高的电磁波，从而揭示了X射线的本质。不久后，莫斯莱证实它是由原子中内层电子跃迁所发出的射线。X射线的发现虽是偶然的事件，但它却是科学认识必然性的体现。因为正是高速电子打到靶上，才有可能激发出这种高频辐射，所以如果伦琴没有发现，一定还有别人会发现。然而，伦琴能首先抓住这一机遇，则取决于他“2%的灵感加上98%的血汗”。

（二）放射性的发现

X射线是在研究阴极射线过程中被发现的，由于阴极射线管的玻璃壁同时发出荧光，因此，一些物理学家便试图从能发出荧光的物质去寻找X射线的来源。1896年2月，法国物理学家贝克勒尔（A. H. Becquerel）选择了一种荧光物质——铀盐做实验，结果发现，不仅受阳光照射发出荧光的铀盐能使照片底片感光，而且包于黑纸中未受阳光照射的铀盐也能使底片感光。经过反复实验，贝克勒尔证实铀盐无需任何外界作用就能自发地放出一种穿透力很强的射线，这种射线显然只与铀盐有关而与荧光无关，是有别于X射线的新射线。于是人们就把物质能自发地放出射线的性质叫放射性，把有放射性的物质称为放射性物质。

贝克勒尔的新发现引起了世界各国科学家的关注和兴趣，著名的法国女科学家居里夫人（M. S. Curie）和她的丈夫居里投入了寻找像铀那样的其他放射性元素的工作。经过系统的研究和艰辛的努力，他们相继发现了比铀具有更强放射性的钍、钋、镭等元素。其中镭的放射性比铀强200多万倍，因而更便于研究放射性现象的本质。居里夫妇将放射性的研究推向了一个新的高度，并为科学事业献出了毕生的精力，在科学史上写下了光辉的一页。1903年居里夫妇因发现放射性与贝克勒尔共同分享了诺贝尔物理学奖。1911年，居里夫人因为发现钋和镭两种新元素又获得诺贝尔化学奖，成为历史上唯一两次获得诺贝尔奖的女科学家，也是唯一同时获得物理和化学两种诺贝尔奖的科学家。

（三）电子的发现

阴极射线是低压气体放电过程中所发生的一种现象。1876 年，德国物理学家戈德斯坦在对气体放电进行了细致的研究后，将电流通过低压气体放电管时，对着阴极的那一端管壁出现荧光现象的原因归结为是某种射线从阴极发出，打在了对面的管子上，并给这种射线取名为阴极射线。此后，为了弄清阴极射线的本质，许多物理学家纷纷投入到解开阴极射线之谜的行列中。经过许多实验研究，基本上形成两派观点，一派认为阴极射线是类似于光的一种电磁波，另一派提出阴极射线是一种带电粒子，两派为此争论不休。

1897 年，英国物理学家汤姆生（W. Thomson）对阴极射线的本质作出了正确的回答。首先，他测出了阴极射线的传播速度远远小于光速，因而证明它不是电磁波。接着他又用电磁场把阴极射线引到了一种用于测电荷的接收器中，证明它是一种带负电荷的粒子流。更重要的是，他还测出了这种粒子流的质量与电荷的比（名为荷质比，即 e/m），其值仅为氢离子的 1/1 000，而该粒子流所带电荷又与氢离子属同一数量级，这就证明了其质量只有氢离子的 1/1 000（后来精确到 1/1 837）。也就是说，它是一种比最小的原子——氢原子还要小得多的粒子，另外，汤姆生还将多种不同的气体充入放电管内，并用不同的金属材料做阴极，结果测出的阴极射线粒子的荷质比都相同，由此表明了该粒子是所有物质的共同组成部分。汤姆生起初称该粒子为“微粒”，后来又采用了爱尔兰物理学家斯托尼于 1891 年提出用来表示电荷最小单位的“电子”一词称之。

电子被发现之前，人们都认为原子是物质的最小的组成单元，因而电子的发现不仅揭示出电子的物质本质，而且向世人宣告，原子已不再是组成物质的最小粒子。为表彰汤姆生的贡献，1906 年的诺贝尔物理学奖便授给了这位敢于冲破传统观念的束缚，最先打开通往基本粒子物理学大门的科学家。

（四）经典物理学的危机

X 射线、放射性和电子的发现，使传统的物理学观念受到了挑战，不仅原来的原子不可分学说由于电子的发现而必须摒弃，而且过去认为一种元素不可能转变为另一种元素的观点，也因为现在看到放射性元素在放出某种射线后就逐渐转变成另一种元素的事实而应该予以推翻。它标志着人们对物质结构的认识进入了一个新的层次，经典物理学理论正遭受着巨大的冲击。面对这样一些事实，有些科学家显现出认识上的混乱，他们说“原子非物质化了，物质消失了”，否认物质存在的客观性，导出了唯心主义的结论。他们还把物理学的这些新发现看成是“原理的普遍毁灭”，这就是所谓的“物理学危机”。

在这种形势下，列宁深刻地分析了“物理学危机”的实质和根源，批判了“物理学唯心主义”的错误，科学地总结了物理学新发现的哲学意义，论述了哲学的物质概念与物理学关于物质结构学说的联系与区别，提出了马克思主义哲学的物质概念，即物质的唯一属性是客观存在性，“消失”的并非物质，而是旧的原子学说，并指出“现代物理学是在临产中，它正在生产辩证唯物主义”。列宁的精辟分析，丰富了辩证唯物主义自然观，为现代物理学的发展指明了方向。

X射线、放射性和电子的发现，拉开了物理学革命的序幕，是科学史上的决定性事件，因此被人们誉为“19世纪物理学的三大发现”。

二、现代物理学革命的重大发现

（一）相对论物理学

1. 绝对时空观和以太之谜

（1）牛顿的绝对时空观。在第二章中我们已经谈到经典力学的主要部分有两个，一个是牛顿运动三定律，另一个是万有引力定律，而这些定律都是建立在牛顿的绝对时空观基础上的。那么，什么是绝对时空观呢？我们知道物质世界中有三个最基本的概念：物质、运动和相互作用。牛顿认为，物质的质量不会因机械运动而变化，是绝对的；描述物体运动的时间和空间不依赖于物质的运动，是绝对存在的；时间和空间互不相关，是孤立的。在牛顿看来，空间像一个大容器，它为物体的运动提供了一个场所，但它与物体绝对无关。物体放进去也好，取出来也好，它依然存在，本身并不会发生什么变化，这种空间称为绝对空间，正如他所说：“绝对的空间，就其本性而言，是与外界无关而永远是相同的和不动的。”而时间像川流不息的河流，有事件发生也好，无事件发生也好，它总是不断地、均匀不变地流逝着，与物质运动绝对无关，与任何观察对象的运动保持绝对的独立性。这种时间称为绝对时间，用牛顿的话来说，这种“绝对的、真正的和数学的时间自身在流逝着，而且由于其本性而在均匀地、与任何其他外界事物无关地流逝着，它又可以名之为‘延续性’”。

牛顿的绝对时空观夸大了时空的绝对性，割裂了时空与物质及其运动的关系，虽然是一种形而上学的时空观，但是由于经典力学研究的对象是宏观物体的低速运动，因此其片面性和局限性在当时并没有表现出来，只是随着人们的视野进入微观高速的领域后，这种绝对时空观才发生了动摇。

（2）以太之迷。19世纪中叶后期，麦克斯韦已预言光是一种波长很短的电磁波。这时人们针对光波能在真空中传播的事实，设想“以太”（“以太”这个名词源于古希腊，原意是高空。）是一个弥漫于宇宙空间且无所不在的理想参考系，电磁波就是以它为介质来传递的。1876—1887 年间，美国物理学家迈克尔孙和化学家莫雷进行了以寻找“以太”为目的的判定性实验。但与预想的结果相反，他们得到的明确结论是地面上根本找不到“以太”的存在。这就是 1900 年开尔文讲话中所指的两朵乌云之一 ——“以太”飘移“零结果”。特别有意义的是，该实验没有找到“以太”，反而证明了光速与参照系无关。

由于原来认为“以太”是静止的，充满整个宇宙空间的，因此它正是牛顿绝对空间的化身。而迈克耳孙-莫雷实验的“零结果”既然表明“以太”根本不存在，那么牛顿所说的绝对空间也不复存在，这意味着经典物理学的大厦行将倒塌，围绕着这一实验事实，许多物理学家都从不同角度进行解释，其中有的提出了一些新的物理思想，特别是洛伦兹和庞加莱，甚至已经走到了相对论的大门口。但由于他们没有真正摆脱牛顿绝对时空观的束缚，因而不可能做出根本性的理论突破。这样，发现相对论的伟大创举便历史性地落到了年轻的爱因斯坦身上。

2. 狭义相对论的诞生　1895 年，爱因斯坦（A. Einstein）16 岁时，他正在瑞士苏黎世联邦工业大学就读。当时他对物理学有浓厚的兴趣，并时常想着一个问题：如果一个人以光速跟着光线一起跑，那将看到一幅什么样的世界图景呢？对这个问题他一直思索了 10 年，1905 年春天，他终于找到了以时间的同时性为突破口，即“对于在一个参考系的观测者来说是同时发生的事件，对在另一个参考系的观测者不见得是同时的”。爱因斯坦设想这样一个实验：有一列匀速驶进站台的火车，一节车厢的中间挂着一个信号灯，当灯发出的光信号到达车厢的前门或后门时，门将打开。设某时刻灯向前门和后门发出光信号，对于在车厢这个参考系中的观测者来说，因为光信号走到前门和后门的距离是相等的，而光速是个定值，所以他必然认为光信号“同时”到达前门和后门，即前门和后门是“同时”打开的。但是对于在站台这个参考系上的观测者来说，在光信号向车门传播的这段时间间隔内，前门已随列车向前移动了一段距离，则光信号还要用一段时间才能到达前门，而后门却迎着灯光打开，因此光信号是先到达后门而后到达前门，而他必然认为前门和后门不是“同时”打开的。这就说明了对同样的事件，不同的参考系可以有不一样的标准，同时性不具有绝对意义而具有相对意义。这一结论实际上是否定了牛顿的绝对时空观，提出了具有革命意义的相对论时空观。

爱因斯坦正是在对旧的时空观的彻底变革的基础上，建立起他的狭义相对论。1905 年 6 月，他发表了《论运动物体中的电动力学》论文，宣告了狭义相对论的诞生，文中提出了狭义相对论的两条基本原理。第一条：相对性原理，即物理规律在任何惯性参照系中都一样，不存在一种特殊的惯性系（牛顿定律适用的参照系）；第二条：光速不变原理，即对任何惯性系，真空中的光速皆相同。

由上述两条基本原理出发，爱因斯坦得出了狭义相对论的基本观点：空间和时间并不是互不相干的，而是存在着本质的联系；空间和时间都同物质的运动变化有关，并随物质运动的速度变化而变化；对于不同的惯性系，时间与空间的量度不可能是相同的。

狭义相对论还得出了一些新的推论：

（1）一个物体相对于观察者静止时，它的长度测量值最大。如果它相对于观察者运动，则沿相对运动方向上的长度要缩短，速度越大，缩得越短。一句话，运动的尺子要缩短。比如，一列长 100 米的火车，当它以 1/2 光速行驶时，地面上的人就会发现其长度只有 85 米。

（2）一只时钟相对于观察者静止时，它走得最快，如果相对于观察者运动，它就走得慢，运动速率越大，慢得越多。一句话，运动的时钟变慢。比如，一对双生子，一个乘高速宇宙飞船遨游太空一年后，回到地球时会发现比他的孪生兄弟年轻得多。

（3）在任何惯性系中，物体的运动速度都不能超越光速。光速是物质运动的极限速度。

（4）如果物体运动速度比光速小很多，相对论力学就还原为牛顿力学。

上面（1）、（2）点都是相对论时空观的基本属性，与物体内部结构无关。它们已被不少实验事实所证明。尤其是在物体作高速运动的情况下，当速度越接近光速，效应就越明显。如 1971 年，一个美国物理学家小组把一个原子钟放在作环球旅行的喷气式飞机上，另一个钟放在机场上，结果当飞机返回机场时发现，放在飞机上的钟比机场上的钟走得慢，由此检验了时钟变慢效应。我们日常生活中之所以看不到这些效应，是因为物体的运动速度比光速小得多。所以，在通常情况下，只要用牛顿力学来处理宏观低速运动的问题就可以了。

3. 广义相对论的建立　狭义相对论所讨论的问题是以惯性系为前提的，但爱因斯坦认为，相对性原理是普遍存在的，它不仅适用于惯性系，而且也适用于非惯性系。因此，狭义相对论发表后，他又致力于把相对论原理推广到加速运动的非惯性系的研究。1916 年，爱因斯坦又建立了广义相对论。广义相对论以惯性质量和引力质量相等的事实为依据，提出了两个基本原理——等效原理和广义原理，并指出：惯性系与非惯性系可以等效地用来描述物理定律。其基本观点认为：物质存在的现实空间不是平坦的，而是弯曲的；空间弯曲的程度（曲率）取决于物质的质量及其分布状况；空间曲率体现为引力场的强度。广义相对论实质上是一种引力理论，认为万有引力的产生是由于物质的存在和一定的分布状况使时间和空间的性质变得不均（即时空弯曲）所致。它将几何学同物理学统一起来，用空间结构的几何性质来表述引力场，从而使非欧几何获得了实际的物理意义。广义相对论揭示了四维时空同物质间的统一关系，指出时间——空间不可能脱离物质而独立存在，时空结构和性质取决于物质的分布。物质分布得越密，时空弯曲就越厉害，物质周围的引力场就越强。这就从新的高度和更深的层次上彻底否定了牛顿的绝对时空观，比起狭义相对论来包含着更为深刻的科学与哲学思想。

（二）量子力学与物质结构理论

1. *普朗克能量子假说*　20 世纪初物理学上的另一大成就是量子论的产生和在此基础上建立起来的量子力学。而量子论的产生则是从研究黑体辐射性质开始的。

所谓黑体，是指能全部吸收外来电磁辐射而毫无反射和透射的理想物体，它也被称为“绝对黑体”。从 19 世纪中叶起，先后有基尔霍夫、斯特藩和波尔兹曼等物理学家对黑体辐射的总能量作了许多研究，但并没有真正揭示出辐射能量的分布规律。1896 年，德国物理学家维恩建立了一个关于黑体辐射能量按波长分布的“维恩公式”。该公式在波长较短、温度较低时才与实验结果相符，但在长波内完全不适用。1900—1905 年，英国物理学家瑞利和金斯也推算出一个公式，该公式在波长较长、温度较高时都与实验事实相符，但在短波范围内与实验结果完全不符，而且随着波长变短，能量密度随之增加并趋向无穷大，这一结果显然是荒唐的。由于“瑞利-金斯”公式是在短波（紫外光）区出现问题的，因此人们便称之为“紫外灾难”，它就是经典物理学上空两朵乌云中的另一朵。

为了解决维恩公式和瑞利-金斯公式都只能分别说明黑体辐射的部分现象的问题，德国物理学家普朗克经过认真研究，于 1900 年建立了一个在短波区域近似于维恩公式，而在长波区域近似于瑞利-金斯公式的普遍公式。由于这个公式最初只是一个经验公式，因此普朗克便致力于从理论上进行推导论证，以从中阐明这个公式的真正物理意义。经过深入的研究，他提出了一个与经典物理学格格不入的大胆假说——能量子假说。其内容是：物体在发射辐射和吸收辐射可用公式 $E=h\nu$ 表示，式中 E 代表能量子的能量，ν 为辐射频率，h 是一个常数，现称为普朗克常数。这种能量值分立的现象称能量的量子化。

1900 年 12 月 14 日，普朗克向德国物理学会报告了《关于正常光谱的能量分布定律的理论》的论文，提出了能量子假说，标志着 20 世纪物理学又一种崭新的思想观念诞生了。长期以来，人们都认为一切自然过程都是连续的，

“自然界没有飞跃”甚至成了一些科学家和哲学家的基本思想。而普朗克的能量子假说却抛弃了能量是连续的传统概念，指出能量是不连续的，这是人类认识史上的一次飞跃，也是经典物理理论的又一次革命。

2. 爱因斯坦量子论　由于能量子假说这一变革性思想使当时的许多物理学家难于接受，因此，该假说在提出后最初几年中，并未引起物理学界的积极反响，甚至遭到不少人的反对，而真正接受量子概念并将其推向前进的第一人是爱因斯坦。

爱因斯坦从普朗克的思想中得到启发，但他又对普朗克把能量不连续性仅局限于辐射的发射和吸收过程感到不满足。爱因斯坦认为，能量的不连续性可以推广至辐射的空间传播过程。也就是说，光在传播时，能量不连续地分布于空间，它由分立的能量子组成。这种能量子称为“光量子”，对于频率为 ν 的辐射，它的一个光量子的能量就是 $h\nu$。关于光的本性的认识，从牛顿以来就存在着微粒说和波动说之争。17—18 世纪光的微粒说取得优势，19 世纪光的波动说占据统治地位，爱因斯坦的光量子理论似乎使光的微粒说复兴了，但它绝不是简单地回归微粒说而排斥波动说，爱因斯坦认为他的光量子论是“波动及发射理论（微粒说）的一种融合”。1909 年他又进一步指出，光不仅具有粒子性，而且具有波动性，即光具有波粒二象性。这是科学史上第一次揭示了微观粒子的波动性和粒子性的对立统一，使人们对光的本性的认识产生了飞跃，给微观物理学研究带来了革命性的影响。

光量子理论在解释过去用经典物理学理论难于解释的光电效应时，获得了巨大的成功。所谓光电效应就是某些金属被光照射后放出电子的现象。1902 年，德国物理学家勒纳德从实验中总结出了光电效应的规律：当照射光的频率高于一定值时，才能有电子逸出表面；逸出电子的能量随光的频率增加而增加，与光的强度无关；光的强度只决定单位时间内被打出的电子数目。这个经验规律，用经典的光的波动说根本无法解释。而爱因斯坦从光量子理论出发，用十分简洁的语言便圆满地解决了这个问题，同时还推导出光电子的最大能量同入射光的频率之间的关系。紧接着，爱因斯坦又把光量子概念推广到辐射以外的领域。由于在理论物理方面的贡献和发现了光电效应定律，爱因斯坦获得了 1921 年诺贝尔物理学奖。

3. 玻尔模型与物质结构理论

（1）玻尔原子结构模型。丹麦物理学家玻尔（N. Bohr）的原子模型的提出，是量子论的又一个伟大胜利。19 世纪末 20 世纪初，由于元素的放射性和电子的发现，促使人们去研究原子的内部结构。当时出现了不少原子结构模型，如 1903 年，汤姆生提出了第一个原子模型。他设想原子是一个球体，由两部分组成，正电荷作为主体均匀地分布于球体中，而带负电荷的电子就像面包中的葡萄干那样镶嵌在球体的某些固定位置上，它们中和了正电荷，使得原子从整体上呈电中性，汤姆生这个把原子看成一个实体结构的模型，后来被通俗地称为“面包葡萄干”模型。1904 年，日本物理学家长冈半太郎又提出了另一个原子模型——“土星环”模型，认为原子中带正电的部分相当于土星，而电子则像土星外面的环那样绕着带着正电的部分转动。这两种模型虽然具有一定的合理性，但都存在着某些理论预言与实验观测不符的缺陷。1909 年，卢瑟福（E. Rutherford）指导他的助手设计了用 α 粒子作为炮弹去轰击金属铂片的实验。结果发现了意想不到的现象：α 粒子可以无阻碍地穿过铂原子（铂片），只有少量的 α 粒子产生很大偏转，甚至有个别被反弹回来。经过精确的理论推算，约有 1/8 000 的粒子发生了大于 90°角的大角度散射。于是卢瑟福提出两条假说来解释粒子的散射实验：①原子内部的大部分空间是空虚的，所以大多数 α 粒子都能顺利穿过原子；②原子中有一个体积比原子小得多，质量很大且带正电荷的核，所以极少数 α 粒子受到核的斥力而被撞回来。1911 年 2 月，卢瑟福发表了《α 和 β 粒子物理散射效应和原子结构》一文，正式提出了原子的有核模型。认为原子的中心是一个原子核，原子中全部的正电荷和大部分的质量都集中在这个核上，而质量很小的电子在核外的空间里不停地围绕核旋转，这有如行星绕着太阳运行，因此原子有核模型又称为原子行星模型。

卢瑟福的原子模型虽然能较圆满地解释 α 粒子的散射现象，但是它在理论上也存在困难。比如根据经典电磁理论，旋转的电子必定向外辐射电磁波，从而自身能量逐渐减小，致使运动轨道不断变小，最终它就要落入原子核中，因此这一“有核模型”是一个不稳定的模型，可是实际上原子却是非常稳定的。另外，有核模型与人们关于原子光谱的经验知识也相矛盾。1913 年，在卢瑟福实验室工作的丹麦物理学家玻尔根据一系列实验事实，巧妙地将有核模型与普朗克的能量子假说结合起来，提出了量子化的原子模型。他认为，电子只能在一些特定的圆轨道上围绕核运行，处在这些特定轨道上时是一种稳定的分立状态，因此并不发射能量，只有当它从一个较高能量的轨道上跃迁到一个较低能量的轨道时才发出辐射能，反之则吸收辐射能。而发出和吸收辐射的能量等于两个稳定态之间的能量差。

玻尔的原子模型成功地解释了原子的稳定性和原子光谱的分立性，摆脱了卢瑟福模型所遇到的困难，第一次用量子理论来研究原子结构，是量子论发展中的一个重要里程碑。不过玻尔的理论也包含着许多经典理论的成分（如轨道概念），所以具有一定的局限性。

（2）物质结构理论。卢瑟福原子模型和玻尔原子核模型的提出，揭示了原子的内部结构。那么，原子有结构，原子核有没有结构呢？卢瑟福继续思考研究这一问题。1919 年，卢瑟福和他的助手用镭放射出来的 α 粒子轰击氮原子核，结果发现，氮原子俘获了 α 粒子后变成氧原子，并且产生了一种新的射程很长的、质量比 α 粒子更小、带一份正电荷的粒子。研究表明，这种粒子就是氢的原子核，人们称它为质子，并且有人猜想，原子核就是由带正电的质子组成。但是人们又发现，除了氢元素之外，所有元素原子核中的电荷数并不等于它们的质量，如氮的原子核质量是氢的 4 倍，可是只带有 2 份正电荷。于是有人提出，原子核是由质子和电子组成的，电子中和了一部分质子的电荷，使剩下的正电荷正好与核外电子数相等，但由于这一设想无法解释原子核的自旋现象而不能成立。

1920 年，卢瑟福大胆地推测，原子核内还可能存在着一种质量与质子相同的中性粒子称为中子。1932 年，他的学生查德威克（J. Chadwick）把居里夫妇的实验结果和卢瑟福的中子假说联系起来，并进行了反复实验，终于发现了中子。同年海森堡和前苏联物理学家伊凡宁科通过实验进一步证明，中子也是原子核的组成部分，确认了原子核是由中子和质子组成的。这一模型能够圆满地解释原子质量与原子序数的关系、同位素现象及原子核的自旋现象，很快得到了人们的公认。至此，人类关于物质结构的理论框架基本建立起来了。

4. *量子力学的建立*　从普朗克提出的能量子假说到爱因斯坦的光量子理论，再到玻尔的原子结构模型，表明物理学已开始突破经典理论的框架，实现了理论上的飞跃。它们的共同特征都是以能量量子化取代经典物理学中能量的连续性。当然理论本身还有不少欠缺，对实验现象的解释范围也有限，因此通常将这一时期发展起来的量子理论称为旧量子理论。旧量子论打开了人们的思路，推动人们去寻求更为完善的理论。量子力学正是在这种情况下逐步建立起来的。

1923—1924 年间，法国物理学家德布罗意受爱因斯坦光量子论的启发，大胆地提出了一个假说：既然光这种波动的物质呈现出粒子性，那么电子一类公认的粒子物质也将呈现出波动性，即实物粒子也具有波动性，并且预言电子束在穿过小孔时会像光波一样产生衍射现象，后来人们就将粒子的波动性称德布罗意波。1927 年，美国物理学家戴维孙（C. J. Davison）等人通过实验证实了德布罗意的预言。以后，一系列的实验都表明，不仅电子，而且质子、原子、分子等一切实物粒子都具有波动性。德布罗意的发现在整个科学界引起了反响，1926 年，奥地利物理学家薛定谔在德布罗意波理论的基础上，建立了描述微观粒子的波动力学方程，称薛定谔方程。其主要思想是把电子看成一团电荷分布的“波包”即电子云，同时提出波函数的概念，从波函数可以求得粒子在任意时刻在某处的状态。同年，德国物理学家玻恩（M. Born）对波函数作出了统计解释，并指出其物理意义是，这一函数绝对值的平方与 t 时刻在（x、y、z）处单位体积内粒子出现的几率成正比。薛定谔方程的建立，奠定了量子力学的理论基础。

1925 年，德国物理学家海森堡沿着另一条途径也为量子力学的创立作出了奠基性的工作。海森堡认为原子理论应该建立在可观察量的基础上，于是他抛弃了玻尔的电子轨道概念及相关的经典物理量，而代之以可观察到的辐射频率和强度等光学量。在他的老师玻恩及另一位物理学家约尔丹的共同努力下，海森堡建立了量子论的矩阵力学体系。后经英国物理学家狄拉克对矩阵力学的数学形式作了改进，使其成为一个更加系统和严密的理论。

1926 年，薛定谔和狄拉克证明了波动力学和矩阵力学二者的等价性，两种理论实际上是一种理论的两种不同形式的表述，接着他们又通过数学方法将这两种表述方式统一起来，建立起完整的理论体系，统称为量子力学。

量子力学是描述微观粒子运动状态的理论，是一套全新的力学体系。它的建立完成了基本物理学观念的变革，即不仅把粒子和波作为物理学所研究的物质实在最终统一起来，而且抛弃了经典力学的机械决定论，彻底改变了对微观客体运动的描述，为人们进一步探索微观世界的物质运动提供了有力的武器。这是继相对论之后，20 世纪初物理学上的又一伟大成就。因此相对论与量子力学也就成为现代物理学的两大理论支柱。

5. 核反应研究与基本粒子的不断发现

（1）核反应研究。自从天然放射现象被发现，特别是原子结构被逐渐弄清以后，人们就在思考，既然自然界中的镭、铀等重元素都能自发地放出射线而蜕变为另一种元素，那么依靠强外力的作用，也一定能打破某种稳定元素的原子核，使它转变为另一种元素。而卢瑟福 1919 年用 α 粒子轰击氮的实验正是人类历史上第一次用人工的方法实现了这种反应。1934 年 1 月，居里夫妇用 α 粒子轰击铝，得到了自然界中所没有的新放射性元素磷，它接着放出正电子进行 β 衰变，变为稳定元素硅，这一重要发现表明放射性同位素可由人工产生，于是激起了物理学家们对人工放射性作进一步研究的兴趣。

1934 年，意大利物理学家费米（E. Fermi）领导的研究小组利用中子不带电更容易进入原子核的特点，按照元素周期表上的顺序，从氢开始对 63 种元素的原子核逐一用中子作为炮弹去轰击，总共获得了 37 种放射性同位素。最有意义的是，在轰击当时排在周期表上的最后一个元素铀时，得到了一种新的放射性元素，费米认为是一种超铀元素。实验结果公布后，包括居里夫人在内的一些科学家都投入了揭开铀元素之谜的行列。1938 年 12 月，德国化学家哈恩（O. Hahn）和奥地利物理学家迈特纳在沿着超铀元素可能有着更复杂的蜕变机制这一思路进行实验研究的基础上，大胆地提出假设：铀的原子核受到中子轰击后，就会分裂成差不多相等的两个部分。他们还用爱因斯坦的质能公式估算出核裂变时放出的能量大得惊人。1939 年 1 月，玻尔在得知这一假设后前往美国参加理论物理讨论会时，向与会者宣布了这一消息，整个会场沸腾起来，促使更多的人投入研究工作。数周内，人们证实了铀核裂变的存在，科学家们一致认为这一发现是“最近几年来最重要的实验之一”。1944 年，哈恩因发现核裂变获得诺贝尔化学奖。

核裂变的发现，为核物理领域的研究开辟出一个新天地。1942 年，致力于核裂变链式反应研究的费米，领导建立了世界上第一个原子核反应堆，标志着人类利用核能时代的开始。1945 年 7 月，美国制成第一颗原子弹。后来人们又认识到，核聚变反应时释放出的能量，要比核裂变时所放出的能量大得多，并根据其原理制造出威力比原子弹更大的核武器——氢弹。随着大规模摧毁性核武器的相继制造成功，原子能的和平利用也提到了议事日程。1954 年，前苏联首先建成第一座原子能发电站。1956 和 1957 年美国和英国也相继建成核电站。20 世纪 60 年代以来，由于全球性能源危机的出现，给核电事业的发展注入了强大的动力，各国竞相投入技术和资金，建起了一大批大型核电站。目前，世界上已有 430 多座核电站在运行，装机总容量达 4 亿多千瓦，发电量占全世界的将近 20%，已成为全球能源不可缺少的组成部分。我国 1991 年建成装机容量 30 万千瓦的秦山核电一期工程，1994 年建成装机容量 180 万千瓦的大亚湾核电站，并确定了到 2010 年核电总装机容量达 2 000 万千瓦的目标。

（2）“基本粒子”的不断发现。电子、质子和中子的发现，使人们对物质结构的认识大大深化，由于它们都是比原子核更小的下一个层次的物质单元，因此被称为“基本粒子”，后来发现“基本粒子”自身还有结构，因此直接称为粒子更合适。随着对微观领域研究的深入，人们又接二连三地发现了其他“粒子”，一个有着庞大家族成员的基本粒子群已经展现在人类面前。根据作用力的特点，人们将已发现的基本粒子分为强子、轻子和传播子 3 类。强子是所有参与强力作用（质子和中子之间的主要作用力，作用范围约 10^{-13} 厘米，相当于原子半径的十万分之一。正是靠着这种强大的作用力，才使质子和中子结合成原子核。）的粒子总称，占已发现的基本粒子总数的 95%，最常见的是质子和中子。研究表明，强子也有其内部结构。1956 年，日本物理学家坂田昌一提出了强子的复合模型，亦称“坂田模型”，认为质子、中子和 Λ 超子是构成强子的 3 种“基本粒子”。1964 年，美国物理学家盖尔曼提出了“夸克模型”。认为所有强子都是由带分数电荷且具有一定对称性质的上夸克、下夸克、奇异夸克和它们的反夸克所组成。为了解释新的实验现象，人们又引入了第四种夸克——粲夸克。1977 年美国科学家莱德曼又发现了第五种夸克——底夸克的存在。从对称性的观点看，人们相信至少还存在着第六种夸克——顶夸克。1995 年，美国费米实验室宣布，他们已经探测到了“顶夸克”。经过不断探索，科学界逐步建立和发展了一种称为“标准模型”的粒子物理学理论。该理论认为，原子由质子和中子之类的亚原子粒组成，而亚原子粒又由更小的 6 种夸克和包括电子在内的 6 种轻子组成。这 12 种基本粒子的各种组合，构成了物质世界中的一切。夸克等基本粒子的不断发现，使人类认识微观世界的尺度分别缩小到原来的十亿分之一（相对于原子）和万分之一（相对于原子核），进入了更深的层次。可以相信，随着科学技术的发展，人类对物质结构的认识将不断深化，永远不会穷尽。

第二节 现代天文学

天文学是研究天体运动、结构和演化规律的科学。20 世纪以来，各门科学，特别是数学、物理学、无线电电子学和空间技术的发展，为天文学的发展创造了条件。人们在大量的观测资料和现代物理学的基础上，开始从整体上探索宇宙、天体的结构和演化。其中，现代宇宙学的发展成为现代天文学发展的最重要成果。

一、宇宙概述

（一）宇宙的概念

“宇宙”的观念源远流长。就字面的意义而言是指空间和时间的总和。中国战国时期思想家尸佼称：“四方上下曰宇，古往今来曰宙”，即宇宙是无所不包的整个物质世界，无论在时间上还是在空间上，宇宙是无限的。随着实践和科学技术的发展，宇宙概念的内涵和外延在不断扩大：太阳系—银河系—河外星系—总星系……今天科学上所谈的宇宙是指时间尺度为 200 亿年，空间直径为 200 亿光年的总星系。

（二）宇宙的结构

宇宙，泛指天地万物，是自然界一切物质的总称。人们对宇宙的认识，从大地星空到太阳系，再扩展到银河系、河外星系、星系团，乃至观测所及的宇宙。目前，天文观测的视野已经延伸至 100 多亿光年。我们生活的地球可以说是宇宙海洋中的一颗小沙粒，它只是太阳系的一颗行星。太阳在我们看来非常明亮十分巨大，而它只是天穹中许许多多星星中的一颗普通恒星，它离地球特别近，约 1.5×10^{8} 千米。人在地球上用肉眼看到的星星，绝大多数仅仅是银河系中 6 000 多颗较近较亮的恒星，而银河系内各类恒星的总数达 10^{11} 颗。

1. *银河系* 由恒星组成的银河系是一个扁平的圆盘，形状如铁饼，中间厚，四周薄，直径约 8 万光年，中间厚度约 6 000 光年。它还有一个由分布较稀疏的恒星组成的直径大约有 10 万光年的球状晕，称为银晕。银河系的总质量估计为 1 000 亿个太阳质量。太阳位于离银河盘中心约 3 万光年处，在盘中心平面稍为偏北的地方。离太阳最近的恒星是比邻星，它与太阳的距离约有 4.3 光年。整个银河系盘子在旋转，速度达到 250 千米/秒，并且呈现出巨大的旋臂。到 20 世纪初，人们所说的宇宙大致就是指我们的银河系。

2. *河外星系* 1923 年，美国天文学家哈勃（E. Hubble）在银河外找到了一些新的星系，这些新发现的星系与银河系一样，也是由许许多多恒星汇集而成，称为河外星系。这几十个河外星系距地球都在 200 万光年以上。哈勃的重要发现使人类对宇宙的观测突破了银河系，进一步扩展了人类对宇宙的认识。到目前为止，用光学和射电天文望远镜已在银河系外发现了约 10^{11} 个河外星系，其中大的星系包括 10^{13} 颗恒星，小的星系也有 10^{6} 颗恒星。这些星系的形状有球形、椭球形、涡旋状（银河系即此形状）、棒旋状等，还有其他稀奇古怪呈不规则形的。20 世纪 60 年代以来又发现了一批“类星体”，它们离我们更远，距离都在几十亿到 100 亿光年以外，这大概是人类今天所能观测的最远的星体，也就是今天我们说的能够观测到的宇宙尺度。

3. *宇宙中的其他物质* 宇宙中除了可观测的星系外还有其他物质，如不再辐射的星体、大大小小的黑洞以及星际气体和尘埃等。此外还有各种频率的辐射、宇宙线以及大量中微子，所有这些对于宇宙的质量密度均有贡献。因此，正确估算出宇宙的总质量或质量密度是一个十分困难的问题。

4. *观测宇宙* 我们以上介绍的宇宙，可以称为“观测宇宙”。观测宇宙是有限的，但这并不是观测设备能力的限制所造成的。我们相信并已经证实，观测宇宙不是静止不变的，而是处在不停地膨胀和演化的过程之中。根据大爆炸宇宙学的观念，宇宙有一个开端，所以宇宙有一个有限的年龄 t_0。光的传播速度 c 又是一个常数。因此，宇宙中可观测到的部分只能是一个有限的范围，它的大小至多是 ct_0 的数量级，即光速与宇宙年龄的乘积。我们把望远镜造得再大，也不能观测到比 ct_0 更远的天体，因为，它们发出的光至今还没有来得及到达我们这里。

二、现代宇宙观的形成

宇宙一直是人们最好奇、最有兴趣探索的对象。从古代巴比伦、古代中国和古代希腊直到近代，人类从未间断过对宇宙的探索。茫茫宇宙在空间上有没有边际？在时间上有没有源头？宇宙从哪里来？又要到哪里去？宇宙的命运与归宿如何？世界上每一个古老民族都对宇宙寻根问源，都曾经编织出各种各样的神话故事。所有关于宇宙的神话传说，都是人类对宇宙的猜测与臆想，不是科学。只是到了近代，才有了建立在自然科学理论和天体观测基础上的宇宙科学。

16世纪以来，随着近代自然科学的兴起，首先是天文学和力学的长足进步，哥白尼、伽利略、牛顿、康德和拉普拉斯等一批科学家以自然科学的观点和实验手段研究天体的运行和演化，取得了一系列令人瞩目的成就。特别是牛顿万有引力理论，在研究天体运行方面取得了巨大而光辉的成就。牛顿在历史上第一次给人们描绘了一幅宇宙结构的自然图景：无限多的星体均匀地分布在无限的绝对空间中，靠万有引力作用相互联系，沿着各自的轨道循环运行。这幅宇宙的图景除了需要上帝作出“第一次推动”外，基本上只要牛顿的力学定律就可以作出完整的解释。在20世纪初，人们对宇宙的研究和认识，基本上停留在以牛顿万有引力为基础的古典宇宙学阶段。其实，当牛顿利用其万有引力定律研究宇宙的整体结构时，就遇到了许多原则上的困难。

现代宇宙学是以爱因斯坦创立的广义相对论为基础的。随着粒子物理学以及整个理论物理学的发展，结合着天体观测手段的进步，宇宙学获得了迅速的发展。现代宇宙学是从整体角度研究宇宙的结构、起源和演化。20世纪60年代以来，天体物理观测上的一系列重大发现，极大地推动了现代宇宙学的发展。近十几年，高能物理学和粒子物理学的进展，特别是规范场论、大统一理论的发展，使宇宙学和粒子物理学的研究紧密结合起来，互相推动。目前现代宇宙学已成为整个自然科学的重要研究领域。

（一）传统宇宙观及其不足

1. 牛顿的经典无限宇宙观　宇宙是有限的还是无限的？这是历史上长期争论的问题。在伽利略、牛顿以前，亚里士多德、托勒密等人主张宇宙是有限的，传统的宇宙结构是以地球为中心的一系列的同心圆行星体系，最外层是恒星天，恒星天是宇宙的边界，在它之外就什么也没有了。到了哥白尼时代，宇宙观念发生了变化，主要体现在以地球为中心还是以太阳为中心这个问题上。哥白尼主张太阳中心说，但在宇宙结构上还是保持有限有边的模式。

到了牛顿时代，建立了包括万有引力在内的完整的力学体系。在牛顿力学体系内，假如有限的物质均匀分布在一定的空间范围内，是不可能稳定的。因为物质在万有引力作用下将聚集于整个空间的中心，形成一个球体，且最终会在巨大的引力作用下坍缩。因此，牛顿力学的宇宙必须是无限的。这样，牛顿力学第一次给人们描绘了一幅无限宇宙结构图：宇宙的体积是无限的，也没有空间边界。宇宙空间是三维欧几里得几何学空间。在牛顿的这样一个绝对“空”而无限“大”的宇宙空间中，均匀地分布着无限多的天体，相互以万有引力联系。在这样一个宇宙中，我们无论沿什么方向都会看到无穷多的天体。这样一幅牛顿宇宙图景，不仅在当时，就是今天，也仍然是一般人心目中的宇宙图景。由于牛顿力学的巨大成功，无限宇宙观念和牛顿力学体系很快占了统治地位。然而，牛顿的无限宇宙模型存在一些难以克服的矛盾。

（1）引力佯谬——西里格尔佯谬。西里格尔（H. V. Seeliger）于 1895 年指出，当我们考虑宇宙中全部物质对空间中任一质点的引力作用时，假如认为宇宙是无限的，那么在空间每一点上都会受到无限大的引力的撕拉，这显然不符合我们宇宙中的事实。

（2）热力学佯谬——热寂说。根据热力学规律——热量会从温度高的物体流向温度低的物体，最后使它们趋向于一个共同的温度。如果宇宙是永恒、无限的，那么如果它遵循热力学规律，可以想像宇宙最后会趋于同一温度，即所谓宇宙的“热寂”，而不是像现在这样，各种星体具有不同的温度，如太阳的表面温度大约为 6 000 ℃。若宇宙无限“老”，那么它早就死亡了；除非宇宙无限大，以至于不可能热平衡，或者像很多物理学教科书所说的那样，从有限体系得出的热力学规律不能用于无限的宇宙。那么宇宙真是永恒、无限的吗?

（3）光度佯谬——奥伯斯佯谬。我们知道光强与距离的平方成反比，也就是说，离光源越远，光强度越弱。太阳之外的恒星离我们很远，所以光线很弱。但是如果宇宙无限大，假设有无限多颗亮度基本一样的恒星，且大体呈空间均匀分布，那么距离增大一倍，对应的球面面积增加 4 倍，其上的恒星数量也增加了 4 倍，虽然每颗恒星照射到地面的强度减弱为 1/4，但总强度并没有减少。也就是说，每一个球面上的恒星照射到地面的光强是一样的，即使强度很小，但有无限多层球面叠加的光强将是无限大。因此，如果宇宙是永恒的，且为无限大，我们的夜空就应该是非常明亮的，而不是像现在这样是黑暗的。这就是所谓的奥伯斯佯谬。

可见，牛顿宇宙学的困难在于无限宇宙与现有经典定律的无法调和性。要解决这个困难，要么修改宇宙无限的观念，要么修改现有定律，或者两者都要修改。现代宇宙学正是沿着这条思路发展起来的。

2. 爱因斯坦的有限无界静态宇宙　1916 年爱因斯坦在刚刚建立广义相对

论不久，就转向宇宙学研究。因为宇宙作为最大的天体系统，在当时是可以充分体现广义相对论作用的惟一的强引力场系统。1917 年他发表第一篇宇宙学论文“根据广义相对论对宇宙学所作的考察”，开创了相对论宇宙学研究领域。在这篇论文中，爱因斯坦分析了牛顿无限宇宙的内在矛盾，并从自洽性出发，提出了一个有限无界的静态宇宙模型。

爱因斯坦根据广义相对论提出的宇宙模型认为，宇宙空间的结构或几何性质取决于宇宙间物质的运动与分布，物质怎样分布，空间就怎样弯曲。物质按照某种方式分布，空间就可能弯曲成一个封闭的区域，有一定的直径，有一定的体积。这就是爱因斯坦的“静态有限无界宇宙”。所谓“静态”是指从大尺度来考察，宇宙空间中的物质基本上是静止不动的；所谓“有限”、“无界”，是指宇宙空间体积有限，而光线在这个三维空间内的传播是弯曲的，始终不会有它的终点，即这个空间没有边界。

爱因斯坦的相对论宇宙模型，能自然地消除牛顿无限宇宙中的矛盾。不过爱因斯坦提出的宇宙模型是静态的，仍然不符合天文发现的一个重要的事实：即宇宙在不断膨胀之中。尽管如此，爱因斯坦研究宇宙整体时空性质的基本思想及基本方法是具有开创性的，它们为现代宇宙学的发展奠定了基础。

（二）动态宇宙观的形成

动态宇宙观，即宇宙正处在膨胀之中这一现代宇宙观的形成，得益于天文观测的重要结果——星系红移现象的发现。

1910—1920 年，美国洛威尔天文台的斯里弗首先发现了许多星系的红移现象（极少数星系如仙女座，有蓝移现象）。红移现象可以用多普勒效应来解释。星系退离我们运动时，接收到的星光频率会变低（即波长变长），使谱线向红端（长波方向）移动，从红移的大小可以算出星系的退行速度。

1929 年，美国天文学家哈勃进一步发现，所有河外星系的谱线普遍有红移现象。他把测得各星系的距离跟它们各自退行的速度画到一张图上后发现，在大尺度上，星系的退行速度跟它们离开我们的距离是成正比的，即离我们越远的星系退行得越快，红移量越大，这个关系叫做哈勃定律，它可以表示为 $V=HD$。其中 V 为星系的退行速度，D 是星系距我们的距离，H 是哈勃常数，其值可通过天文观察确定，目前的估计值是 $H=15$(千米/秒)/百万光年。

哈勃定律是 20 世纪天体物理学中的一个重大发现。这个发现给我们提供了星系远离我们而去且在不断运动的有力证据。所有星系都在远离我们而去，并不表示我们所处的银河系是宇宙的中心。实际上星系并非只是离开我们而去，而是彼此相互远离。从任何一个星系上看，其他星系都在彼此远离退行，这实际上显示了我们的宇宙正处在不断膨胀之中，即宇宙的空间尺度随时间不断增大。

哈勃的发现改变了静态宇宙的观念。十分有意思的是爱因斯坦在宇宙是静态的还是动态的问题上也犯了错误。他在1917年首次提出的宇宙模型是静态的，但是他的引力场方程却只能得到动态宇宙解。由于受到当时静态宇宙传统观念的束缚，爱因斯坦没有敢走得更远，于是他修改广义相对论引力场方程，硬是给它外加一个宇宙项，以便凑出一个静态宇宙模型。红移现象发现以后，他对自己原来的做法深感后悔。本来宇宙膨胀是广义相对论场方程的自然结果，可是他却偏偏放弃了它，爱因斯坦称这是他“一生中最大的一件错事”。

三、宇宙的起源和演化

既然宇宙在膨胀，反推回去即宇宙曾经很小，也就是说，我们的宇宙在遥远的过去可能是聚合在一起的。根据现在的膨胀速度，我们可以推断这种聚合状态出现在150～200亿年前。那么宇宙是如何从当时的聚合状态演变成现在这样的呢？

（一）宇宙大爆炸模型

大爆炸宇宙模型最早是在20世纪40年代由伽莫夫、阿尔弗和赫尔曼提出的。他们假设宇宙是在150～200亿年前由一个超高温、超高密的原始火球（亦称宇宙蛋）发生大爆炸而开始的，然后经过一段从热到冷、从密到稀的演化历史，发展成今日的宇宙。现在把按照这种观点来研究宇宙中物性演化历史的学说统称为“大爆炸宇宙学”。

根据当前宇宙膨胀的速度，可以反推出宇宙在150～200亿年前脱胎于高温、高密度状态即原始奇点的状态，这时的宇宙体积无限小，物质密度无限大，空间无限弯曲，引力能量高度集中。随着宇宙的膨胀，引力能逐渐转化为粒子能量，从而产生出各种各样的粒子来。根据宇宙温度 T 就能确定辐射场粒子的动能 kT，当这一能量大于某种粒子的固有能 m_0c^2 时，就可确定宇宙在这一温度时所包含的粒子成分。按照这种模型方法，除了宇宙创生时期我们还没有现成的物理定律可以加以说明外，宇宙大部分的演化历史我们都可以根据现有的物理理论来加以说明，然后又可用天文观测结果来验证我们的模型。这正是大爆炸宇宙学的科学性所在。

值得指出，所谓的宇宙大爆炸，并不是平常所说的一颗炸弹在已经存在的空间中爆炸飞散的过程。在宇宙大爆炸的过程中，物质是与时空联系在一起的，大爆炸是空间本身的“爆炸”，时间、空间是与原初奇点的“爆炸”一起开始同时出现的。这一宇宙学说表明，今天的宇宙是从150多亿年以前的一种高温、高密状态经不断膨胀、不断降温演化而来。从20世纪50年代初伽莫夫开始，经过许多科学家的努力，到目前我们已经能够说明宇宙的大致形成和演化过程。

（1）大爆炸。宇宙开始于一个原始奇点。所谓奇点，即指它有无限高的温度和无限大的密度。目前还不能说明当时的情况，我们只能假设宇宙产生于时空奇点的大爆炸之中，时间由此开始，空间由此不断膨胀。

（2）宇宙暴涨。根据现有的粒子物理学理论，可以设想大爆炸后 10^{-43} 秒的情况。那时宇宙密度是 10^{93} 千克/立方米，温度是 10^{32} K。这时宇宙中还没有任何粒子，只有时间、空间和真空场。其后，在 10^{-35} 秒，温度降到 10^{28} K 时，宇宙突然发生一次“莫名其妙”的暴涨，它的直径一下增大了 10^{50} 倍。激烈的暴涨引起了大量数目的基础粒子，包括夸克和轻子的产生。但由于能量非常高，这时强作用、弱作用和电磁作用没有区别，是统一的一种力。暴涨过后，宇宙继续膨胀，温度进一步降低，这时强作用、弱作用和电磁作用逐渐分开来。

（3）强子时代。大爆炸后百万分之几秒（10^{-6} 秒），温度降至 10^{13} K 时，夸克才有可能结合成质子和中子等一类强子。

（4）轻子时代。大约在大爆炸后百分之几秒（10^{-2} 秒），温度降到 10^{11} K，此时粒子的热运动能量远低于重子（中子、质子等）的静能。因此，产生重子的反应停止，原有的短寿命的重子迅速衰变而消失，结果，重子中只剩下一些质子和中子。这时的宇宙中主要成分变为光子、各种中微子以及正负电子。中子质量略大于质子，随着温度降低，中子转变为质子的过程将比质子转变为中子的过程占优势，结果中子数目逐渐减少，质子逐渐增多。

（5）4 秒以后，宇宙温度降到 10^{9} K 以下，相应的能量不足以产生正反电子对。因此，正反电子对迅速湮灭。加之中微子脱耦，使得质子和中子之间的转变反应基本停止。它们的数目趋于稳定。

（6）3 分钟以后，温度降到 10^{6} K 以下，中子和质子有可能结合成氘核，并进一步通过反应形成氦核。当中子全部和质子结合成氦核后，氦约占宇宙总质量的 28%左右。其余主要是氢，还有少量的锂和铍。这时由于温度较低，各种粒子相互碰撞而发生反应的可能性很小，因此从这时起直到现在，宇宙中各种粒子的丰度就基本保持不变。这时宇宙的年龄大约为 30 分钟。

（7）随后的 100 万年。在大爆炸半小时后，宇宙中留下了大量的光子（以及大量的中微子和反中微子），高能光子有足够能量击碎原子，但随着宇宙膨胀，光子的能量不断减少，直到大约经过 40 万年后，这些在大爆炸初期产生的光子变成低能光子，这种低能光子将不再能够击碎原子，甚至不再能够激发原子。于是宇宙中的原子和光子变成没有耦合的两种独立组分，宇宙就进入了“退耦代”，变得透明。这时宇宙的温度已降到 4×10^{3} K，原子开始形成。起先只是产生较轻的元素，较重的元素是在其后形成的星系和恒星内部产生的。从退耦代开始，宇宙中的光子气体叫做“宇宙背景光子”。伽莫夫在 20 世纪 40 年代最早预言了背景光子的存在，并算出了这种大爆炸初期产生光子现在的波长，其值大约是 1 毫米，这属于微波段光子。这种光子相对应的温度是3K左右。这一预言在 1965 年由天文观测实验证实。

(8) 今日宇宙。宇宙从大爆炸开始至今的年龄可利用哈勃定律得到，实际上就是哈勃常数的倒数，即 $T_0=1/H_0\approx1.8\times10^{10}$年。宇宙年龄的这个估计值跟利用放射性测定年代的方法所得到的银河中最古老星系的年龄相符。迄今对宇宙中古老星系物质年龄的所有实验结果都不违背大爆炸宇宙学理论。这也是对大爆炸宇宙学的有力的支持。

在宇宙的演化史中，从光子退耦代到今天这一阶段最长。在这个阶段的初期，宇宙中主要是气态物质。以后靠引力作用及相互碰撞，气态物质局部凝结，形成星云，再进一步收缩成星系、星团、恒星、行星等。最后才形成了我们现今所看到的星空世界。

表 4-1 列出了宇宙演化的大事表，其中有关的 50 亿年前的事件至今还只能看作为假定。

表 4-1 宇宙演化史表

宇宙时间	时 代	事 件	温度（K）	距今时间
	奇点	大爆炸	∞	150 亿年
10^{-43}秒		时间、空间、真空场	10^{32}	
10^{-35}秒		暴涨、粒子产生、统一力、强力	10^{28}	
10^{-6}秒	强子时代	质子-反质子湮灭、弱力、电磁力	10^{13}	
1 秒	轻子时代	电子-正电子湮灭	10^{10}	
1 分钟	辐射代	中子和质子聚变成氦核	10^{9}	
30 分钟		粒子间停止激烈作用		
40 万年	退耦代	光子和粒子相互分离 宇宙变成透明、原子生成	4×10^{3}	150 亿年
10 亿年		星系、恒星开始形成		140 亿年
100 亿年		我们的银河系、太阳、行星		40 亿年
101 亿年	始生代	最古老的地球岩石		39 亿年
120 亿年	原生代	生命产生		20 亿年
138 亿年	中生代	哺乳类		2 亿年
140 亿年		智人		10 万年

以上便是目前科学界广泛接受的宇宙大爆炸模型。

（二）大爆炸模型的天文观察证据

1. *伽莫夫的预言*　1948年，伽莫夫、阿尔弗和赫尔曼第一次将已知的物理规律应用于宇宙早期阶段的状况。他们预言：如果宇宙起始于遥远过去的某种既热且密的状态，则在宇宙年龄仅为几分钟时，它热得足以使每一个地方都产生核反应（大爆炸），其散落的残余辐射由于宇宙的膨胀而冷却，至今它所具有的温度约为绝对温度3 K左右，即存在宇宙的背景辐射。此宇宙背景辐射应该是各向同性的，均匀的。这就是他们从大爆炸理论得出的预言，但当时没有引起人们的重视。

2. *宇宙背景辐射的发现*　1965年，美国贝尔实验室的彭齐亚斯（A. Penzias）和威尔逊（R. Wilson）十分意外地发现了这种宇宙背景辐射。当他们跟踪一颗"Echo"号星来校准一台很灵敏的无线电天线时，他们发现始终存在着一种无法解释的噪声。普林斯顿大学的迪克了解到此情况后，立即认为这正是他们在寻找的源自于大爆炸的残余辐射，它相当于在电磁波谱中的微波部分——波长为7.35厘米的某种无线电波信号，对应于2.7 K的热辐射。彭齐亚斯和威尔逊因此获得了1978年的诺贝尔物理学奖。

1989年，美国国家宇航局发射了宇宙背景探测（COBE）卫星，对整个背景辐射谱进行了测量，观测结果与温度为2.73 K的纯热辐射作出的理论预言极其吻合。因此，大爆炸理论预言得到了实验观测的有力支持，这使它成为被广泛接受的理论之一。

3. *原初元素丰度问题*　宇宙演化3分钟以后，中子和质子有可能结合成氘核，随着温度的下降，能使氘核光分裂的高能光子已非常少，于是氘核进一步反应形成氦核。氦核也成为原初核合成阶段的最主要产物，约占宇宙总质量的25%～30%左右，其余主要是氢，约占70%，还有少量的锂和铍。由于此时宇宙温度较低，各种粒子难以通过相互碰撞而发生反应，因此宇宙中各种原初元素的含量就基本保持不变。现代天文实际测量所得到的氦丰度与理论预测值很好地符合，这也是大爆炸理论令人信服的证据之一。

大爆炸理论由于得到大量宇宙和天文学观测的强有力证据的支持，已成为科学界普遍接受的理论，也被称为宇宙演化的标准模型。

四、天体的起源和演化

天体是指宇宙间的各种星体。天体的起源和演化包括星系、恒星、行星3个层次天体的起源和演化。由于星系和行星的起源和演化问题至今没有定论，需要进行更多更深入的探索，这里不作为我们考察的重点，我们将着重探讨成熟的恒星演化理论。

（一）星系的起源和演化

星系是比总星系低一级的天体系统，按其形状和结构的不同，可以把星系分为椭圆星系、漩涡星系、棒旋星系、不规则星系四类。星系是怎样诞生和演化的，至今仍是一个谜。一般认为星系的起源跟我们的宇宙演化有不可分割的联系。根据演化态宇宙模型，星系是在宇宙演化到一定阶段诞生的。宇宙在大爆炸后，先由分布不均匀的星系前物质收缩成原星系，然后再进一步演化为星系。在回答原星系是从什么样的星系前物质产生的问题上，形成了两大派：认为星系是从星系际弥漫物质云凝聚而成的被称为弥漫说（或星云说）；主张星系是从宇宙大爆炸过程中抛射出大量超密物质块再度爆发而来的被叫做超密说。这两派尽管观点不同，但都承认星系是100多亿年前形成并演化的。

（二）恒星的起源和演化

恒星又是比星系低一个层次的天体。关于恒星演化的理论现在已经发展到相当成熟的阶段，这一方面是因为恒星的种类繁多，综合大量处于不同演化阶段的恒星的资料，就能分析出恒星的演化过程；另一方面科学家们在发现核裂变和核聚变反应规律的基础上，把元素的起源同恒星的演化联系起来，揭示出推动恒星演化的能源主要是发生在恒星内部的核反应，科学地解决了恒星演化的动力机制。

1. *恒星的起源*　像星系起源一样，在恒星的起源问题上，也存在着两种不同的观点：星云说和超密说。由于星云说的科学证据越来越多、证明越来越充分，这里我们就以星云说来阐明恒星的起源及演化问题。一般认为，由星际弥漫物质发展到恒星大致经过了以下3个阶段。

（1）弥漫物质阶段。在这个阶段，弥漫物质密度很低，只有10^{-21}～10^{-20}千克/立方米左右，相当于每立方厘米有几十个氢原子。由于分布不匀，冷热不均，而处于不停的旋转运动之中。

（2）星云阶段。弥漫物质在旋转运动中，由于引力作用往往会聚积起来，使得一些地方的密度大一些，一些地方的密度小一些。密度大的形成云雾状星云。星云的密度仍很低，但体积大得惊人，它在旋转运动中，互相碰撞，发展成团块。据理论推算，当星云团块密度超过一定限度时就会在引力作用下收缩。

（3）球状体阶段。星云团块的收缩，体积变小而内部温度逐渐升高。星际云的主要成分是氢，收缩之初为氢原子云，温度升高后电离为氢离子云并趋于球状。这时的直径可能有太阳的几十万倍，而质量和太阳相近，还不是星体。

只有当球状体进一步收缩，所产生的引力势能转化为热能，使其内部温度上升到 3 000 ℃左右，开始向外界发出红外辐射即发出肉眼可见的红光时，一颗恒星便诞生了。这个过程大约需要几千万年的时间。

2. 恒星的演化　恒星诞生后仍然处在收缩中。随着内部温度不断上升，在其中心仅开始了以氢燃烧为龙头的一系列热核反应。这些热核反应加剧了恒星上“吸引和排斥这一个古老的两极对立”，由此决定着恒星的演化进程并贯穿始终，推动着恒星从一个阶段过渡到另一个阶段。

(1) 引力收缩阶段。这是恒星的幼年期，以引力收缩为主要能源。在恒星演化过程中，当自吸引大于排斥力时，恒星便收缩；反之，则膨胀，若二者相当，恒星就处于暂时的稳定状态。在引力收缩阶段自吸引一直占据主导地位，起初是快收缩，星云密度小，温度低，作为排斥因素的气体压力非常微弱，星云很快收缩成没有发光的原恒星。这时，原恒星的能源来自自吸引所产生的引力势能。根据能量守恒与转化定律，引力势能转化成热能，既使得温度升高，又使得气体热运动加剧，由此使斥力逐渐增强，开始成为与自吸引相抗衡的一股力量，导致恒星收缩越来越慢。当斥力增大到能与自吸引接近平衡时，恒星外围的物质不断消散，原恒星就转化为能够发光的恒星。到了引力收缩阶段的末期，温度上升到 80 万摄氏度时，恒星中心便开始了 4 个氢原子核聚变为 1 个氦原子核的热核反应。但这时氢核聚变释放的核能还不是恒星演化的主要能源。当恒星中心温度上升到 700 万摄氏度时，核能才成为恒星的主要能源，这时引力收缩阶段结束，转入到恒星演化的第二个阶段——主序星阶段。

(2) 主序星阶段。这是恒星的成年期，也是恒星的“黄金时代”，这一阶段恒星的主要能源是“氢核聚变”。当恒星中心温度上升到 700 万摄氏度以上时，开始发生氢聚变为氦的热核反应。这个过程所释放出来的巨大能量，一方面通过辐射方式由里向外传播，以抗拒恒星的自吸引；另一方面造成高温使气体压力增强，因此恒星在这个阶段吸引和排斥处于势均力敌的状态，结果恒星既不收缩也不膨胀，进入最稳定的时期，其表面温度和光度长期保持不变，并且在这一阶段停留的时间也最长。我们今天才观测到的恒星有 90%处在这个阶段上。

恒星的质量不同，热核反应的激烈程度不同，在这个阶段停留的时间也不同。质量大的恒星，尽管含氢较多，但氢燃烧也快，这一点可从质光关系式：$L=KM^{3.5}$ 看出，因此质量大的恒星，在主星序上停留的时间反倒短，只有几百万年到几千万年，而质量小的恒星则长些，可达几千亿年到几万亿年。太阳是一颗中等质量的恒星。据计算，它应该在主序星阶段停留 90 亿年，到目前它在此阶段已度过约 50 亿个春秋，正处在主序星阶段的中期，还要经历 40 亿年才会进入下一个演化阶段——红巨星阶段。

(3) 红巨星阶段，这是恒星的中老年期。到主序星后期，恒星上10%左右的氢燃烧完之后，恒星中心部分便形成一个不再产能，因而温度也不再升高的纯粹由氦核组成的区域，这个区域称为同温纯氦区。由于不产能，向外的辐射压就顶不住向内的自吸引，恒星的稳定状态遭到破坏，于是恒星的核心又开始收缩。收缩产生的引力势能再度使恒星中心升温，当温度达到1亿摄氏度时，同温纯氦区外围那一小部分氢燃烧起来，进而点燃了同温纯氦区的氦燃料，开始了一个新的热核反应——氦聚变。氢聚变和氦聚变同时释放出巨大的核能，使恒星外壳急剧膨胀，体积变大，亮度变小，于是表面温度反而降低，主序星因而变成一颗体积大、发红光的红巨星。恒星在这个阶段的主要能源是氦核聚变所释放的能量。

由于氦核反应经历的时间短，恒星在这个阶段停留的时间也短。像太阳这样的恒星进入红巨星阶段，大约只能停留几亿年时间。太阳一旦变成红巨星，地球上的生命将不复存在，因为那时太阳外壳膨胀是现在的250倍，连地球轨道都包括进去了。

不是所有的恒星离开主星序以后都演化为红巨星。质量小于0.5M（M为太阳的质量）的恒星由主序星直接向恒星末态演化，而质量大的恒星在经过红巨星阶段后还有一个脉动和爆发的过程，这是恒星衰老的标志。这时恒星中心温度不断升高，氦聚变后还会出现碳聚变、氧聚变和硅聚变，热核反应越来越向重元素的方向发展，一直到铁元素生成为止。此时核反应的特点是速度越来越快，处在这一时期的恒星很不稳定，时胀时缩，时暗时亮，出现脉动现象。经过脉动后，很大一部分恒星还要经过壮观的爆发阶段。这是因为大质量的恒星当其内部核反应进行到铁元素生成时，在极高温的条件下，铁尽管也可能发生核反应，但这个核反应不但不能放出能量，反而要吸收大量的能量。结果，恒星的核心温度大幅度下降，发生剧烈收缩以至达到向中心“崩坍”的猛烈程度，巨大的能量瞬时释放出来，一下子冲破恒星的外壳，而造成恒星的猛烈爆发。有的恒星爆发后全部瓦解，有的刚在一团星云的中间留下一颗密度很高的所谓高密星。

(4) 高密星阶段，这是恒星的临终期。恒星经过强烈的爆发，剩下的中心部分在引力作用下继续剧烈坍缩，以致形成体积很小而密度极高的白矮星、中子星、黑洞，这是恒星衰亡后3种不同的结局。恒星的最终结局是由恒星的原有质量或爆发后残存的质量大小所决定。

①白矮星。无论恒星是否经过红巨星阶段，是否经过脉动和爆发过程，当恒星上的核能消耗殆尽时，若质量＜1.44M时，便演化为白矮星（据估计，

对于质量为 8M 的恒星，将形成白矮星，其残存质量约为 1.44M)。白矮星密度高（约为 $10^5 \sim 10^9$ 克/立方厘米，即每立方厘米物质有几吨到几千吨重），体积小，随着表面积减小而光度也迅速减小，但恒星的表面温度开始并未降低，仍发白光，因此这种发白光体积小的恒星被称为白矮星。

在白矮星上，高密度使其原子核和自由电子混合在一起，形成简并电子气。靠得很近的电子之间产生强大的排斥力（简并电子压）与引力收缩相抗衡，恒星处于稳定状态。白矮星由于没有能量来源，既无核能，又无引力能，只靠消耗余热发光，所以温度迅速下降，很快变成红矮星，最后成为不发光的黑矮星，退出恒星历史舞台，变成恒星的残骸。

②中子星。恒星经过爆发，若残存质量＞1.44M（所有质量＞10M 的恒星都能产生一个质量在 1.44M 以上的核)，电子简并压也无法与引力收缩相抗衡，于是电子被挤进原子核中，与质子结合成中子，整个星体可以看作是由中子构成的，故称为中子星。中子之间的强大斥力（中子简并压）抗拒着恒星的再度收缩，使恒星处于新的稳定状态。

中子星体积很小，半径只有 10 千米左右，而内部密度却高达 10^{17} 千克/立方米。在 20 世纪 60 年代人类发现脉冲星以前，中子星只是理论上预言存在的天体。1967 年发现了脉冲星，科学家确认脉冲星就是带脉冲的中子星。中子星的残骸和白矮星一样，也是黑矮星。

③黑洞。人们从理论上推出，除白矮星、中子星之外，恒星演化还有第三种结局，那就是黑洞。恒星经过爆发后，剩下的质量如果＞2M，中子简并压也抵挡不住引力收缩，于是恒星会越过中子星继续坍缩下去，形成引力的奇迹——黑洞。此时星体极高密度所产生的强大引力场像一个无底洞，贪婪地将所有靠近它的物质吸去，就连光也无法逃逸。虽然从黑洞中几乎没有信息传出，但人们可以从它强大的引力作用而感知它的存在。英国理论物理学家霍金（S. Hawking）在黑洞研究上作出了卓越的贡献。他认为天鹅座 X-1 有 90% 的把握是一个含有黑洞的双星。他认为黑洞也会发射，大质量的黑洞在不断发射粒子后，就会变热以致引起爆发而变成“白洞”。

高密星天体并不是恒星演化的终结，它们最终都会经过一定方式，重新转化为星云物质，加入新一轮的宇宙“造星”运动。

3. *恒星演化的赫罗图*　1911 年，丹麦天文学家赫兹伯仑和美国天文学家罗素先后发现恒星的光度与表面温度有一定的联系。他们把光度与温度作成一个图，图的横坐标表示恒星的光谱型，因恒星的光谱型与表面温度有关，因此横坐标也就表示恒星的表面温度；纵坐标表示恒星的绝对星等，因绝对星等是光度的一种量度，因此纵坐标也表示恒星的光度。他们把大量的恒星按照它们各自的光谱型和绝对星等在图上点出来，发现了反映恒星演化规律性的一张图，人们称它为赫兹伯仑-罗素图，简称赫罗图（图4－1)。赫罗图是天文学家研究天体演化的重要工具。

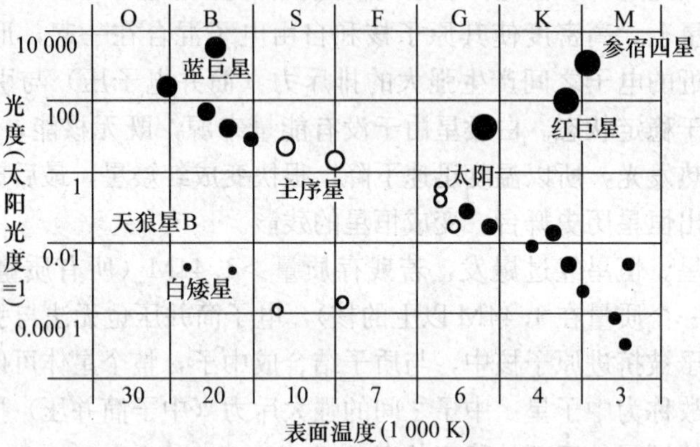

图4－1　恒星演化的赫罗图

在赫罗图上，恒星集中在几个区域，绝大多数恒星分布在从左上到右下的一条带子上，这条带称为主星序。主星序上的恒星，有效温度越高的，光度就越高。主星序上的这些星被称为主序星，又称矮星。我们熟悉的太阳、牛郎、织女等都是主序星。在主序星右上方有一些恒星，它们的温度和某些主序星的温度一样，但光度却高得多，因此称之为巨星或超巨星。像北极星（小熊座α）、大角（牧夫座α）属于巨星，星宿二（天蝎座α）就是著名的超巨星。在主序星左下方，有一些温度高而光度低的星就是白矮星，天狼B（天狼星的伴星）就是最亮的白矮星。

在主序星内，恒星的质量和它的光度有关，也就是存在质光关系，即质量大的恒星光度也高。在赫罗图中的主星序斜带上，左上端的恒星光度高，质量大，越往右下方，光度越小，质量也越小。

赫罗图在恒星演化的研究中十分重要。由于恒星内部能源的不断消耗，恒星要发生演变，光度和温度都要发生变化，这就导致它在赫罗图上的位置也要发生变化。天文学家根据赫罗图描绘了恒星从诞生到成长再到衰亡的演化过程，并从理论上给出恒星从诞生到主序星、红巨星、变星、新星（超新星）、致密星（白矮星或中子星或黑洞）的演化机制和模型。这是人类认识恒星世界奥秘的一个重大突破。

(三) 行星系——太阳系的起源

宇宙中能直接观测到的行星系只有太阳系一个，因此行星系又称太阳系，它是由中心天体太阳和九大行星，以及卫星、彗星等天体组成。太阳的起源问题我们已在恒星的起源和演化中讨论过，而行星的起源问题又很难作单独的研究，且与人类关系密切，这就有必要从整体上对行星系的起源和演化作一概述。

大约在50亿年以前，庞大的银河系星云在自身引力作用下收缩、旋转、破碎，变成许多小星云块，其中一块就是形成太阳系的原始星云，叫做太阳星云。太阳星云由于自吸引进一步收缩，结果一方面释放出大量的引力势能变热能后使星云温度升高，另一方面引力势能变成动能，导致星云的旋转速度加快，惯性离心力增大。由于星云各处的惯性离心力不等，赤道处最大，收缩慢，两极处最小，收缩得快，使得星云不断变扁。当太阳星云收缩到一定程度的时候，赤道处的惯性离心力已经和该处所受到的中心引力相等，这里的物质便不再收缩，而星云其他部分仍在收缩，于是形成一个扁扁的、内薄外厚且环绕中心旋转的星云盘。星云中心部分进一步收缩，最后形成太阳。

太阳刚形成时，自转很快，磁场很强，内部物质对流很强烈，大量物质被抛射出来，通过沙兹曼机制损失了绝大部分角动量，造成太阳的旋转变慢，角动量特殊分布。太阳形成以后，对星云盘的演化产生了很大的影响。在太阳引力垂直分力的作用下，星云盘的尘粒不断向赤道面下沉，于是在赤道面上逐渐形成一层薄薄的“尘层”，随着尘层密度的增大，就会因密度不匀而瓦解为粒子团，然后，粒子团的粒子经过吸积、碰撞等方式依次聚积为星子、星胎，最后形成行星。

总之，天文学在20世纪取得了巨大的进展，其中不仅包括对宇宙现状的一些定性的说明和解释，还有一些定量的预言被观察事实所验证。20世纪提出的宇宙大爆炸模型，由于其在各方面的成功预言，已成为科学界广泛接受的科学理论，但是关于宇宙学仍存在如暗物质问题、正反物质的不对称问题、微观世界与宇宙的统一等许多问题，这些都有待我们进一步解决。

第三节　现代数学的研究进展

一、现代数学发展的特点

进入20世纪，数学的研究范围迅速扩大，发展水平迅速提高，表现出现代数学更为成熟的特征。现代数学较之初等数学、近代数学，表现出更加抽象、更加高深、更加庞大复杂的特点，具体说有以下几个显著特点。

1. 纯数学更加抽象，分支增多且相互渗透　酝酿于19世纪，发展、定型、成熟于20世纪上半叶的被人们称为数学“新三高”的泛函分析、抽象代数、拓扑学等，都是在原来抽象概念的基础上再次抽象出新概念并加以研究，是抽象之抽象的结果。一方面，它们互为独立，有着各自的研究领域，另一方面，它们又相互渗透、互为借鉴并产生许多边缘学科。比如，抽象代数与拓扑学的结合产生了拓扑群；泛函分析与抽象代数的结合产生了算子环；拓扑学与泛函分析的结合产生线性拓扑空间等。人们认为，数学理论正向着“高维”与“多变量”的方向前进。

2. *以集合论为基础，以结构为对象* 19世纪80年代以康托尔(M. B. Cantor)的集合论为标志，数学进入现代数学时期。从20世纪初开始，集合论的思想方法不仅应用于几乎所有纯数学部门，而且广泛运用到其他自然科学领域，特别是物理学之中。甚至有人说，没有集合论的思想，就很难全面而深刻地理解现代数学。

20世纪最具影响的法国布尔巴基学派奉行结构主义的观点，认为全部数学基于3种母结构，即代数结构、序结构和拓扑结构。他们把现代数学定义为研究结构的学科，犹如古代数学主要研究常量，近代数学主要研究变量一样。

3. *重视数学基础研究，探索数学哲学问题* 以1902年的“罗素悖论”为切点，数学基础和数学哲学问题成为众多数学家关心的热点，不同的数学家接受了数学历史上的不同数学思想和数学哲学观点，并由此产生了研究数学基础的不同学派

4. *以公理化为目标，新的分支大量产生* 公理法是最重要的数学思想方法之一，它既是建构数学理论的思想方法，又是表述数学理论的思想方法。公理化已成为数学研究的重要目标之一。

随着其他科学的发展，新的数学分支在不断地涌现。除传统的数学得以继续发展外，许多与数学有关的边缘学科，如生物数学、数学心理学、数学考古学等数学边缘学科也在大量产生。

5. *数学应用广泛而深刻，计算机影响着数学的进程* 应用的广泛性是数学的重要特点之一。数学的应用，主要是作为一种科学方法的应用，它表现为数学向现代科学技术全面渗透，对其他学科的语言表述、问题论证、计算方法等产生着深刻的影响。计算机的产生是以数学的发展为重要条件之一，而计算机的产生和发展反过来又影响着数学发展的进程。一些繁重的数字计算与某些复杂的数学证明可以运用计算机来完成，计算机把数学家从“简单劳动”中解放出来，使他们集中精力于创造性劳动，这对数学发展的进程无疑将产生重大影响。

二、现代数学的几个主要分支

(一) 现代数学三大基础科学

被认为是现代数学三大基础学科的所谓“新三高”，即泛函分析、抽象代数和拓扑学，它们的概念和方法已渗透到数学的各个领域，并且在其他学科中也日益得到极其广泛的应用。

1. *泛函分析*　泛函分析是研究无穷维抽象空间及其分析的数学理论。泛函分析的基本思想是把函数（或曲线等）看作空间的元素或点，而函数的集合就构成了研究的“空间”。泛函就是把函数变成实数的一种“变换”，相应地，把函数的广义变换则称为算子。

泛函分析是一门较新的数学分支，萌芽于19世纪末，到20世纪30年代已基本成熟，50年代已发展成为内容丰富、方法系统、体系完整、应用广泛的重要数学学科了。

泛函分析经过众多数学家的努力，已逐步形成了自己的学科观点、研究方法和理论体系，已成为现代分析学的重要的基础学科之一。特别是近半个世纪以来，泛函分析的各种理论都得到系统的发展，如广义函数论、非线性泛函等已成为应用数学的重要工具。可以说，把泛函分析应用到自然科学（特别是物理学）的各个方面，都取得了极大的成功。

泛函分析在发展中受到数学物理方程和量子力学的推动，后来又整理概括了经典分析和函数论的许多成果。由于它把具体的分析问题抽象到一种更加纯粹的代数、拓扑结构的形式中进行研究，因此逐步形成了种种综合运用代数、几何（包括拓扑）手段处理分析问题的新方法。正因为这种纯粹形式的代数、拓扑结构是根植于肥沃的经典分析和数学物理土壤之中的，所以，由此发展起来的基本概念、定理和方法也就显得更为广泛、更为深刻。泛函分析对于任何一个从事纯粹数学与应用数学研究的人来说，都是一门不可缺少的知识。80年代以来，我国许多高校都开设了泛函分析课程。

2. *抽象代数*　抽象代数是从19世纪初开始萌芽并发展、成长起来的。19世纪80年代，数学上从有限置换群的概念向抽象群的方面发展，并以通用的形式逐步前进，这就是建立抽象代数学的先声。而深刻研究群以及其他相关的概念，比如域、环、模、代数等，并把这些相关概念运用到代数学的各个部分，从许多分散出现的具体研究对象中抽象出它们的共同特征来进行公理化的研究，促进了抽象代数的更进一步的演进，完成了以前相对独立发展的3个主要方面（群论、代数数论、线性代数以及代数）的综合。对抽象代数学的形成、发展和传播做出杰出贡献的主要是以德国数学家为群体的德国学派。

抽象代数学是以研究数字、文字和更一般元素的代数运算的规律，研究由这些运算适合的公理而定义的各种代数结构（群、环、域、模、代数、格等）的性质为中心。由于代数运算贯穿在任何数学理论和应用问题里，而且代数结构及其元素具有很强的一般性，因此，抽象代数学的研究在整个数学中最具奠基性。抽象代数学的方法和成果也很容易渗透到一些与它相接近的各个不同的数学领域中，从而形成了一些有新面貌和新内容的边缘学科，比如代数数论、代数几何、拓扑代数、泛函分析等。抽象代数学对现代数学的发展发挥着极其显著的基础性作用，被认为是现代数学的支柱之一。它在其他一些科学领域，比如理论物理、结晶学等学科，也有着非常重要的影响和作用。

电子技术的发展和计算机的广泛使用，使代数学（包括抽象代数）的一些成果和方法被直接应用到了某些工程技术之中，比如代数编码学、语言代数学和代数语义学（特别是与计算机程序理论相联系的语义）、代数自动机理论、系统学的代数理论等新的应用代数学领域，都相继产生并得到很大的发展。代数学作为离散性数学的重要组成部分，对组合数学的蓬勃发展起着很大的推动作用。这些新的应用，既促进了现代应用代数的形成和发展，也极大地把抽象代数学引向了新的高度和层次。

3. 拓扑学　拓扑学起初叫形势分析学，形是指一个图形本身的性质，势是指一个图形与其子图形相对的性质，比如扭结和嵌入问题就是有关势方面的问题。拓扑学是中文音译，它最早由利斯廷（J. B. Listing）在 1847 年提出。

1851 年，德国数学家黎曼（G. Riemann）在研究复函数时认为，要研究函数和积分，就必须研究形势分析学（即图形的性质、扭结与嵌入等方面的问题），拓扑学的系统研究从此开始。到了 19 世纪末 20 世纪初，拓扑学已经形成了组合拓扑学与点集拓扑学两个研究方向。经过众多数学家几十年来的艰辛努力，拓扑学已经形成了一般拓扑学、代数拓扑学、微分拓扑学、几何拓扑学等几大重要分支。

简要地讲，拓扑学所研究的是几何图形的某些性质，它们在图形被弯曲、拉大、缩小或任意变形下能够保持不变，条件是图形在变形过程中，既不使原来不同的点融化为同一个点，又不产生新的点。也就是说，在原来图形上的点与变换了的图形上的点之间存在着一一对应关系，并且邻近的点仍为邻近的点。这种思想若用“连续性”来表达的话，拓扑学所研究的就是在一个变换及其逆变换都是连续变换（亦即同胚）的情况下，几何图形所表现出的不变性质，以及对这些性质进行表述，对这些几何图形进行分类等。

连续性与离散性这对矛盾在自然现象和社会现象中是普遍存在的，数学也可以粗略地分为连续性数学与离散性数学两大门类，拓扑学在连接数学两大门类的知识中发挥重要的作用。按人们 20 世纪初的理解，拓扑学可分为点集拓扑和组合拓扑（后者发展成为代数拓扑和微分拓扑）。点集拓扑把几何图形看作是点集，再把集合看作是一个用某种规律连接其中的元素的空间；组合拓扑把几何图形看作由一些基本构件所组成（如用砖砌墙一样），用代数方法把这些构件"组合"起来，并进一步研究几何图形在微分同胚下的某些不变性质。

点集拓扑概念最先是由德国数学家舍恩弗利斯（A. M. Schoenflies）在 1908 年提出来的。而作为一门学科的点集拓扑学，其正式产生则是以德国著名数学家豪斯多夫（F. Hausdorff）建立起抽象空间的完整理论，引入点集的邻域概念，并以此形成了连续、同胚、连通、维数等一系列新的概念为标志。

组合拓扑是法国数学家庞加莱（J. H. Poincare）开创的，他把多面体的点、棱二面推广为几何图形的标准构件——单形，然后，再把所有的图形都分解成为单形的组合——复合形，由此提出了组合拓扑的挠系数和基本群等概念。20 世纪 20 年代末，抽象代数有了重大发展，人们在拓扑学中应用代数成果，引入了同调群、上同调群、上同调环等概念，30 年代初，又引入了同伦群概念，深化了拓扑学的理论研究，使组合拓扑的研究进一步发展到代数拓扑和微分拓扑的新阶段。

拓扑学是现代数学的重要基础学科，它的基本思想方法在现代数学的几乎所有领域都有应用，并且在其他学科中也得到日益广泛的应用，拓扑学的基本内容已成为现代数学工作者必备的数学常识。

（二）概率论与数理统计

在自然现象和社会现象中，有一些现象就其个别来看是无规则的，但是通过大量的试验和观察后，就其整体来看却显现出一种严格的非偶然的规律性。这些现象称为随机现象。概率论就是研究大量随机现象统计规律性的一门数学分支学科。它起源于 17 世纪中叶，是从一些较小的、零散的、孤立的课题入手进行研究的，经历了近 200 年的时间，于 20 世纪 20 年代才形成一个有自己体系的独立学科，并于 1933 年由前苏联著名数学家柯尔莫哥洛夫在集合论基础上建立了概率的公理化系统，使概率论有了严谨和完备的理论体系。在二战后，概率论发展很快成为内容宽广而深入的学科，与不少学科如物理学、生物学、心理学、统计学、运筹学、经济学等都发生联系，并且起着重要的推动作用。

概率论最基本的概念是概率，在社会和自然界中，某一类事件在相同的条件下可能发生也可能不发生，这类事件称为随机事件。概率就是用来表示随机事件发生可能性大小的一个量。必然发生的事件的概率为1，不可能发生的事件的概率规定为0，而一般随机事件的概率是介于0与1之间的一个数。例如，一个口袋装2只黑球、1只白球和1只红球，这4只球的大小、形状、重量完全一样，从袋中任取一球，所取得的是白球的概率为1/4，所取得的是黑球的概率为1/2。

本世纪的重要发展是产生了随机过程论，随机过程是近代概率论的基本概念之一，对随机过程的研究在近代概率论中占有很重要的地位，近年来，随着科学技术的迅速发展，概率论发展迅猛，并出现许多分支，概率论已被广泛应用于科学技术之中。

数理统计也是研究随机现象的统计规律性，它是以概率论的理论为基础发展起来的一个数学分支。数理统计是关于收集整理和分析受到随机性影响的数据，并从中得出这些数据与所来自的总体有关的统计性结论的数学分支学科，即对总体作出估计和判断。

用统计方法解决总体包括两大步骤，一是获取数据，即怎样抽取样本才合理有效，这就是抽样技术要解决的问题；二是分析这些样本以作出适当的结论，这就是数理统计学上的统计推理。数理统计的应用十分广泛，几乎各学科、人类活动的各领域中都有它的足迹。如人口与工业调查、天气预报、产品检验、质量管理、质量控制等均需要用数理统计的理论和方法。所以可以毫不夸张地说，数理统计学是现代数学中与实际联系最紧密、应用最广泛、成效最显著的分支之一。

（三）运筹学

运筹学是运用数学方法谋求自然及社会中有关人和物运行最优安排的一门学科，它是在20世纪40年代发展起来的一门新兴学科，它起源于二战期间军事上的需要。英美等国组织了包括数学家、物理学家和军官在内的一批学者进行研究，主要是运用数学手段来表达和研究有关运用、筹划和管理等问题，研究出科学的管理方法，以达到人、物、财的合理有效地利用，最大限度地减少在时间、人力、资金、武器等方面的浪费。他们的工作是很有成效的。战后，人们把这些经验应用到经济以及其他领域，运筹学就这样作为一门学科形成了。但到现在为止，关于运筹学还没有一个一致公认的定义，我国学术界称之为运筹学，是取其“运筹帷幄之中，决胜千里之外”的意思。运筹学是为管理人员在作决策时提供科学依据，因此运筹学是实现管理现代化的有力工具，它在生产管理、工程技术、军事作战、科学试验、财政经济以及社会科学中都得到了极为广泛的应用。运筹学内容丰富，应用范围很广，20世纪40年代以来发展非常迅速，并形成了不少分支，主要有规划论、对策论、排队论和决策论等。

1. 规划论　亦称数学规划论。主要研究计划管理工作中有关安排和估值的问题。一般可以归纳为在满足既定的要求下，按某一衡量指标来寻找最优方案的问题。

2. 对策论　亦称博弈论。它是从策略的观点出发用数学方法来研究对抗性局势（如竞赛、斗争）的抽象模型和寻求最优对抗策略。即研究对抗局势下怎样取胜的学科。对策论在二次大战中帮助了同盟国（美、英、法、前苏联、中）解决了对轴心国（德、意、日）的潜艇活动、舰队运输、兵力部署的侦察问题。最近，用对策论的理论设计出下棋机，并达到了国际象棋大师的水平，这是对策论在应用方面的又一次成功。对策论在军事斗争、人与自然的斗争中正发挥着重要的作用。

3. 排队论　又叫“随机服务系统理论”或称“公用事业理论中的数学方法”。排队论主要研究带有随机性的拥挤现象，用概率论、数理统计的理论和方法建立各种排队系统模型。目前它着重于研究怎样改进系统的设计和控制，以提高系统的效率，取得最大的收益，亦即着重研究随机服务系统的最优化问题。排队论的主要内容之一就是研究等待时间、排队长度等的概率分布，定量地确定达到服务台数最少，顾客排队时间最短的最优排队规划。

4. 决策论　是研究在决策方面最佳方案的学问。决策贯彻管理的全过程，管理就是决策。经济管理工作实质上是一种决策工作。决策是管理过程的核心。所以各级、各部门、各单位等决策者必须了解和掌握科学的决策原理和方法，才能提高决策水平。

目前，运筹学的发展方兴未艾，存贮论、模型论、优选法、统筹法等分支也十分活跃。

(四) 新理论新分支

1. 数理逻辑　数理逻辑亦称符号逻辑，它是数学和逻辑学之间的边缘学科。是用数学方法研究推理的规律，研究正确思维所遵循的规律的学科。数理逻辑从它的研究对象来说，是一门逻辑学。但由于采用了数学方法，使得它本身成为一门数学。数理逻辑扩大了逻辑学的范围，使逻辑学的应用扩大到其他科学技术领域，数理逻辑也给数学提供了新的研究方法，促进现代数学的发展。

数理逻辑包括演绎逻辑、概率逻辑、证明论、算法理论等几个方面。数理逻辑应用于开关线路、自动控制系统、人工智能、计算机科学、系统工程等，越来越显示出不可忽视的作用，数理逻辑有广阔的发展前景。

2. 模糊数学　在较长时间内，精确数学及随机数学在描述自然界多种事物的运动规律中，曾获得显著的成效。对自然界的一个系统进行研究时，一般是依据力学的、热力学的、电磁学的一系列基本规律，建立相应的微分方程，使用电子计算机来求解，就能获得很好的效果。但是，处理可与人类系统行为相比拟的复杂系统时，这种对系统进行定量研究的精确数学就不再有效了。例如，在研究电子计算机怎样模拟人脑并代替人去执行一些任务（如图像识别等）时，就需要把人们常用的模糊语言设计成机器能接受的指令和程序，以便机器能像人脑那样简捷灵活地作出相应的判断，从而提高机器自动识别和控制模糊现象的效率。这样，就需要模糊数学。

模糊数学是20世纪60年代兴起的一门新兴学科，其前途未可限量。是研究模糊现象和事物的数量关系的科学。在日常生活和生产中，量度是数学产生的一种基本的生产活动，而量度总是无法十分精确的，甚至可以是模糊不清的，但模糊也有不同程度之分，其程度也可以用数量来刻画的。例如，在日常生活中，常常遇到一些模糊的现象，没有分明的数量界限，人们使用一些模糊的词句来形容，如“比较年轻”、“大高个”、“大胖子”、“好像很瘦”、“大概很好”、“差不多都是如此”等。运用这些外延不确定的概念去说明事物。又如在自然界和社会生活中广泛、大量地存在着一些远不是“非此即彼”这样简单明了的事物，它们的界限往往不十分清晰，甚至是十分模糊的。例如，暖和，不冷等。这些概念以原先的精确地描述事物为特征的数学就不适用了。1965年，美国人查德（L. A. Zadeh）提出了“模糊集合”的概念，标志着数学一个新的分支——模糊数学的诞生。模糊数学把复杂系统中所呈现的大量模糊现象作为研究对象，再一次拓宽了数学的研究和应用的范围。应该看到，人类认识从模糊发展到精确，从心中无数到心中有数，这是一个飞跃。而现在为了分析和处理模糊现象，又突破了精确数学的框架，产生了模糊数学。模糊—精确—模糊的认识过程，并不是倒退，而是螺旋式上升。它标志着人类认识世界的能力又提高到了一个新的高度。

模糊数学的研究首先是对模糊集合进行的，模糊集合是表示模糊概念的数学工具。模糊集合考虑的是“全部属于”和“全不属于”的中间状态，即“隶属程度”的问题，这就把数学从处理两种绝对状态（即绝对发生，概率为1；绝对不发生，概率为0）转移到处理连续值的逻辑上来，在适当的限度上相对地加以划分。以此为基础，数学家们建立了模糊集合的运算、多换等理论，它为描述模糊现象找到了一套理论和方法。模糊代数、模糊拓扑、模糊逻辑等随之而诞生。模糊数学现已成为许多数学家所关注的领域，它在图像识别，人工智能等多方面得到了广泛的应用。

概率论已经从因果关系上反映了必然与偶然的统一，模糊数学的出现将数学的发展引入另一个广阔的领域，即不能用明确语言描述的对象范围，它再一次深化了人的认识。因而有人认为模糊数学是20世纪70年代数学发展的重大突破，受到国内外学者的普遍重视。1976年模糊数学传入我国，立即受到数学界的极大关注，并在理论和应用方面作了许多有益的工作，受到国际同行的重视。

虽然模糊数学是一门新兴的学科，但它已初步应用于自动控制、模式识别，系统理论、信息检索、社会科学、心理学、医学和生物学等方面。将来还可能出现模糊逻辑电路、模糊硬件、模糊软件和模糊固件，出现能和人用自然语言对话，更接近于人的智能的新一类计算机。所以，模糊数学将越来越显示出它的巨大生命力。

3. 突变理论　突变理论是于20世纪60年代刚刚兴起，70年代才建立的数学新分支学科。突变理论主要以拓扑学、奇点理论为工具，并通过对稳定性结构的研究，说明了有的事物不变，有的渐变，有的则是突变，从而提出了一系列的数学模型，用以解释自然界和社会现象中所发生的不连续的变化过程，描述各种现象为何从性状的一种形式突然地跳跃到根本不同的另一种形式。如岩石的破裂、桥梁的断塌、细胞的分裂，胚胎的变异、市场的破坏以及社会结构的激变等。按照突变理论，自然界和社会现象中的大量的不连续事件，可以由某些特定的几何形状来表示。汤姆提出，发生在三维空间和一维时间的4个因子控制下的突变，有7种突变类型：折迭突变、尖顶突变、燕尾突变、蝴蝶突变、双曲脐型突变、椭圆脐型突变以及抛物脐型突变等。例如水由液体转化为气体，由液体凝结为固体，水的这几种质态之间相互转化的模型，可用突变理论中的尖顶突变来描述。氢氧化物的水溶液有3种基本性质：强酸性；强碱性；不电离。显然，只要选择适当的控制变量，在控制平面上这些性质存在的中介状态，即弱碱、弱酸和两性区的分布应用蝴蝶突变来描述。尖顶突变型和蝴蝶突变型是几种质态之间能够可逆转化的模型。自然界还有些过程是不可逆的，比如死亡是一种突变，活人可以变为死人，反过来却不行。这一类过程可以用折迭突变型、燕尾突变型等势函数最高为奇次的模型来描述。所以，突变理论是用形象而精确的数学模型来把握质量互变过程。突变理论提出后，引起国际学术界的激烈争论，至今尚未定论。

4. 非标准分析　20世纪60年代出现了非标准分析，它是利用数理逻辑方法来探讨和刻画微积分的理论基础，引起了人们的重视，为数学开辟了新的研究领域。

通常的数学分析，又称为标准分析，其主要部分是微积分学，它是以现实世界中的连续变量及其相互关系为研究对象的数学分支。它的基本概念是在实数系范围内取值的变量和函数的概念，它的研究方法是极限理论。所以，标准分析是指19世纪柯西、威尔斯特拉斯（Weierstrass）等人用极限方法所建立的微积分理论，他们在数学的论证中用极限方法代替了无限小量方法，对微积分理论作了较严谨的逻辑论证，他们的理论比17、18世纪的微积分理论前进了一大步。这表现在它创立了一系列判别法。如发现了关于函数的连续性、可微性等一些重要结果。

1960年，美国数理逻辑学家鲁滨孙（A. Robinson）在对现代数学基础的研究中，吸收前人的研究成果，提出了非标准分析的基础概念和方法。他用数理逻辑的科学方法，还运用无限小量方法刻画微积分问题，不仅表明状态，并且也表达过程描述运动。在非标准分析中，变量不仅可以取实数值，而且可以推广于无限小量和无限大量，从而为微积分的理论基础提供了一种新的背景。

从它的物理意义来说，例如一条光线，从“宏观”看来，它是连续的，从“微观”看来就不仅不连续，而且不均匀，量子理论证明了光具有波动和粒子二象性，正表明了光是连续与不连续的对立统一。

非标准分析为我们打开了一个新世界——“点”的世界。任何一个“点”，都是一个“世界”，任何一个“世界”，都是一个“点”，正如天外有天一样，点内又有点。在太阳系中，地球是一个“点”，它是有结构的，可分的；同样分子可作为一个“点”，它有结构，是可分的。从数学上说，由更小的层次看来，在任何一个“点”中，都可以建立坐标系，因为它是一个“世界”；由更大的层次看来，在任何一个“世界”都可以仅仅是标系的一“点”。非标准分析揭示了“点”的可分性的辩证法。

非标准分析建立后，发展较快。1966年，鲁滨孙的《非标准分析》一书出版，概括了这一时期的许多研究成果。随后，研究的人数逐年增多，研究的范围逐年扩大。1976年，J. 开斯勒尔的《初等微积分学》，是第一本运用非标准分析观点写成的微积分教科书，它说明了在一般工程技术问题中开始运用非标准分析。目前，非标准分析开始运用于许多方面，如函数空间、概率论、流体力学、量子力学和理论物理学等。非标准分析中的新方法、新概念，对于数学的发展和应用是会产生一定影响的。

突变理论是以拓扑学和奇点理论为主要工具并通过对稳定性结构的研究，从而提出一系列数学模型来研究自然界和社会一些事物的形态和结构突然变化的规律。

在自然界和许多研究领域中，存在大量突变现象，如火山爆发、细胞分裂、钢梁断裂、微观粒子“能级跃迁”等，都属于突变现象。突变理论将给出描述突变现象的数学理论。目前，突变理论已在一些物理和技术领域中取得初步应用和进展。

非标准分析建立后，发展较快，出现了许多研究成果。目前，非标准分析开始用于许多方面，如函数空间、概率论、流体力学、量子力学和理论物理等。非标准分析中的新方法、新概念对数学的发展会产生一定影响。

第四节 现代化学的发展

进入20世纪以后，化学的发展借助于物理学而更加微观化、定量化和精密化。如果说19世纪的化学理论是以原子论为基础，那么20世纪的化学理论则是以电子论为基础，并与数学、物理学、生物学等学科相互渗透、综合发展。同时，还进一步探索了生命现象的本质，扩展了研究领域。现代化学理论涉及的内容很多，本节仅扼要从以下几个方面加以介绍。

一、现代化学的重大成果

（一）化学元素思想的变革

化学研究的一个重要内容，就是对化学元素的发现及其关系的探讨。自波义耳为元素下了科学的定义后，化学沿着正确的方向发展。20世纪以来，人们对元素的认识不断深化，大体经历了5次变革。

1896年，法国物理学家贝克勒尔（H. Becquerel）发现了元素的放射性现象，随之，居里夫妇（P. Curie，M. S. Curie）进行的放射性元素的研究，开辟了核化学的新领域。1902年，英国物理学家卢瑟福等人进一步发现，放射性是由于元素的原子蜕变而引起的，提出了元素蜕变的假说，打破了从波义耳以来的元素不变的传统观念，在元素思想上发生了第一次变革。1910年，英国科学家索迪（F. Soddy）基于对大量实验事实的分析而认识到，一种元素会有两种或两种以上不同原子的元素变种存在，提出了同位素假说，并得到了证实，这就打破了从道尔顿以来的关于一种元素一种原子的传统观念，在元素思想上出现了第二次变革。1913年，英国科学家莫斯莱（H. Moseley）在研究各种元素的X射线时发现元素的原子序数，实质是原子的核电荷数，决定元素化学性质呈周期性变化的是原子序数，而不是原子量，解决了长期以来门捷列夫的化学元素周期律中，原来有几对按原子量排列位置颠倒的矛盾（如碘和碲等），将元素周期律提到了一个新的理论高度，在元素思想上引起了第三次变革。1919年，卢瑟福用α粒子轰击氮时，氮变成了氧，第一次实现了人工核反应，使一种元素变成了另一种元素，从而导致了元素思想的第四次变革。1939年，德国科学家哈恩（Hahn）等人，在用中子轰击重元素铀原子核的实验中，发现了核裂变反应，开辟了原子能的新时代，出现了元素思想上的第五次变革。20世纪40年代以后，人们又陆续制成了第93号至109号等超铀元素，突破了经典元素周期律的界限。这一系列超铀元素的合成，不仅壮大了元素的队伍，同时使人们对物质的微观结构有了更多的认识。随着对放射性同位素的研究和核物理学的迅速发展，科学家们又提出了超重元素的"稳定岛"假说，探索元素周期表的边界界限，在元素思想上酝酿着更大的突破，使化学元素理论和人们对于物质化学组成的认识更加精细化和深刻化。

（二）现代化学结构和化学键理论

化学键的理论，是随着20世纪初电子的发现特别是量子力学理论的建立而发展和完善起来的。1913年玻尔提出原子结构模型，1916年柯塞尔（W. Kossel）和路易斯（G. N. Lewis）便开始运用这一模型来解释原子的价键问题，并都认为价键是由原子的外围电子结构所决定的。以他们的工作为基础，人们认识到，化学键有3种基本类型：离子键、共价键和金属键。

离子键是指由于离子之间通过静电相互作用而形成的化学键。一般而言，若两个元素一方容易失去电子而呈阳性、另一方易于得到电子而呈阴性，两者通过化学反应形成化合物时即形成离子键。例如，食盐即氯化钠分子中，碱金属钠元素的最外层只有1个电子，失去这个电子后就形成最外层有8个电子的稳定结构，而卤族元素氯最外层有7个电子，它获得1个电子后，最外层就形成了具有8个电子的稳定结构，因此，当两者相互作用时，钠原子的1个电子转移到氯原子一边，从而形成了钠的正离子和氯的负离子，正负离子通过静电吸引作用而形成化合物。

若某些物质的分子由相同元素的原子组成，形成非离子型的化合物，如氢气（H_2）、氧气（O_2）等，用离子键理论来说明就遇到了困难，这时就需要用共价键理论来解释。共价键理论认为，像H_2、O_2等的分子中，每个原子都不可能完全失去和得到1个电子，于是每个原子就各贡献出1个或多个电子，从而形成1个或多个电子对，2个原子就依靠这些共用电子对结合在一起，这时，对每个原子来说，加上共用电子对，就可以使最外层电子形成稳定的结构。例如H_2，每个氢原子只有1个电子，2个电子配对后共属于2个氢原子所有，使得每个氢原子都具有了稳定的电子层结构，于是2个氢原子就依靠这个共用电子对而结合成氢分子，即H∶H，或以连线表示成H—H。有些原子之间，可以共用2对电子、3对电子，从而形成共价双键、共价三键等。共价键理论使人们对早已应用的表示价键的短线有了确切的含义，对非离子型化合物的解释也比较满意。

金属元素之间形成的是金属键，其特点是，金属原子在结合成金属时，由于金属对外层电子的吸引力较弱，成键电子就脱离了单个原子而成为全体金属离子所共用，或者说得形象一点儿，金属键是由于“金属离子浸没在电子海洋中”而形成的。

量子力学建立之后，1927 年就被海特勒（W. Heitler）和伦敦（F. London）运用于化学中有关 H_2 方面的研究，从而开创了量子化学的新领域。这一理论首先修正了电子运动的所谓轨道概念，指出电子绕核的高速运动，不可能像经典力学那样计算出某时刻在某一体系中的电子的准确位置，而只能对电子的运动状态作出概率性描述，这种描述可以形象地比喻为“电子云”，而共价键的本质，乃是电子云的重叠。

海特勒与伦敦的研究不仅建立了化学键的崭新概念，而且引导人们运用量子力学方法去研究多原子分子。到 20 世纪 30 年代初，人们进一步提出了价键理论和分子轨道理论。分子轨道理论从分子的整体出发，对于处理共轭分子、缺电子分子获得了巨大的成功。因此，分子轨道理论虽然起步较晚，但已成为当代化学键理论的中心。

1952 年，英国化学家欧格尔（Orgel）为解释“夹心型”化合物的结构，把分子轨道理论和晶体场理论结合起来，提出了配位场理论。

综上所述，20 世纪以来先后建立的价键理论、分子轨道理论和配位场理论，反映了人们对分子结构的认识已深入到了电子水平，为建立微观反应理论创造了条件。

（三）晶体结构的测定及胰岛素的合成

20 世纪物理学上 X 射线分析，为晶体结构的测定提供了重要的理论和实验依据。30 年代以后，结构化学一直发展很快，测定结构的方法和仪器都有很大进步。近年来，主要由于电子计算机技术的进步和各种精密仪器的使用，测定单晶体的效率提高了上百倍，精度和应用范围也有很大发展。到了 20 世纪 40 年代和 50 年代中期，凡有代表性的无机物和有机物的晶体结构资料都有相当充分的积累。

1955 年，英国人桑格测定了最简单的蛋白质牛胰岛素的结构，确定了蛋白质中氨基酸的结合顺序，从此，世界上一些国家即开始进行胰岛素的人工合成工作。我国科学工作者从 1959 年开始，经过几年通力协作，于 1965 年 9 月首次合成结晶牛胰岛素，经过晶体测定和生物活力试验，都证明它与天然胰岛素的特性一致。1971 年又完成了分辨率为 0.25 纳米和 0.18 纳米的胰岛素晶体结构测定工作，这一结果为今后研究胰岛素分子的结构和功能创造了有利条件。

众所周知，生命起源问题是科学上的一个重大问题。从无机物到有机物，从一般有机物到生物高分子——蛋白质和核酸，再从生物高分子到生命，一直是人们关注的重点。在用化学方法人工合成有机物的实践中，尿素的合成，是一个突破，胰岛素的合成又是一个突破。尿素的合成，突破了无机物和有机物的界限，从而开创了有机合成的新时期；胰岛素的合成，突破了一般有机物和生物高分子的界限，从而开创了人工合成蛋白质的新时期。

当前，结构化学、合成化学、理论化学及固体物理学等学科一起，正建立起分子工程学这门新的学科。分子工程学的目标是要达到“分子设计”，即希望能够通过理论计算，像设计房屋那样，根据人们的要求“设计”新分子、新材料、新品种。这就要应用量子化学和结构化学的成果，充分发挥电子计算机的作用和计算化学的能力，揭示微观结构和宏观性能的内在联系，使探索新分子和新材料的过程减少盲目性，加强预见性。现在已经有设计新型塑料、橡胶品种的“高分子设计”，寻找新药物的“药物设计”，制作新型催化剂的“催化剂设计”以及“农药设计”和“合金设计”等。

（四）众多分支学科的产生

现代化学是与物理学、生物学、数学、地学等学科相互渗透和相互促进而发展的，这种渗透和影响，不仅大大丰富了化学学科的内容，为其研究工作开辟了许多新的领域，也使化学成为分支繁多的大家族。如无机化学、有机化学、物理化学、分析化学、量子化学、核化学、结构化学、化学反应动力学、合成化学、生物化学等，无一不是化学与其他学科相互渗透和相互促进而发展形成的。

现代电子计算机与化学相结合形成了计算化学，从而使化学研究达到分子工程水平，为定向设计具有确定结构和性能的化合物，选择最优合成路线，开辟了光明的前景；化学向生物学渗透，促使生物学发生革命性的变化，在生物化学基础上又产生了新兴的分子生物学，使生物学研究由宏观进入微观，由现象描述阶段发展到探索生命本质阶段，反过来又促进了化学自身的进一步发展；应用量子力学的规律和方法来处理和研究化学问题，产生了量子化学，改变了长期以来，化学家主要是依靠实验方法进行研究的被动局面，提高了化学家们解决实际问题的预见性，同时，对于从理论上阐明化学键的本质、分子间的作用力以及分子结构与性能之间的关系也有着十分重要的意义；其他还有海洋化学、大气化学、地球化学、天体化学等，众多交叉学科和边缘学科的出现，充分反映了现代化学的新面貌。

二、现代化学的地位和作用

现代化学是一门具有重大实用价值的科学。了解它，就能更好地认识和说明生活和生产中的化学变化和现象，就能控制这些变化，消除或者降低这些变化有害的方面，并使变化向有利的方面发展。例如，运用化学原理，可以从自然界中提取或利用自然物资制造出自然界本来不存在的、人类需要的各种物资；可以从海水中提取盐类和其他有用的物质；还可以用矿石冶炼多种金属；以空气、水、石油、煤炭等作原料，制造塑料、合成纤维、合成橡胶、化肥、农药、染料、洗涤剂、医疗药品等。掌握了燃烧的化学原理，就可以合理利用燃料，防止火灾以及开发新的燃料来源等。运用化学研究的成果，还可以探索生命现象的奥妙，保护和改善人类生存的环境，增加食物和营养品，促进农业发展等。总之，化学与社会生活、生产有着极其广泛的联系，对于我国实现工业、农业、国防和科学技术现代化具有重要的作用。

（一）化学与人类生活

随着生产力的发展，科学技术的进步，化学与人们生活越来越密切。众所周知，我们周围的事物都是由许许多多的化学元素组成的，包括我们人体不可缺少的许多元素。化学在我们的衣、食、住、行中可以说无所不在，它在人类的生产和生活中发挥了不可估量的作用。

在衣方面，化学可谓给生活增添温暖。尼龙，分子中含有酰胺键的树脂，自然界中没有，需要靠化学方法得到；涤纶，用乙二醇、对苯二甲酸二甲酯等合成的纤维。还有类似的许多衣料都靠化学合成的。

在食方面，化学同样重要。用纯碱发面制馒头，松软可口。各种饮用酒，经粮食等原料发生一系列化学变化制得。槟榔是少数民族喜爱的食物，在食用前，槟榔必须切成小块浸泡在熟石灰中，到一定时间后，才可食用。

由于有了化学我们的住房才有多彩的装饰。生石灰浸在水中成熟石灰，粉刷在墙上，干了以后就成洁白坚硬的碳酸钙，使房子显得整洁明亮。采用化学方法炼出钢铁，我们才有铁制品使用。采用化学方法加工石油，我们才能用上轻便的塑料。采用化学方法煅烧陶土，才能使房屋有漂亮的瓷砖表面。

化学是交通工具得以运行的动力。没有燃料燃烧释放出热量，车辆根本无法开动。在现代社会，化学能仍然是交通工具的主要动力，对人们的出行起重大作用。

化学无时不在人们生活的各种活动中。洗涤剂是含磷的化合物，广泛应用于人们清洗器皿、纺织、造纸、农药等部门；用泡沫灭火器灭火；用二氧化碳加压溶解制爽口的汽水，用小苏打做可口的饼干；用汽油乳化橡胶做黏合剂；用酸洗去水垢；用腐蚀性药品清除管道堵塞等等。总之，化学已与我们的生活紧密联系在一起。

（二）化学与生产

化学学科的繁荣，促进了若干基础学科和应用学科的发展，并为国民经济许多生产部门的发展，打下了理论基础和技术基础。在我国实现四个现代化的过程中，化学占有不可忽视的重要地位，并能发挥多方面的巨大作用。

在工业生产中，化学对开发能源、提供新型材料起着关键作用，各种新材料的发明和应用，要依靠化学研究来实现。比如固体化学、热力化学、结晶化学、表面化学等，都是材料科学的重要基础。同时，化学与能源基础工业和激光等新技术关系极为密切。离开化学的发展，就谈不上基础工业和新技术的发展。我国现代工业的发展，涉及的领域和部门很广，其中也包括化学的各分支学科，像有机化学、无机化学、分析化学、高分子化学、物理化学、环境化学、石油化学、化学工程、辐射和放射化学等。近几十年来，化学工业以更快的速度得到发展，产品日新月异。至 2000 年，世界化工产品的贸易额比 1968 年增长 8 倍，产品的 50%都是过去世界上所没有的。种类繁多的化工新产品，将不断改变世界的面貌。

在农业生产中，要提高农产品的产量和质量，就必须生产更多的优质化肥，研制出高效、低毒、无公害的农药和各种植物生长调节剂，没有化学和化学工业，这些是无法实现的。

航天技术的发展也离不开现代化学。例如，人造卫星的材料，不仅要有一般轻质铝合金材料，还要有特种复合材料、防热材料等。还有火箭、导弹、人造卫星、航天飞机、核潜艇、航空母舰等各种国防技术的发展，需要各种特殊结构的材料和高能燃料。在卫星能源方面，不仅要研究化学电池，还需要研制和试验硅光太阳能电池和燃料电池。而这些材料和燃料的研制，则需要合成化学、结构化学、分析化学、化学动力学、热力学和核化学等许多化学分支学科配合。此外，通过光化学、生物化学方面光合作用的研究，还可以为航天飞机、核潜艇等密闭系统提供氧气和部分食物；利用叶绿素特有的吸收光谱，可以有选择地接收人造卫星上发出的信号等。

现代科学技术发展的特点之一是新技术日益被广泛应用，特别是电子计算机技术和激光技术的应用，已经在科学技术现代化中起着重要作用，而与此有关的计算化学、激光化学的发展和应用，将大大促进化学研究和化工生产的现代化、自动化与信息化。

（三）化学与现代战争

在高科技日新月异的现代世界，现代战争中越来越充分地利用了化学科学，于是各式各样的化学武器便产生了。化学武器的应用，体现了当今科学的高度发展，但是，化学武器却给人类带来了前所未有的大灾难。

20 世纪 70 年代，美国首先发明以铀-238 这种坚韧度高，穿透力强的金属为材料制成的贫铀炸弹，这种炸弹可穿透坦克和装甲车，并释放出有放射性的“铀尘”，对人体造成长期的危害。美国在 1991 年海湾战争中，首先使用了这种贫铀炸弹。海湾战争后不久，在伊拉克南部，儿童死于淋巴癌、白血病等癌症的人数与 1989 年相比成倍甚至成几倍增长，其原因被认为与海湾战争期间美国使用贫铀武器所造成的放射性污染有关。

在各种新式化学武器中，最特殊的便是化学毒气了，它来无影去无踪，却轻易地致人于死亡。1984 年 2 月，伊拉克与伊朗战争中使用了“芥子毒气”，造成了 7 000 多人中毒不治而亡的悲剧。另一种被称为“死神”的毒气沙林就更为可怕了，它看起来就像自来水那样洁白无垢，但却能散发出一股甜滋滋的苹果味，人们一闻到它那诱人的香味，往往本能地吸上几口，一会儿就瞳孔缩小，头痛欲裂，很快死亡。更惊人的是，如把芥子气和沙林按比例混合使用，毒性竟比原来提高 5 倍多。

自 1960 年激光问世以来，人们从未放弃在军事上对它的利用。激光是一种强度高，方向性好的光辐射。人们通过透镜把它聚焦，可以把物质迅速加热到几万摄氏度，产生“强光效应”。人们应用它制造了激光枪、激光炮威力无比，可以把人烧伤，甚至烧死。

其他，如核武器、病毒、化学物质在战争中的应用使现代战争真正成为“你死我活”的可怕战争。

1997 年 4 月 29 日，为全面禁止、彻底销毁化学武器，禁止化学武器公约正式生效，其履约机构——禁止化学武器组织也随之正式成立。全世界爱好和平的人们衷心希望，今后的战争将不再使用这灭绝人性的化学武器。

第五节　现代地学的研究进展

从 18 世纪中叶以来，地学经历了地质旅行的“英雄时代”和 3 次大的思潮交锋——水成说与火成说、灾变说与渐变说、固定说与活动说的争论。其中第三次大论战从 20 世纪初一直延续到 20 世纪 70 年代，历时最长久，过程最曲折，程度最激烈。

世纪回眸，人类的新地球观走过了从大陆漂移学说、地幔对流理论、大洋中脊的发现、海底扩展学说、板块构造理论到全球构造地学的辉煌历程。著名加拿大地球物理学家威尔逊评论说："我们这个时代发生的这场伟大的革命，应当称作魏格纳革命。"

一、地球的演化

地球作为人类的摇篮和住所，在太阳系中占据着得天独厚的地位。这倒不是说地球是处于宇宙的中心，而是说从演化的方向来看，地球孕育了生命并且进化出人类，表明地球有自己独特的演化道路，它处于天体的高级演化阶段。地球是在太阳系形成的过程中诞生的，它至今已有46亿年的历史。在这漫长的岁月中，地球发生了天翻地覆的变化。这种变化大体可以分为两个时期：一是地球演化的"天文时期"；二是地球演化的"地质时期"。"天文时期"是地球演化的前史，"地质时期"是地球演化的后史。其中天文时期最显著的变化是地球内部物质的分异和圈层的形成，地质时期的明显特征是地壳的运动、地层的形成、气候的冷暖交替，以及生命的孕育、出现、进化。

（一）地球演化的天文时期

地球演化的天文时期是指从原始地球的诞生到原始地壳的形成，这个时期大约经历了10亿年左右的时间。在此期间，地球经过急剧的变化，内部圈层——地核、地幔、地壳初步形成，同时原始海洋和原始大气圈也开始出现。

从现代星云说可知，地球在天文时期的演化过程中，经历了冷—热—冷3个阶段。

(1) 第一阶段——冷。数十亿年前，刚从太阳星云中分化出来的原始地球还是一个冷的球体，内部物质处于均质状态，构成地球的碳、氧、镁、硅、铁、镍等多种元素混杂在一起，并没有明显的分层现象，内部既没有地壳、地幔、地核之分，表面上也没有大气圈、水圈、生物圈之别，地球是一片荒凉、沉寂的世界。

(2) 第二阶段——热。随着地球内部放射性元素的蜕变以及地球重力收缩产生的引力势能的积累，地球变热了，内部温度不断升高，内部物质可塑性增大。大约在45亿年前，地球内部的温度超过了1 000 ℃，地球的物质发生熔融和分化，各种元素开始分异调整，于是地球的分层过程开始大规模进行。这时一些重的元素（如液态铁等）在重力作用下逐渐下沉，集中到地球的中心，形成一个密度较大的地核；比重小的元素（如硅酸盐等）向地球表面上浮，形成地幔。组成地幔的物质也有轻重之分，它们又进一步分化，更轻的物质从地幔中分离出来，上升至地表，形成地壳。这样，物质对流伴随着大规模的化学分离，使地球内部圈层建立起来。

刚形成的地壳总的来说还相当薄，极不稳固，地球内部的熔岩很容易喷发而出，形成地球上最初的火山活动，加上当时还没有大气的屏障，陨石毫无阻挡地频频光顾地球，穿透地壳，触发地下熔岩，使火山活动在地球早期更加凶猛频繁。然而喷发出来的熔岩一旦冷凝下来之后，又使地壳增厚了，渐趋稳定。陨石不断撞击地球，使本来就凹凸不平的地球表面变得更加高低起伏。当时没有水，自然谈不上海陆之分，然而却为原始大陆和原始海洋提供了框架。地球上的原始大气圈几乎与原始地壳一起形成，这是因为一部分物质在形成地球内部圈层的同时，另一部分被禁锢在地壳内的易挥发的气体，随火山爆发与岩浆一起喷出地面，在重力作用下被固定在地球周围而成为原始大气圈。当时的大气成分主要是 CO、CO_2、CH_4、N_2、H_2O 等。那时还没有游离氧，只有在大气圈上层的水蒸气被高能紫外线的辐射分解后，才产生少量的氧，后来出现了绿色植物，通过光合作用释放出大量氧气，才改造了原始大气，逐渐发展成以氢、氧为主的现代大气。

（3）第三阶段——冷。大气圈的形成，降低了地表温度，地球又开始渐渐冷下来。原始大气圈中的水蒸气在空中冷凝成水滴降落到地表。这些水一部分渗透到地表下的岩石中成为地下水；一部分汇集成大大小小的溪流，注入到原始洼地里，形成了地球上最早的江河湖海，原始水圈在大气圈的基础上也形成了。原始水圈的水开始并不是咸的，而是酸的，这是由于氯化氢被溶解在水中的缘故。后来各个圈层相互作用，水中酸渐渐被中和，各种盐类增加，才使海水出现今天的特征。

（二）地球演化的地质时期

原始地球通过天文时期的急剧变动之后，便进入历史演化的地质时期。这个时期从 35 亿年前直到现在，是地球发展史上一个极其重要的时期。因为它的一切变化，特别是近期的变化，与人类居住的地理环境密切相关。这一时期，除了地球物质的进一步分化和各圈层的不断改造外，主要是地层的形成、地壳的运动、海陆的变迁、气候的冷暖交替，以及生命的孕育、出现和生物从简单到复杂、从低级到高级的不断进化。

地层是地壳发展过程中先后形成的各种成层和非成层的岩石的总称。因此地层的形成问题实质上是岩石的成因问题。地球上的岩石可以分成三类：火成岩、水成岩、变质岩。这些岩石是怎样形成的？形成后又是怎样发展的？是激烈进行的还是缓慢进行的？引起这些发展的原因又是什么？围绕这些问题，历史上曾产生过两次大的争论：一次是水成派和火成派之争；一次是灾变论和渐变论之争。由于水成派和火成派，灾变论和渐变论已在前面章节阐述，在此就不重复。

地层的形成和岩石的不断更新和改变只是地球地质时期演化的一个方面，另一个方面则表现为地壳的运动。

二、地壳的运动

地壳运动既表现为不同幅度的垂直起落，也表现为远距离的水平移动和海陆变迁。围绕这个问题，地学史上曾爆发了第三次大论战，即“大陆漂移说”与“洋陆固定论”之争。

从古希腊时代以来，洋陆固定论一直是地学界的主流思想。该理论主张地壳运动以垂直升降为主，各地块虽然可以上升为陆、下降为海，但大洋大陆的位置基本上固定不变，没有大规模的水平运动。这种理论观点由于有深远的渊源，又能说明一些地理现象，同时受到美国的丹纳（J. D. Dana）、英国的盖基（A. Geikie）和法国的博蒙（E. de Beaumont）等一大批地学权威的认同，因此很快被地学界普遍接受，并长期统治着学术界。

（一）大陆漂移说

1. 提出　向“洋陆固定论”提出挑战的是德国年轻的气象学家魏格纳（A. L. Wegener），1910 年他受地图上大西洋两岸海岸轮廓极为吻合，可以拼接成一块这个联想的启发，又了解到巴西和非洲已发现相同的古生物化石，于是萌发了大陆会漂移的想法，并于 1912 年提出了“大陆漂移说”。后来又经过 3 年的努力，广泛收集地质构造、矿产分布、古生物以及古冰川遗址等多方面材料，进行了详细的论证，1916 年写下了《海陆的起源》这部世界名著。

2. 设想　魏格纳认为，大陆是由较轻的刚性的硅铝质组成，漂浮在较重的黏性的硅镁质大洋壳之上，可以作水平移动，大陆块存在向西漂移和离极漂移两种趋向。距今约 2 亿～3 亿年前的古生代后期，地球上存在过连成一块的联合古陆即“泛大陆”（pangaea），由南方冈瓦纳古陆和北方劳亚古陆构成，周围是一片广阔无垠的“泛大洋”（panthalassa）。南方冈瓦纳古陆包括南美洲、非洲、南极洲、澳洲和印度；北方劳亚古陆由北美洲、欧洲和亚洲（不包括印度）组成。大约 2 亿年前的中生代以来，由于地球自转的变化和太阳、月球的潮汐力作用，泛大陆开始分化瓦解。北美洲离开了欧洲，南美洲向西漂移，于是形成了大西洋。非洲向西漂移时有一半脱离了亚洲，它的南端与印度次大陆分离，中间出现了印度洋。南极洲和澳洲也同亚洲分离，逐渐漂移到现今的位置，最后形成现今的海陆格局。

3. 证据　魏格纳进而找到了建立大陆漂移说的四大证据。

（1）从地貌学看，在大西洋两岸，南美洲东部海岸线与非洲西部海岸线轮廓明显相吻合。对其他大陆的外形轮廓进行比较，也会发现一些忽明忽隐的类似情况，绝非巧合。

（2）从地学看，非洲最南端的兹瓦特山脉，恰与南美的布宜诺斯艾利斯以南的山脉同是东西走向，同属一条二叠纪褶皱山系，地质结构上可以相连。同样，欧洲的挪威、苏格兰和爱尔兰的古生代褶皱山系，恰与北美纽芬兰的加里东褶皱带相衔接。比较印度、马达加斯加和非洲，南极洲与澳洲之间的较老地层结构，都有程度不等的对应关系。

（3）从生物学和古生物学看，根据物种起源的单祖论，同一物种必定起源于同一地区，然后传播和扩散。在远隔重洋的大西洋两岸，许多现代生物之间存在亲缘关系。例如：某种庭园蜗牛分布于大西洋两岸的德国、英国和北美洲等地；南大西洋两岸遍布古老的蚯蚓种属；在远隔重洋的南美洲、非洲和澳洲，生活着同种淡水肺鱼和鸵鸟等等。古生物化石则有力揭示了古代生物的亲缘关系。例如，舌羊齿植物化石广泛分布于印度、南半球各大陆的晚古生代地层中；爬行类动物中恐龙的古化石分别见于巴西和南非的石炭—二叠纪地层，其他地方均未发现等。

（4）从古气候学看，地层考古发现，北半球各大陆有大量石炭—二叠纪热带或温带植物化石。相反，同一时期南方诸大陆却布满冰川遗迹。

正是根据这些科学事实进行合乎逻辑的推论，魏格纳才深信现有各大陆曾经连成一片，后来才漂移开来。他曾对这些相似性和连续性现象作了生动的比喻：这就像一张撕碎了的报纸，人们把它重新拼起来，看看所印的一行行文字是否能够拼合。如果合得起来，就不得不承认这些破碎的报纸原来是连在一起的。

4. 问题　魏格纳的大陆漂移说一经提出，就在地球科学界引起了轩然大波和激烈论战。以英国著名天文学家、地球物理学家杰弗里斯（S. H. Jeffreys）为首的质疑者，主要就新理论的以下2个方面进行攻击。

（1）关于滑动界面问题。魏格纳假设，硅镁层在深部高温高压下变得“像火漆那样流动”，刚性轻质的大陆硅铝层可以在塑性重质的深处硅镁层上水平移动。但是，1925年杰弗里斯根据地球纬度变化资料计算表明，硅铝层底部岩石黏性系数大于10^{20}，而发生流动的黏性系数应小于10^{16}。实际上这样的地质结构是不可能发生漂移的。

（2）关于驱动机制问题。魏格纳假设，漂移驱动力来自地球自转的惯性离心力派生的离极力（也称约特沃斯力）和由日、月引起的潮汐摩擦力。但是大多数地球物理学家认为，这两种力实在太小，难以驱动坚厚庞大的陆地大移位。杰弗里斯的计算指出，地球自转引起的离极力对每平方厘米的地壳产生的剪应力只有0.04牛，其产生的应变率仅0.8×10^{-27}弧度/秒，这样，地壳移动1弧度就需要30亿年，难以支持魏氏的大尺度漂移。

大陆漂移说的提出，打破了海陆固定论的传统偏见，深刻地影响着现代地学革命。但该学说也有其局限性，尤其是对大陆漂移机制的解释难以令人信服。1930年随着魏格纳的逝世，这个学说也沉寂下去了。直到20世纪50年代以后，随着海洋科学研究的发展、古地磁学的兴起以及电子计算机对大西洋两岸大陆拼接的成功，证明大陆漂移说是正确的。“大陆漂移说”又复活了，在科学地解决了大陆漂移的动力机制的基础上，这个学说进一步发展为“海底扩张说”和“板块构造说”。

(二) 海底扩张学说

从20世纪50年代后期以来，地学家们组织了国际地球物理年的活动，开展了极地及海洋地质考察研究，取得了大量实际资料，其中海底地质探测的三大发现，即全球裂谷系、海底热流异常和海底磁条带的发现，为大陆漂移说提供了强有力的新证据。

在海底地质探测三大发现的基础上，首先是霍姆斯（A. Holmes）地幔对流说和曼尼兹（V. Meinesz）热对流说开始复活。受其启发，曼尼兹的学生、普林斯顿大学的赫斯（H. Hess）、美国海军电子实验室的迪茨和加拿大多伦多大学的威尔逊等人，在20世纪60年代很快便形成了“海底扩张学说”。

这一理论认为，大洋中脊（海岭）位于地幔对流循环的上升带，是高温地幔物质上涌的通道，其顶部的裂谷是地幔物质的出口。由于地幔对流，地幔中熔融炽热的岩浆不断从中脊裂谷慢慢往上升，到达顶部后向两侧分流，冷凝后形成新生的海洋地壳。新的洋壳不断产生，整个海底则不断从海岭两侧向外扩张，将较老洋壳向外推移。较老洋壳移动到海沟时，由于重力作用又在海沟处沉入地下返回地幔软流圈，进人新一轮物质循环。据估算，海底扩张速率为每年1厘米至几厘米，洋壳大约1亿～2亿年更新一次，因此海底没有比中生代更老的沉积和基岩。

海底扩张学说为大陆漂移提供了驱动力的理论诠释，标志着魏格纳大陆漂移说的复活和更新，成为板块构造学说的重要理论支柱。按照海底扩张说，大陆是驮在岩石层上而在地幔软流层上移动，不存在魏格纳所说的硅铝层在硅镁层中漂移的问题，这就克服了大陆漂移说最严重的困难。

(三) 大陆板块学说

在“大陆漂移说”、“地幔对流说”和“海底扩张说”的基础上，1968—1969年，法国的勒比雄（X. le Pichen）、美国的摩根（J. Morgan）又进一步把陆地和海底统一起来考虑，认为洋底和陆地都是岩石圈的一个组成部分，进而提出一种全新的大地构造学说——“板块构造学说”。

该理论给出了世界板块分布图，以挤压性（两侧板块相对运动）的海沟、引张性（两侧板块相背离去）的全球裂谷系、剪切性（两侧板块相互滑过）的转换断层3类构造带为界，将整个地球岩石圈划分为6大板块，即欧亚板块、非洲板块、美洲板块、太平洋板块、印度板块和南极板块。其中除太平洋板块完全为海洋地壳外，其余板块都由陆块和洋盆共同构成。

板块构造说认为，相对刚性的板块块体漂浮在上地幔的塑性软流层上，因地幔对流、海底扩张的驱动，各自作大规模水平运动。板块在大洋中脊处分离和增生，在海沟处俯冲和消减，如此周而复始，循环往复。板块之间的相对运动有分离、会合和平移（剪切）3种，起到相互拉张、挤压和摩擦作用。板块内部相对稳定，其周围边界是岩石圈较为活动的地带，地震、火山和断裂等活动比较活跃。板块之间常以大洋中脊、大陆裂谷、岛弧、海沟及转换断层等地壳构造活动带为其边界。

板块构造说描绘了一幅生动活泼的地球画像，力求从整体上把握全球的地质运动规律。该学说提出后立刻引起巨大反响，被一些学者称为“新全球构造学说”。新理论的崛起，得到了古地磁、海洋地貌、海底构造、海洋沉积、地震等领域一系列重大发现的验证，综合了固体地球科学各分支领域的研究成果，能较好地解释全球性的大地构造及其演化问题，有效地揭示矿产的分布规律，也能合理地阐明全球地热、地磁、地震和火山活动等地学规律，回答了一部分过去认为是疑难的科学之谜，因而得到了世界上绝大多数科学家的承认。

三、现代地学的问题

毫无疑问，板块构造说仍然存在有待进一步完善和发展的地方。有些学者指出，在地球演化史8 000万年的时限内，在大洋中脊两侧不太大的范围内，这个学说颇有说服力。但是，在更大时限和更大空间的范围内，尤其是在西太平洋，情况就比较复杂，目前还不能一下子完全说清楚。特别是在大陆板块漂移的驱动机制、洋壳生长机制等问题上，仍然争议较多，矛盾较大，因此遭到一些学者的怀疑和反对。

但是，历史已经证明，由魏格纳开创的大陆漂移学说，无疑是地球科学中的“哥白尼革命”。大陆漂移说、地幔对流-海底扩张说、板块构造说，构成了20世纪地学革命的壮丽三部曲，标志着固定说的衰退、活动说的发展，也标志着静态地学的消亡和动态地学的活跃，显示了它的强大生命力。而大陆漂移说发展过程中的“崛起—沉寂—复活”，一波三折，实际上也正是历史上一切重大创新思想的命运交响曲。

第六节　现代生物学

在生物学领域，20 世纪分子生物学的产生和发展是继物理学革命以后的又一重大事件。19 世纪生物学最突出的成就是细胞理论和达尔文生物进化论的创建。但由于研究手段的局限，生物学还停留在非定量、非精确描述的初级阶段。20 世纪以来，随着化学和物理学的飞速发展和渗透，特别是物理学的思想和方法与生物学相结合，引起了生物学的深刻革命。这个革命的主要标志就是分子生物学的诞生。从此，生物学开始进入了定量的、分子水平的研究阶段，并取得了一系列震惊世界的科学成果。

分子生物学着眼于从分子水平研究生命本质，以核酸和蛋白质等生物大分子的结构及其功能为研究对象，阐明遗传、生殖、生长和发育等生命基本特征的分子机理，从而为利用和改造生物奠定理论基础和提供新的手段。它是一门由生物化学、遗传学和微生物等学科融会发展而派生出来的边缘学科。

一、分子生物学产生的基础

(一) 孟德尔遗传定律及其重新发现

人们对于遗传和变异现象的认识始于古代，历经一个漫长的过程，到了 19 世纪开始较系统地研究遗传与变异，并提出种种臆断与假说。例如，法国生物学家拉玛克（J. B. Lamarck）的用进废退和获得性遗传，英国生物学家达尔文的泛生说（生物体各部分都能产生一种叫泛生子的微粒，它随血液循环聚集在生殖细胞里，并形成受精卵，决定着后代发育的性状），德国生物学家魏斯曼的“种质连续说”（生物体中存在种质和体质，种质是“永生不死”的，因而是连续的，由它产生出后代的种质和体质，而体质却不能）等。然而，第一个把遗传研究建立在真正科学基础上的是奥地利神父孟德尔。

孟德尔（G. Mendel）从 1857 年到 1864 年，以豌豆为材料进行植物杂交试验。他选择了 7 对区别分明的性状做仔细的观察。例如，他用产生圆形种子的植株同产生皱形种子的植株杂交，得到的杂交子一代的种子全是圆形的。第二年，他种了圆形杂交种子，并让它们自交，结果得到的子二代种子中，有圆形的，也有皱形的。用统计学方法计算得出，圆皱比为 3∶1。据此孟德尔推导出遗传因子分离规律。

他还研究了具有两种彼此不同的对立性状的2个豌豆品系之间的双因子杂交试验。他选用产生黄色圆形种子的豌豆品系同产生绿色皱形种子的豌豆品系进行杂交，所产生的杂种子一代种子，全是黄色圆形的。但在自交产生的子二代种子中，不但出现了两种亲代类型，而且还出现了两种新的组合类型（黄色皱形、绿色圆形）。其中黄色圆形∶黄色皱形∶绿色圆形∶绿色皱形的比例接近于9∶3∶3∶1。这就是所谓的孟德尔遗传因子的独立分配规律。

如何解释这些遗传现象呢？孟德尔最早提出遗传因子（即基因）概念，并从生殖细胞着眼，提出了自己的见解。他根据长期的实验结果，推想生物的每一种性状都是由成对遗传因子控制的，性状有显性和隐性之分；当成对因子是显性同时存在时，则呈显性；只有当成对因子都是隐性时才呈隐性。这些因子从亲代到子代，代代相传；在体细胞中，遗传因子是成对存在的，其中一个来自父本，一个来自母本；在形成配子时，成对的遗传因子彼此分开，因此，在性细胞中则是成单存在的；在杂交子一代体细胞中，成对的遗传因子各自独立，彼此保持纯一的状态；在形成配子时，它们彼此分离，互不混杂，完整地传给后代；由杂种形成的不同类型的配子数目相等；雌雄配子的结合是随机的，同时具有同等的结合机会。

遗憾的是，孟德尔的这些科学发现和见解，在当时并没有引起生物学界的注意。直到35年之后，即1900年才被荷兰的弗里斯、德国的科伦斯与奥地利的契马克等植物学家重新发现。

（二）遗传的染色体学说

孟德尔定律的重新发现，使得人们有可能把遗传实验的成果与19世纪细胞学上所揭示的染色体行为联系起来考察。美国细胞学家萨顿和德国细胞学家鲍维里就是这项工作的开创人。这两位科学家都想到了染色体和孟德尔遗传因子的一些已知性质的相似性，如遗传性状成对出现而在下一代分离，染色体同样成对出现而在雌雄配子形成过程中分离。这就是说，孟德尔遗传因子的行为是与染色体行为相平行的。由此，他们推论，遗传因子就在染色体之上或之内。

为染色体学说打下牢固基础，并使之发展为基因理论的是摩尔根及其合作者。

摩尔根（T. H. Morgan）是美国著名的遗传学家。他以果蝇为材料进行的遗传学研究，对基因学说的建立作出了卓越的贡献。1910年，摩尔根和他的助手从红眼的果蝇群体中发现了1只白眼的雄果蝇。因为正常的果蝇都是红眼的，叫做野生型，所以称白眼果蝇为突变型。到了1915年，他们一共找到了85种果蝇的突变型。这些突变型与正常的野生型果蝇，在诸如翅长、体色、刚毛形状、复眼数目等性状上都有差别。

有了这些突变型，就能够更广泛地进行杂交实验，也能更加深入地研究遗传的机理。摩尔根将白眼雄果蝇同红眼雌果蝇交配，所产生的子一代不论是雄的还是雌的，无一例外地都是红眼果蝇。让这些子一代的红眼果蝇互相交配，所产生的子二代有红眼的也有白眼的，但有趣的是所有的白眼果蝇都是雄性的。摩尔根认为，只有假定红眼和白眼性状是由孟德尔遗传因子所决定，而且这些因子还与细胞中决定性别的因子有关，才能解释这一现象。进一步说，就是只有不同基因排列在同一染色体上时，才有可能产生上述现象。这就第一次用实验证明了坐落在染色体上的基因决定着遗传性状。摩尔根把这种伴随决定性别的染色体而遗传的现象叫做伴性遗传。

此后，摩尔根和他的合作者一起，根据严密的实验设计，进行了大量的研究，发现了遗传的连锁与交换定律。不同染色体上的基因虽然可以自由组合。但在同一条染色体上的基因，它们总是连锁在一起，就不能自由组合了。摩尔根把这种遗传现象叫做基因的连锁。然而，这种连锁现象不总是完全的。在大多数情况下，同源染色体之间可以发生片段互换，相对基因之间有可能出现某些交换，交换的结果破坏了连锁现象。摩尔根把他的上述发现叫做基因的连锁和交换定律。这显然是对孟德尔定律的发展。因此，该定律与孟德尔的分离定律、独立分配定律一起，被认为是遗传学的三大经典定律。

摩尔根和他的助手们的杰出工作，第一次将代表某一特定性状的基因，同某一特定的染色体联系了起来，创立了遗传的染色体理论。随后遗传学家们又应用当时发展的基因作图技术，构建了基因的连锁图，进一步揭示了在染色体载体上基因是按线性顺序排列的，从而使得科学界普遍地接受了孟德尔的遗传原理。摩尔根指出："种质必须由某种独立的要素组成，正是这些要素我们叫做遗传因子，或者更简单地叫做基因"。

摩尔根的基因论是遗传学与细胞学相结合的产物，其重大意义在于把孟德尔式虚构的遗传单位——遗传因子具体化为念珠状物质微粒，这就促使人们为搞清楚基因的化学本质而努力。

（三）DNA是遗传物质的证明

尽管由于摩尔根及其学派的出色工作，使基因学说得到了普遍的承认，但直到1953年DNA双螺旋模型提出之前，人们对于基因的理解仍缺乏准确的物质内容。遗传信息的载体到底是什么仍然是一个谜。不少科学家认为传递遗传信息的载体是蛋白质而不是DNA。

第一个用实验证明遗传物质是DNA分子的是美国著名的微生物学家艾

弗里（O. T. Avery）。在英国格里菲斯（F. Griffith）工作的基础上，1944年，他领导的小组在研究肺炎球菌的转化试验中，证明了DNA是遗传信息的载体。他们以两种不同品系的肺炎链球菌为实验材料：具荚膜的品系形成光滑型的菌落（简称S型），是有毒的；无荚膜的品系形成粗糙型的菌落（简称R型），是无毒的。研究发现，将S型肺炎链球菌的DNA加到R型肺炎链球菌的培养物中，能够使R型转变成S型，表现出具有毒力的荚膜的特性。

这种细菌转化实验以无可辩驳的事实证明，使细菌性状发生转化的因子是DNA，而不是蛋白质或RNA。这一重大的发现轰动了整个生物界。因为当时许多研究者都认为，只有像蛋白质这样复杂的大分子才能决定细胞的特性和遗传。艾弗里等人的工作打破了这种信条，在遗传学理论上树起了全新的观点，即DNA分子才是遗传信息的真正载体。

紧接着在1952年，美国冷泉港卡内基遗传学实验室的科学家赫尔希（A. D. Hershey）和他的学生蔡斯（M. Chase）共同发表报告，肯定了艾弗里的结论。他们用放射性同位素^{32}P和^{35}S，分别标记T2噬菌体的内部DNA和外壳蛋白质。然后再用这种双标记的噬菌体去感染大肠杆菌寄主细胞。结果发现只有^{32}P标记的DNA注入到寄主细胞内部，并且重新繁殖出子代噬菌体。这个实验进一步表明：在噬菌体中的遗传物质也是DNA分子，而不是蛋白质。不仅如此，DNA还带进了核酸自我复制的全部信息，以及外壳蛋白质合成的全部信息。这个实验的成功震动了整个生物界，证明DNA才是遗传信息的真正载体，而蛋白质则是由DNA的指令而合成的。这就使生物界长期存在的认为遗传物质基础是蛋白质而不是核酸的认识彻底改观。

（四）物理学对分子生物学研究的渗透

1945年，奥地利物理学家、量子力学创始人之一薛定谔在英国出版了一本关于生物学的小册子《生命是什么?》，副标题是“活细胞的物理观”。他认为“基因有一种类似化学分子的稳定性”。他经过分析以后认为基因可能是一种大分子。他用量子力学的观点论证了基因的稳定性和突变性发生的可能性，证明突变是分子跃迁的结果。他提出必定有一种由同分异构的连续体构成的非周期性晶体，其中含有大量的以排列组合形式而构成的遗传密码，生命的物质运动也一定服从已知的物理定律。他作出了遗传物质是一种分子的断言。

薛定谔第一次用物理概念来解释生命运动，人们对生命本质的认识产生了新的质的飞跃。他的这本书实际上概括了20世纪30年代以来物理学界对生命物质运动和遗传学问题的看法，启发人们用物理学的思想和方法去探求生命物质运动的本质。这对于生物学的研究工作起了十分积极的推动作用。

二、分子生物学诞生及其发展

1953年DNA双螺旋结构模型的建立，是分子生物学诞生的标志。这一划时代成果的取得，是数代科学家相继奋斗的结晶，是多学科交叉、渗透的结果。分子生物学在其兴起后的1/4世纪中，取得了一大批引人注目的成果，打开了“生命之谜”的大门，改变了生物学在整个科学中的地位，同时还给技术科学和社会科学带来了巨大的影响和冲击，因此，分子生物学被称之为是“生物学的革命”。

（一）DNA双螺旋结构模型的建立

DNA双螺旋结构的发现，除美国学者沃森和英国学者克里克的杰出贡献外，还与许多科学家的艰苦研究密不可分。

1950年以后，奥地利生物学家查哥夫在美国哥伦比亚大学对核酸化学结构作了进一步分析，证明核酸中4种碱基含量并不是彼此相等的，而是嘌呤碱基的总量和嘧啶碱基的总量相等，其中腺嘌呤（A）和胸腺嘧啶（T）的相等，鸟嘌呤（G）和胞嘧啶（C）相等。它打破了统治核酸结构研究20多年之久的“四核苷酸假说”，并为DNA双螺旋结构中十分关键的“碱基配对”原则奠定了化学基础。

沃森（J. Watson）是美国分子生物学家。克里克原为英国物理学家，后成为著名的分子生物学家。1953年，他们在分别用X射线衍射方法研究蛋白质的晶体结构时，相遇于剑桥大学，两人都受薛定谔《生命是什么?》一书的思想所鼓舞，依据相似的观点去探讨生物学问题，都认为解决DNA分子结构是打开遗传之谜的关键。他们相互讨论了生物学发展的关键，决心叩开遗传之谜的大门。他们认识到，“进一步实验将表明一切基因都由DNA组成”，“阐明DNA化学结构在了解基因如何复制上将是主要的一步”。于是，他们决定转而对DNA晶体结构进行分析。

这时，伦敦皇家学院的维尔金斯（M. Wilkins）和另一名年轻的女科学家弗兰克林（R. Franklin）正在进行DNA晶体结构的分析工作。沃森和克里克直接或间接从他们那儿得到了较完整的DNA晶体结构的分析数据和照片，又从查哥夫处得知了DNA 4个碱基两两相等的数据，还从鲍林那里得到了蛋白质肽链由于氢键的作用而呈α螺旋形的成果。在此基础上，他们认真分析了资料，经过理论计算和周密思考，终于建立了DNA双螺旋结构模型。1953年4月25日在英国《自然》杂志上，发表了他们反映这一成果的论文《核酸的分子结构》。这篇不足千字的短文，立即引起了世界的轰动。从此，遗传学的研究从细胞水平进入到分子水平，这是分子生物学形成的重要标志。

DNA 双螺旋结构模型认为，DNA 分子是由 2 条互补的多核苷酸链围着同一中轴旋转而构成的双股螺旋，两股链走向相反。其螺旋的骨架是由核苷酸的糖（脱氧核糖）和磷酸相结合而成的，由彼此反向的 2 条链分别伸长开来的碱基相互结合而形成双螺旋的横栏。碱基的配对必须是腺嘌呤与胸腺嘧啶配对，鸟嘌呤与胞嘧啶配对。使 2 条 DNA 长链之间互补而稳固地并联起来，其中每条链所具有的特殊的碱基结构都可作为合成另一条互补链的模板（图 4-2）。

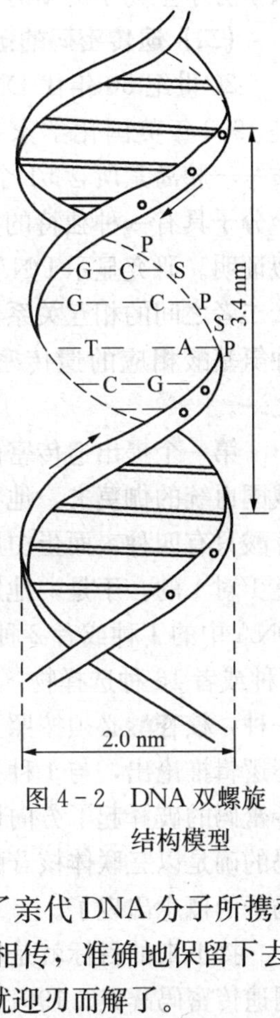

图 4-2　DNA 双螺旋结构模型

在 DNA 分子双螺旋结构公布一个多月后，沃森和克里克又阐述了 DNA 分子结构的遗传含义。他们设想就是 DNA 双螺旋结构携带着遗传密码，沿 DNA 分子任何一条链的碱基的顺序含有特定的遗传信息。当 DNA 复制时，两条互补的链先分离，各自以自己为模板，按碱基互补配对原则形成一条新的互补链，这样，原来的一个双螺旋分子就变成为两个同原来完全相同的双螺旋分子。在复制完了的双螺旋链中，一条链是新合成的，另一条是作为样板的那条链。因此，亲代 DNA 分子中的一条链是原封不动地传到后代，这叫做半保留复制。

由于 DNA 半保留复制是严格地按照碱基配对原理进行的，因此新合成的子代 DNA 分子忠实地保存了亲代 DNA 分子所携带的全部遗传信息。通过这样的复制，基因便能够代代相传，准确地保留下去。于是，遗传学家长期感到困惑的基因自我复制问题也就迎刃而解了。

至此，关于基因的化学本质是 DNA 而不是蛋白质的结论已经是毫无疑问的事实。但是还必须指出，随后的研究工作进展表明，在生物界并非所有的基因都是由 DNA 构成的。某些动物病毒、植物病毒以及某些噬菌体等，它们的遗传体系的基础则是 RNA 而不是 DNA。例如，A. Gierer 和 G. Schramm 在研究烟草花叶病毒（TMV）时，首先发现了 RNA 分子能够传递遗传信息，同时他们还证明 TMV 病毒的 RNA 成分在感染的植株叶片中能够诱导合成新的病毒颗粒。

双螺旋模型的建立，使遗传学家能够从分子水平分析遗传与变异的现象。

DNA再也不是一种难以捉摸的神秘成分，而是以一种真正的分子物质呈现在人们的面前。科学家们能够像研究其他大分子一样，客观地探索其结构与功能。这样，人们便开始从分子的层次上研究基因的遗传现象，从此生物学便进入了分子生物学的新时代。

（二）遗传密码的破译

20世纪50年代DNA双螺旋结构问世不久，分子生物学的另一重大成就是1958年英国化学家桑格（Sanger）应用纸层析方法，分析出了一种蛋白质——胰岛素所含51个氨基酸残基的序列，第一次证明了蛋白质胰岛素的每个分子具有一种独特的氨基酸残基顺序。此后不久，又有关于其他蛋白质的类似证明。研究显示DNA分子的碱基序列可能决定蛋白质分子氨基酸序列。那么二者之间的相互关系又是怎样的呢？4种不同碱基怎样排列组合才能表达20种氨基酸相应的遗传密码呢？于是遗传密码问题成了当时生物界主攻方向之一。

第一个提出遗传密码具体设想的不是生物学家，而是宇宙物理学家、美籍俄国血统的伽莫夫。他在读过沃森和克里克的文章后，立刻想到核酸分子中核苷酸只有四种，而蛋白质分子中的氨基酸却有20种，它们对应的关系不可能是1对1的。于是，他用排列组合的方法推算，相对于20种氨基酸来说，由DNA中的1种或者2种核苷酸组成的密码数是不够用的，因为这样只能定出4种或者16种选择物（$4^1=4$；$4^2=16$）。很明显，为了规定20种氨基酸的每一种，核苷酸必须按照至少以3个为组来进行编码（$4^3=64$）。同时，伽莫夫还逻辑推论出，与1种氨基酸相对应的密码可能不止1个。伽莫夫的假说对遗传密码的破译起了方向性的指导作用。后来，克里克等人用实验表明，遗传密码的确是以三联体核苷酸的形式代表着20种不同的氨基酸。于是，三联体密码子的概念出现了。

接下来的目标就是要确定三联体密码与具体氨基酸之间的对应关系，即编制遗传密码辞典。1961年美国生化学家尼伦贝格（M. Nirenberg）和德国科学家马太第一个用实验开启了这部辞典的首页。他们在用大肠杆菌的无细胞提取液研究蛋白质的生物合成时，发现了苯丙氨酸的密码是RNA的尿嘧啶(U)。这使生物和化学界大为震惊。于是，一个大规模破译蛋白质氨基酸密码的科学活动在许多国家的生物、化学和遗传实验室中迅速展开。

1963年，经过多位科学家的努力，20种氨基酸的遗传密码全部破译。1969年，64种遗传密码的含义也全部被测出。于是一部仿效电波传输信息的生物遗传密码辞典问世了。经过克里克的提议，排成表格（表4-2）。其中U、C、A、G分别代表4种碱基的符号。这个遗传密码表对于生物学的意义，可以与化学上的元素周期律相媲美，它在科学和哲学上都有重大意义。

表 4-2　遗传密码表

	U	C	A	G	
U	苯丙氨酸	丝氨酸	酪氨酸	半光氨酸	U
	苯丙氨酸	丝氨酸	酪氨酸	半光氨酸	C
	亮氨酸	丝氨酸	终止子	终止子	A
	亮氨酸	丝氨酸	终止子	色氨酸	G
C	亮氨酸	脯氨酸	组氨酸	精氨酸	U
	亮氨酸	脯氨酸	组氨酸	精氨酸	C
	亮氨酸	脯氨酸	谷氨酰胺	精氨酸	A
	亮氨酸	脯氨酸	谷氨酰胺	精氨酸	G
A	异亮氨酸	苏氨酸	天门冬酰胺	丝氨酸	U
	异亮氨酸	苏氨酸	天门冬酰胺	丝氨酸	C
	异亮氨酸	苏氨酸	赖氨酸	精氨酸	A
	甲硫氨酸	苏氨酸	赖氨酸	精氨酸	G
G	缬氨酸	丙氨酸	天门冬氨酸	甘氨酸	U
	缬氨酸	丙氨酸	天门冬氨酸	甘氨酸	C
	缬氨酸	丙氨酸	谷氨酸	甘氨酸	A
	缬氨酸	丙氨酸	谷氨酸	甘氨酸	G

（1）它等于宣布了各种蛋白质可以在试管中合成，所有的生物蛋白质都可以由无机物合成。生物与非生物的界线再一次被打破，神创论彻底破产。

（2）从生物大分子水平上再度说明了物质的统一性。尽管世界上的生命形态多种多样，但生命现象最本质的东西却是高度统一的。

不论是高等动物、植物，还是最简单的细菌、病毒，它们的蛋白质都是由20种不同排列的氨基酸组成。而氨基酸的组成和排列又是由核酸中4种碱基的排列不同而引起的。氨基酸和核苷酸最基本的组成本质上都是相同的，而且它们的遗传密码又完全一致，它们运动的规律、合成蛋白质的路线也是基本一致的。这种在生物大分子深一层次揭示的生物界基本结构和基本生命活动的高度一致，不能不对生物界、整个科学界和哲学界产生深远影响。世界物质的统一性，所有生物在分子进化上有共同起源，人们又一次以一个崭新的学术领域的巨大成就来证明了它的正确性。

(三) 中心法则的建立

中心法则是指DNA遗传信息的自我复制和指导蛋白质生物合成所遵循的一般原则。1958年，克里克在综合地分析了20世纪50年代末期关于遗传信息流转向的各种资料的基础上，提出了“中心法则”的概念，认为记录在DNA分子中的遗传信息被转录到RNA上，RNA再通过一个“受体”用信息去指导氨基酸进行蛋白质含成，而这一过程有着严格的方向性，即DNA→RNA→蛋白质。遗传信息一旦转移到蛋白质分子之后，就不再能由蛋白质传向蛋白质，或由蛋白质传向DNA或RNA。

但是，这里所说的只是在细胞中发现的信息传递的一般路线，而没有涉及反转录等特殊问题。随着分子生物学研究的深入，人们发现有很多RNA病毒，例如小儿麻痹症病毒、流行性感冒病毒以及大多数单链RNA噬菌体等，在感染了寄主细胞之后，都能够进行RNA的复制。

1970年，特明（H. M. Temin）和巴尔蒂摩（D. Baltimore）分别在2种RNA肿瘤病毒中发现了逆转录酶，它能以RNA为模板来合成DNA，这样，RNA中的遗传信息可以流向DNA。这是中心法则提出之后的一个重要的发现。这一发现，解决了RNA肿瘤病毒的遗传物质整合于寄主细胞染色体的问题，帮助揭示由RNA病毒引起恶性生长的机制；也为遗传工程的研究（重组DNA）提供了重要的工具酶；同时，它又是中心法则的修正与发展。因此具有重大的理论意义和实践意义。

1971年克里克根据新的进展修改了中心法则，提出了更为完整的图解模式（图4-3）。图中的实线箭头所示的是3种普遍存在于绝大多数生物细胞中的遗传信息的传递方向。虚线箭头表示的是特殊情况下的遗传信息的传递方向，只存在于极少数的生物中。而遗传信息从DNA直接到蛋白质的传递，只是一种理论上的可能性，迄今尚未在活细胞中得到证实。

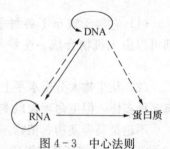

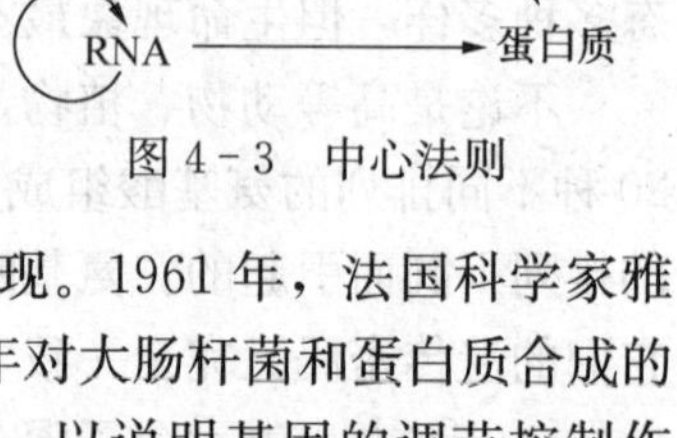

图4-3　中心法则

(四) 操纵子学说

分子生物学上另一个大的成就是操纵子的发现。1961年，法国科学家雅可布（F. Jacob）和莫诺（J. Monod），经过15年对大肠杆菌和蛋白质合成的调节与控制问题的精心研究，提出了操纵子模型，以说明基因的调节控制作用。这一学说的正确性为后来的实验所证明。

操纵子学说可以概述如下：基因按功能可分为结构基因、调节基因和操纵基因。所谓操纵子是指一种完整的细菌基因的表达单位，由若干个结构基因、一个或数个调节基因及控制单元组成。控制单元包括一个操纵基因和启动子。在操纵子内的各结构基因的展现活动，是依靠调节基因和操纵基因而实现的。调节基因控制合成一种叫做阻遏物的分子，后来证实它是一种变构蛋白，具有能与调节基因和诱导物作用的两个结合点。操纵基因位于操纵子的一端，是操纵子活动的调节器。在给予诱导物时，阻遏蛋白与诱导物结合，操纵基因就“开放”，mRNA 开始转录操纵子内所有的基因，并合成相应的蛋白质；当诱导物不存在时，阻遏蛋白就同操纵基因相结合，因而调节器就关闭，mRNA 的转录和相应的蛋白质的合成就中止，性状不能展现。所以，细胞内阻遏蛋白的浓度决定着基因翻译的速度。

1969 年，布里顿（R. J. Britten）和戴维森（E. H. Davidson）提出了一个关于真核细胞中基因调控的模型。根据这个模型，与调节基因相连接的一段 DNA 叫做传感基因，细胞根据需要向它发出信号。这种信号可能是由细胞中的化学分子传达，当其到达传感基因后，调节基因就开始发生作用，制造出激体 RNA，并由它指示同结构基因相邻的受体基因，令其发动结构基因行使功能，制造出 mRNA，进而合成蛋白质。

根据以上所述，在大肠杆菌乳糖利用中，执行基因表达控制的分子是蛋白质抑制物，而在真核细胞中则是由激体 RNA 传达控制信息的。在乳糖利用过程中，抑制物一旦发生作用，结构基因的功能活动便停止下来，我们称这种控制方式为负控制。相反的，在真核细胞中，激体 RNA 一旦和受体基因结合，结构基因的功能作用便开始恢复出来，我们称这种控制方式为正控制。

以上情况表明，基因不仅在结构上是可分的，而且在功能上也是有分工的。这使我们对基因的认识又上升到一个新的高度。

（五）蛋白质和核酸的人工合成

完全用化学方法合成蛋白质是人们多年的理想。二次世界大战后英国科学家桑格（F. Sanger）等开始研究蛋白质的合成。在蛋白质中，胰岛素的分子量最小，结构最简单，于是桑格选取胰岛素作为突破口。经过 10 年努力，到 1955 年，他们弄清了胰岛素的全部 51 个氨基酸的序列，从而为揭示蛋白质的组成、结构与功能之间的联系铺平了道路。

接着，世界各国不少生物化学家开始探索人工合成蛋白质的道路。1958 年，我国科学工作者开始探索合成蛋白质。经过 7 年努力，于 1965 年 9 月 17 日获得了首批用人工方法合成的结晶牛胰岛素。这是世界上第一个人工合成的蛋白质，它是继尿素合成突破无机物界和有机物界的禁区后，进一步突破了由一般有机物合成生物大分子的禁区，开创了人工合成蛋白质的新时期。当然，合成含有大量氨基酸的蛋白质还相当困难，还有很长的路要走。

核酸的化学合成要比蛋白质困难得多，美籍印度科学家库拉纳在这方面作出了突出贡献。1972 年，他们成功地合成了酵母丙氨酸 tRNA 基因（含有 77 个核苷酸的 DNA 长链）。1976 年，他们又成功地合成了第一个具有生物活性的基因——大肠杆菌酪氨酸 tRNA 前体基因（126 个核苷酸），加上前面的启动子（59 个核苷酸）和其后的终止子（21 个核苷酸），共有 206 个核苷酸的 DNA 长链。这种化学合成核酸的方法对遗传工程有很大意义。

我国核酸合成工作开始于 20 世纪 70 年代。1979 年完成了核糖核酸半分子（由 41 个核苷酸组成），1981 年又胜利地完成了酵母丙氨酸转移核糖核酸（由 76 个核苷酸组成）的人工全合成，标志着我国人工合成生物大分子的研究方面继续居于世界先进行列。

（六）人类基因组计划

人类基因组计划（Human Genome Project ，HGP）是美国科学家于 1985 年率先提出的，旨在阐明人类基因组 30 亿个碱基对的序列，发现所有人类基因并搞清其在染色体上的位置，破译人类全部遗传信息，使人类第一次在分子水平上全面地认识自我。计划于 1990 年正式启动，预期于 2005 年全部完成，总投资 30 亿美元。

“人类基因组计划”启动以后，欧洲、日本、前苏联、巴西、印度、中国迅速跟进，纷纷加入到此项意义重大的研究中。我国于 1999 年 7 月在国际人类基因组注册，得到完成人类 3 号染色体短臂上一个约 30Mb 区域的测序任务。该区域约占人类整个基因组的 1%，简称“1%项目”。这标志着我国已掌握生命科学领域中最前沿的大片段基因组测序技术，在开发和利用宝贵的基因资源上已处于与世界发达国家同步的地位，在结构基因组学中占了一席之地。

人类基因组计划可以说是人类有史以来最为伟大的认识自身的世纪工程，被誉为生命科学领域的“阿波罗登月计划”。随着人类基因组逐渐被破译，一张生命之图将被绘就，人们的生活也将发生巨大变化。此项计划的实现，将对全人类的健康，生命的繁衍产生极其重大的影响。

2001 年 6 月 26 日各国科学家公布了人类基因组工作草图，2003 年 4 月 14 日，科学家宣布人类基因组图谱正式绘制成功，比预期的 2005 年提早了 2 年。人类基因组图谱绘制完毕后，后基因组计划已经提上了议事日程。在科学家们看来，完成人类基因组 DNA 全序列测定只是破译人类遗传密码的基础，更重要和更大量的工作是功能基因组的研究。此外，基因的作用是编码蛋白质，真正执行生命活动的是蛋白质。与基因组学相比，蛋白质组学更接近生命的本来面目，因此蛋白质组学的研究已成为生命科学领域的研究热点。

三、现代生物学发展趋势

进入21世纪，现代生物科学的发展呈现出新的特点。

①分子生物学在生命科学中居于主导地位，它带动了生物学各分支学科向分子水平深入发展，在分子水平上对细胞活动、遗传、发育和疾病的发生、发展、控制机理，以及脑功能等各种生命现象进行探索；

②生物科学的研究模式发生了转变，随着生物科学本身的不断发展、对生命现象和活动认识的不断深入、并借助其他学科和技术，研究模式从单个实验室向集约型、规模化发展，大大加速了现代生物科学的发展速度；

③分析与综合相结合、比较和实验相结合、微观与宏观相结合是目前生命科学研究的三大指导思想，生命科学的思想和方法正在从局部观向整体观拓展，人们对生命的认识有了新的视角；

④生命科学和生物技术的发展在依托生命科学基础研究不断深入的同时，越来越依赖其他学科如数理科学、化学、信息和材料科学等提供的新理论、新技术和新突破，生命科学、生物技术与其他科学的交叉，将是21世纪生物技术发展的重要动力。

随着人类基因组和其他模式生物基因组的破译，后基因组时代的到来，确定所有的基因及其表达谱，了解基因所编码的蛋白质的空间结构、修饰加工和蛋白质之间的相互作用等将是新的热点问题；同时，细胞生物学、发育生物学、神经生物学、生物信息学、干细胞、组织工程等学科领域也将继续居于生命科学研究的前沿地位。

总之，现代生物学经过近半个世纪的发展，取得了一系列突破，形成了系统的崭新学科。它在揭示生命的本质和生物遗传变异规律方面取得了惊人的进展，是人们认识生命物质结构和功能的有力武器。

第七节　生态学与环境科学

一、生 态 学

生态学（ecology）一词源于希腊文“oikos”和“logos”，前者意为“住所、房屋或栖息地”，后者意为“研究或学科”，1865年由德国植物学家莱特（Reiter）将其合并为生态学，其原意是研究生物与其栖息地之间关系的学科。生态学家普遍认为，生态学是研究生物与环境之间相互关系及其作用机理的科学。对生态学的不同定义则代表了生态学的不同发展阶段，强调了不同的基础生态学分支和领域。我国著名生态学家马世俊（1985）认为：生态学不仅是包括人类在内的自然科学，也是一门包括自然在内的人文科学。随着人类生存问题的不断凸现，生态学研究的不断深入，生态学真正成为联系自然科学和社会科学的桥梁，其归宿是人类生态学。

（一）生态学的产生与发展

1. 生态学思想萌芽时期（公元前2000年—16世纪） 在长期的古代农牧渔猎生产中，古人积累了朴素的生态学知识，诸如作物生长和季节、土壤、水分的关系。公元前8世纪，我国战国时代的《管子·地员篇》是最早记载生态现象的著作，它叙述了植物生态知识的两个方面：一是植物的生长与土壤的性质有关，不同质地的土壤所适应的植物不同；二是植物的分布与地势有关，即已注意到植物分布的生态系列现象。老子的《道德经》已表达了人类生存的地球“水、木、金、火、土”五行相生相克的思想。公元前1—2世纪《吕氏春秋》所反映的“三才”思想，明确地指出“夫稼，稼之者人也，生之者地也，养之者天也”，天时、地利、人和是万物生长的基础。秦汉时期的二十四节气的应用，反映农作物、昆虫与气候的关系。而后，北魏贾思勰的《齐民要术》则把生态学知识系统化，认为“凡栽一切树木，欲记其阴阳，……阴阳易位则难生，……”。古希腊学者亚里士多德不仅描述了不同类型动物的栖息地，而且按动物活动的环境类型将其分为陆栖和水栖两类。古希腊哲学家奥弗拉斯特、罗马柏里尼等也注意到气候、土壤与植物生长及病虫害的关系，同时还注意到不同植物群落的差异。这些对生物与环境相互关系的朴素的整体观的思想，还没有系统化、理论化，但它的孕育和积累为生态学的产生奠定了基础。

2. 生态学的诞生与成长时期（16世纪—20世纪40年代） 这一时期是生态学诞生、生态学理论形成、生物种群和群落由定性描述向定量描述发展、生态学实验方法出现的时期。这一时期可以分为2个小阶段。

（1）建立阶段。16世纪文艺复兴之后，各学科的科学家都为生态学的诞生做了大量的工作。曾被推许为第一个现代化学家的波义耳于1667年发表了低压对动物物种的试验结果，标志着动物生理生态学的开端。1735年法国昆虫学家列奥米尔（Reaumur）在其昆虫学著作中，记述了许多昆虫生态学资料，他被认为是研究温度与昆虫发育生理的先驱。1749年法国博物学家布丰（G. L. de Buffon）提出《生命律》为标志，它研究动物与环境的关系的科学，首次把生态学的知识系统化。随后，瑞典博物学家林耐把物候学、生态学和地理学结合起来，综合考察了外部环境对动植物的影响。1798年英国著名学者马尔萨斯（Malthus）发表了他的《人口原理》，阐述了对人口增长和食物关系的看法。德国植物学家洪堡特（Humbodt）1807 年发表了《植物地理知识》，描述了物种的分布规律。达尔文 1859 年发表的《物种起源》，更系统地深化了对生物与环境相互关系的认识。德国生物学家海克尔（Hackel）对生态学予以定义。德国的摩比乌斯（Mobius）1877 年创立了生物群落概念。德国的华尔明（Warming）1895 年发表的《以生态地理为基础的植物分布》被认为是植物生态学诞生的标志。德国斯洛德（Schroter）1896 年提出了个体生态学（ individual ecology）和群体生态学（population ecology）两个概念。这些学者以及许多未提及的学者所做的工作，为生态学的建立和发展打下了良好的基础。

（2）成长阶段。这一时期，动物种群生态学取得了一些重要的发现并得到了迅速的发展，如 1920 年对 logistic 方程的再发现，这个方程是描述种群数量变化的最基本方程；1925 年 Lotka 和 1926 年 Volterra 分别提出了描述两个种群间相互作用 Lotka－Volterra 方程；1927 年 C. Elton 在《动物生态学》一书中提出了食物链、数量金字塔、生态位等非常有意义的概念；1942 年 Lindeman 提出了生态系统物质生产率的渐减法则。这一时期，植物生态学着重在植物群落生态学（community ecology）方面有了很大的发展，一些学者如 Clements、Tansley、Whittaker、Gleason、Chapman 等先后提出了诸如顶极群落、演替动态、生物群落类型（biome）、植被连续性和排序等重要的概念，对生态学理论的发展起了重要的推动作用。同时由于各地自然条件不同，植物区系和植被性质差别甚远，在认识上和工作方法上也各有千秋，形成了几个中心或学派。①英美学派，它的代表人物分别是美国的 F. D. Clements 和英国的 A. G. Tansly，他们重视群落的动态，从植物群落演替观点提出演替系列、演替阶段群落分类方法，并提出了演替顶极的概念（Climax），他们俩分别是单元顶极学说和多元顶极学说的代表人物。②法-瑞学派，以瑞士的苏黎世（Zürich）大学和法国的蒙伯利埃（Montpellier）大学为中心，这学派的特点是重视群落研究的方法，用特征种和区别种划分群落的类型，建立了严密的植被等级分类系统。③北欧学派，这个学派以瑞典 Uppsala 大学为中心，他们重视群落分析、森林群落与土壤 pH 关系，1935 年以后，这个学派与法-瑞学派合流，合称西欧学派（或叫大陆学派），他们仍保留把植物群落分得很细的特点。④前苏联学派，这个学派以 V. N. Sukachev 院士为代表，以建群种定名群丛，建立了一个等级分类系统，并且很重视制图工作，完成了前苏联植被图。在这个时期内，动、植物生态学分别在两个方面并行发展。

3. 现代生态学的发展期（20 世纪 50 年代至今） 20 世纪 50—60 年代，是传统生态学向现代生态学过渡时期，并出现了一些新的中心。例如，德国的

H. Ellenberg 对生态幅度与生理幅度以及生态种组的研究；Wurzburg 大学 O. L. Lange 植物生理生态研究；英国北威尔士大学 J. L. Harper 对植物种群的研究；美国康乃尔大学植被分析研究（R. H. Whittaker 为代表）等。20 世纪 50 年代以来，生态学与其他学科相互渗透，相互促进，并获得的了重大的发展。

（二）生态学的研究对象和学科体系

生态学源于生物学，属宏观生物学范畴，但现代生态学向微观和宏观两个方向发展，一方面在分子、细胞等微观水平上探讨生物与环境之间的相互关系；另一方面在个体、种群、群落、生态系统等宏观层次上探讨生物与环境之间的相互关系。其具体研究对象按现代生物学的组织层次来划分，有基因、细胞、器官、有机体、种群、群落、生态系统等，以及他们与环境之间的相互关系。按生物类群来划分，生态学的研究对象为植物、微生物、昆虫、鱼类、鸟类、兽类等单一的生物类群，以及他们与环境之间的相互关系。现代生态学以自然生态系统为对象，探索环境（无机及有机环境）对生物的作用（或影响）和生物对环境的反作用（或改造作用），及其相互关系和作用规律，生物种群在不同环境中的形成与发展，种群数量在时间和空间上的变化规律，种内种间关系及其调节过程，种群对特定环境的适应对策及其基本特征，生物群落的组成与特征，群落的结构、功能和动态，以及生物群落的分布，生态系统的基本成分，生态系统中的物质循环、能量流动和信息传递，生态系统的发展和演化，以及生态系统的进化与人类的关系；以人工生态系统或半自然生态系统（即受人类干扰或破坏后的自然生态系统）为对象，研究不同区域系统的组成、结构和功能，污染生态系统中，生物与被污染环境间的相互关系，环境质量的生态学评价，生物多样性的保护和持续开发利用等；以社会生态系统为研究对象，从研究社会生态系统的结构和功能入手，系统探索城市生态系统的结构和功能，能量和物质代谢，发展演化及科学管理；农业生态系统的形成和发展，能流和物流特点，以及高效农业的发展途径等；人口、资源、环境三者间的相互关系，人类面临的生态学问题等社会生态问题。

20 世纪生态学已经形成了一个庞大的学科群。按研究对象的组织层次划分有：分子生态学、个体生态学、种群生态学、群落生态学、生态系统生态学、景观生态学、全球生态学等；按生物类群划分有：动物生态学、植物生态学、昆虫生态学、微生物生态学、人类生态学；按栖息地划分有：淡水生态学、海洋生态学、河口生态学、湿地生态学、热带生态学、陆地生态学。陆地生态学又可再分为森林生态学、草地生态学、荒漠生态学和冻原生态学；按交叉学科划分有：数学生态学、化学生态学、物理生态学、地理生态学、生理生态学、进化生态学、行为生态学、遗传生态学、经济生态学、生态伦理学等；按应用领域划分有：农业生态学、城市生态学、污染生态学、渔业生态学、放射生态学、资源生态学等。

（三）生态规律和生态理念

生态规律和生态学中的整体的观念、循环的观念、平衡的观念和多样性的观念，是生态自然观的重要理念和科学根据。

生态学的一般规律，可以概括为“物物相关”、“相生相克”、“能流物复”、“协调稳定”、“负载定额”、“时空有宜”等几条规律。“物物相关”和“相生相克”的规律，揭示了自然事物相互联系、相互制约、共存共生的生态关系。自然界任何生物物种的存在都有其合理性，这是生态系统维持其动态平衡的动力之网，因而保持物种多样性，使人与生物伙伴协同进化，才能确保生态系统的稳定发展。而“能流物复”和“协调稳定”的规律是生态系统存在和发展的内在保证。物质循环、能量流动把生态系统进而把生物圈联成一个整体，虽然各系统、系统的各部分有他们独特的运动形式，但都遵循整体性的原则。“负载定额”规律揭示了任何生态系统的生产力和承载能力都是有限的。它由生物物种（包括人类）自身的特点及可供它利用的资源和能量决定。人口问题、资源问题、环境问题，实际上都是由于人类的活动接近或已超过生态系统的“负载定额”的限度而造成的。“时空有宜”规律揭示了生态系统动态变化的特征，使人类在构建区域社会生态系统，规划人的生产、消费理念和行为时，能既从实际出发，实事求是，又因时因地制宜，与时俱进。

生态学中，整体的观念，是说生物（包括人在内）与其环境构成一个不可分割的整体，任何生物均不能脱离环境而单独存在；循环的观念，是指作为生产者的植物、消费者的动物、分解者的微生物，他们互相耦合，形成由生产、消费和分解 3 个环节构成的无废弃物的物质循环；平衡的观念，认为生物之间的食物链关系、金字塔结构和循环体系处在一个动态的平衡之中；多样性的观念，即“多样性导致稳定性”的生态原理，它强调保护生物物种的多样性，认为生物多样性的丧失，直接威胁着生态系统的稳定性。

在生态学的发展基础上，作为辩证唯物主义自然观的新形式，生态自然观的基本思想：①生态系统是生命系统。生态系统的平衡、破坏和演化，都是围绕生命物质来进行的，生态系统的活力是生态系统本身所固有的。②生态系统具有显著的整体性。一方面是生物与非生物之间构成了一个有机的整体，离开了非生物各种因素所构成的环境，生物就不能生存，就无所谓生态系统；另一方面每一种生物物种都占据着特定的生态位，各种生物之间以食物关系构成了相互依赖的食物链或食物网，其中任何一个环节出现了问题，就会影响整个生命系统的生存。③生态系统是自组织的开放系统。生物系统和环境系统的相互关联、相互作用，由外来能量（主要是太阳辐射能）的输入维持。外来能量的输入及其在系统内的流动、消耗、转化，形成了生态系统复杂的反馈联系，使系统具有自我调控、保持平衡的能力。④生态系统是动态平衡系统。生态系统的动态过程由系统内的物质运动决定。系统内的物质和输入系统的能量从植物的光合作用开始循环和转化，植物通过光合作用由无机元素合成的有机物质，经草食动物、肉食动物一级一级地转移，组成食物链，物质和能量从一种生物传递到另一种生物，最后被微生物分解为简单的化合物和元素，再回到环境中。这种循环和转化构成了生态系统不断发展和演化的动态过程。⑤生态平衡是稳定性与变化性相统一的平衡。维护生态平衡不只是保持其原来的稳定状态，不是单纯的消极适应和回归自然，而是遵循生态规律，自觉地积极保护自然。那种认为人类对生态系统的任何干预都是破坏生态平衡的观点是错误的。当人们运用生态平衡的规律时，不必要也不可能完全不去打破生态系统的原有平衡。生态系统在人为的有益影响下，可以建立新的平衡，达到更合理的结构、更高的效能和更好的生态效益。生态自然观要求把人的角色从大地共同体的征服者改变成共同体的普通成员与公民，强调生态系统是一个由相互依赖的各部分组成的共同体，人则是这个共同体的平等一员和公民，人类和大自然其他构成者在生态上是平等的；人类不仅要尊重生命共同体中的其他伙伴，而且要尊重共同体本身；任何一种行为，只有当它有助于保护生命共同体和谐、稳定和美丽时，才是正确的；人与自然之间要协调发展、共同进化。

二、环境科学

（一）环境问题

远古时代人类对环境的影响与动物区别不大，主要是利用环境，而很少有意识地去改造环境，因此，当时的环境问题并不突出，而且很容易被自然生态系统自身的调节能力所抵消。农业文明的产生是一次大飞跃，而随着农业和畜牧业的发展，人类对自然环境的改造作用也表现出来，大量焚烧和砍伐森林，破坏植被，造成水土流失，于是水旱灾害日趋严重，大片土地变成了不毛之地或茫茫的沙漠，出现的环境问题主要是由农牧业生产活动引起的生态破坏问题。18 世纪后半叶至 20 世纪初，由于蒸汽机出现，引起了工具和能源的巨大变革，使生产力大为提高，使一些工业发达的城市和工矿区人口密集，人类同自然界物质和能量交换量增大，燃煤量急剧增加，以大气污染为主的环境问题不断发生，但从全球来看，还只是一些局部地区的污染问题。

20世纪初到60年代，特别是第二次世界大战之后，随着工业化和城市化的迅猛发展，煤炭、电力等新能源的开发利用，农药化肥的出现和施用等，致使许多国家普遍发生了由现代工业、农业发展带来的范围更广、情况更加严重的环境污染问题和生态破坏问题，世界著名的“八大公害事件”就是在这期间发生的：①1930年12月比利时“马斯河谷烟雾事件”，主要污染物为烟尘和SO_2，上千人发病，60人死亡；②1948年10月美国“多诺拉镇烟雾事件”，主要污染物为烟尘和SO_2，4天内约6 000人患病，17人死亡；③1952年12月英国“伦敦烟雾事件”，主要污染物为烟尘和SO_2，5天内死亡4 000人，在之后的2个月时间内，又有8 000人陆续死亡，这是20世纪世界上最大的由燃煤引发的城市烟雾事件；④1943年5月至10月，美国“洛杉矶光化学烟雾事件”，大多数居民患病，65岁以上老年人死亡400人；⑤1953年日本九州南部熊本县水俣镇发生甲基汞中毒的“水俣事件”，第一次发现时，水俣镇患者180多人，死亡50多人；⑥1931年至1972年3月，日本富山县发生因镉中毒引起“富山事件”，亦称骨痛病，患者超过280人，死亡34人；⑦1955年日本四日市发生的“四日事件”，主要污染物为SO_2、煤尘、重金属粉尘，哮喘病患者500多人，有36人在气喘病折磨中死去；⑧1968年日本九州爱知县等23个府县发生多氯联苯中毒的“米糠油事件”，病患者5 000多人，死亡16人，实际受害者超过10 000人（食用含多氯联苯的米糠油所致）。

在20世纪70年代以后，又出现了世界上最闻名的“六大污染事故”：①意大利“塞维索化学污染事故”，1976年7月意大利塞维索一家化工厂爆炸，剧毒化学品扩散，使许多人中毒，事隔多年后，当地居民的畸形儿出生率大为增加；②美国“三里岛核电站泄漏事故”，1979年3月，美国宾夕法尼亚州三里岛核电站反应堆元件受损，放射性裂变物质泄漏，使周围80千米以内约200万人口处在极度不安之中，人们停工停课，纷纷撤离，一片混乱；③“墨西哥液化气爆炸事件”，1984年11月，墨西哥城郊石油公司液化气站54座气贮罐几乎全部爆炸起火，对周围环境造成严重危害，死亡上千人，50万居民逃难；④印度“博帕尔毒气泄漏事故”，1984年12月，美国联合碳化物公司设在印度博帕尔市的农药厂剧毒气体外泄，使2 500人死亡，20万人受害，其中5万人可能双目失明；⑤前苏联“切尔诺贝利核电站事故”，1986年4月，前苏联基辅地区切尔诺贝利核电站4号反应堆爆炸起火，放射性物质外泄，上万人受到伤害，也造成了其他国家遭受放射性尘埃的污染，中国的北京上空也检测到这样的尘埃；⑥德国“莱茵河污染事故”，1986年11月，瑞士巴塞尔桑多兹化学公司的仓库起火，大量有毒化学品随灭火用水流进莱茵河，使靠近事故地段河流生物绝迹，成为死河，160 千米以内鳗鱼和大多数鱼类死亡，480 千米以内的井水不能饮用，德国和荷兰居民被迫定量供水，使几十年德国为治理莱茵河投资的 210 亿美元付诸东流。

进入 21 世纪，人口问题、能源问题、资源问题、工业污染和生态破坏问题，成为当今世界重要的环境问题。

（二）环境科学的产生与发展

环境科学是在环境问题日益严重中产生和发展起来的一门综合性学科，其形成和发展大体可分为 2 个时期。

（1）早期人们的探索时期。古代人类在生产实践中逐渐积累了防治污染、保护自然的技术和知识，但并未系统化、理论化（主要是经验的积累）。例如，中国大约在公元前 5000 年，在烧制陶瓷的柴窑中，已知热烟上升的道理而用烟囱排烟，在公元前 2000 多年就知用陶土管修建地下排水管道。19 世纪中期以后，随着世界经济社会的发展，环境问题已开始受到社会的重视，地学、生物学、物理学、医学和一些工程技术等学科的学者分别从本学科的角度开始对环境问题进行探索和研究，如德国植物学家弗拉斯在 1847 年出版的《各个时代的气候和植物界》一书中，从全球观点出发论述人类活动对地理环境的影响，特别是对森林、水、土壤和野生动植物的影响，并呼吁开展对他们的保护运动。英国生物学家达尔文在 1859 年出版的《物种的起源》一书中，以无可辩驳的材料论证了生物是进化而来的，生物的进化同环境的变化有很大关系，生物只有适应环境才能生存。公共卫生学从 20 世纪 20 年代以来逐渐由注意传染病进而关注环境污染对人群健康的危害。1915 年日本学者极胜三郎用实验证明煤焦油可诱发皮肤癌，从此，环境因素的致癌作用成为引人注目的研究课题。在工程技术方面，1850 年人们开始用化学消毒法杀灭饮水中的病菌，防止以水为媒介的传染病流行。1897 年英国建立了污水处理厂，在硝烟除尘方面，20 世纪开始采用布袋除尘器和旋风除尘器。由于这些基础科学和应用科学的进展，为解决环境问题提供了原理和方法。

（2）环境科学产生和发展时期。环境科学产生是从 20 世纪 50 年代环境问题成为全球性重大问题后开始的。传统科学不同领域的科学家从不同角度研究和探索环境问题产生的原因和解决的途径，并逐渐产生了一系列分支学科。

美国女海洋生物学家卡尔逊（Carlson）从使用杀虫剂造成的环境污染入手，通过考察农药污染物迁移、转化过程，揭示了人类和大气、海洋、土壤、动物、植物之间的关系，分析了环境污染对自然环境的影响，提出了人类所面临的环境污染问题。1962 年卡尔逊出版了《寂静的春天》（Silent Spring），作为世界上第一部环境科学的研究力作，它最早论述了环境污染不仅危及了许多生物的生存，并且还在危害人类自身，从而掀起了一场全球性的环境运动。以此为标志环境科学开始产生并发展起来。此后一批环境科学的专著像瓦特的《环境科学原理》、马斯特斯的《环境科学技术导论》相继出版。随后，许多领域的科学家对环境问题共同进行调查和研究，通过这些研究，逐渐出现了一些新的分支学科。如曼纳汉的《环境化学》、科斯特的《环境地质学》、卡贝利的《环境系统与工程》到跨学科的综合性专著像库普切拉的《环境科学，生活在自然系统中》、米勒的《环境科学导论》、内贝尔的《环境科学：世界运作方式》，有力推动了环境科学向纵深发展。许多学者认为环境科学的出现，是自然科学迅猛发展的一个重要标志。1972 年罗马俱乐部发表了第一份研究报告《增长的极限》，提出了人口增长、工业生产、农业生产、资源消耗、环境污染都按指数增长。同年，1972 年英国经济学家 B. 沃德和美国微生物学家 R. 杜博斯出版了《只有一个地球》一书，不仅从整个地球的前途出发，而且也从社会、经济和政治的角度来探讨环境问题，要求人类明智地管理地球，被认为环境科学的一部绪论性质的著作。

20 世纪 50 年代后环境保护观念深入人心，环境保护运动和组织、政府的环境保护机构也迅速形成和发展。一些发达国家出现了“反污染起义”、“生态运动”、“绿党”等，人们对环境保护的概念有了一个初步的认识。1968 年国际科学联合会理事会设立了环境问题科学委员会。在环境保护方面，60 年代中期面对严重的环境污染，许多国家的政府颁布一系列政策、法令，采取政治的和经济的手段，主要搞污染治理。60 年代末期开始进入防治结合、以防为主的综合防治阶段。美国于 1970 年开始实行环境影响评价制度。70 年代中期，强调环境管理，强调全面规划、合理布局和资源的综合利用。随着人们对环境和环境问题的研究和探讨，以及利用和控制技术的发展，环境科学迅速发展起来。

进入 20 世纪 80 年代环境科学发展到一个新的阶段，一方面，环境科学的分支学科研究进一步深化，出现了《环境化学》（1990）、《环境生物学》（1991）等许多专著；另一方面，环境科学向跨学科方向发展，如《环境科学：生活在自然系统中》（1986）、《环境科学：世界运作方式》；另外，国际性大型综合研究取得重要进展，如 1986 年的“全球变化研究：国际地圈-生物圈计划”（IGBP，1900—2000），调动全世界的科学力量，利用包括太空监测等现代技术研究环境问题，1988 年“全球变化的人类因素：一项关于人类和地球相互作用的国际研究计划”（HRGC，1900—2000），从社会科学的角度进行研究。

（三）环境科学的研究内容、学科体系

环境科学的研究任务：一是探索全球变化的规律，了解环境质量的结构和基本特性，以及它的变化和影响，以便应用这些知识使自然环境向有利于人类的方向发展，避免对人类不利的影响；二是揭示人类与自然之间关系的规律，以便协调经济—社会发展与环境保护的关系，实现人类社会的持续发展；三是探索人类活动引起的环境质量变化，以及这种变化对人和生态系统影响的规律性，为保护人体健康和维护地球生命维持系统服务；四是应用环境科学的研究成果，开发环境保护工程技术，为区域乃至全球环境污染综合防治和生态保护提供物质基础和科学管理设施，建设人类良好的自然生态环境。

运用自然科学和社会科学的有关学科的理论、技术和方法来研究环境问题，从而形成环境科学与有关学科相互渗透、交叉的许多分支学科，详见图4-4。

- 环境科学
  - 环境基础科学
    - 环境物理学
      - 环境声学
      - 环境电学
      - 环境热学
      - 环境电磁学
      - 环境空气动力学
    - 环境生物学
    - 环境生态学
    - 环境化学
      - 环境分析化学
      - 环境污染化学
      - 污染控制化学
    - 环境数学
    - 环境地学
    - 环境医学
      - 环境流行病学
      - 环境毒理学
      - 环境医学检测
  - 环境技术学
    - 环境控制学
    - 环境工程学
      - 环境污染防治工程技术
      - 环境系统工程
      - 环境水利工程
    - 环境工效学
  - 环境社会学
    - 环境法学
    - 环境经济学
    - 环境管理学
      - 环境质量评价学
      - 环境规划学
    - 环境教育学
    - 环境美学
    - 环境心理学
    - 环境伦理学

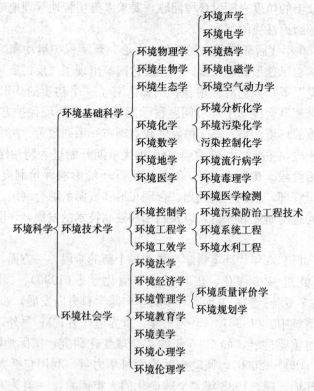

图4-4　环境科学的学科体系

第八节　现代科学的特征、科学思想和方法

一、现代科学的特征

（一）现代科学各分支学科在高度分化基础上，表现出综合化和整体化

现代自然科学各门学科的发展，使得人类的认识能力从直径为10^{-8}米的原子集团深入到小于10^{-13}米的基本粒子内部。人的眼界从10万光年的银河系扩展到100多亿光年的宇宙，其研究对象从基本粒子、原子、分子、细胞、生物个体到地壳、天体和宇宙。随着研究对象的增多、研究层次的深化，原有学科不断深化和分化，出现大量以某一层次或某一运动形式为研究对象的分支学科；另一方面，在学科分化的基础上，又出现了学科的综合。许多学科在研究同一客体时相互渗透、相互结合，甚至融为一体，形成了内涵更为广泛的综合性学科，包括交叉学科、边缘学科以及横断学科等。分化和综合是辩证统一的关系，分化导致新学科的产生，综合使原有学科之间的鸿沟消失。如分子生物学的出现，使物理学和生命科学之间的空隙得以填补；系统科学的出现，使生物学与工程学之间的界限消除。分化与综合相互交替，彼此促进，使整个科学体系的前沿不断扩大、层次日益增多，最终导致科学整体化。

（二）现代科学的抽象化、数学化

日本知名物理学家汤川秀树说："在从20世纪初开始的物理学发展过程中，一种抽象化的倾向已经变得引人注目了。"现代科学高度抽象化及其最高形式数学化的特征，这种趋势首先体现在量子力学中。

（三）现代科学的多元化

现代科学革命的深入和扩展，在许多科学领域出现了具有重大意义的发现和发明，形成了科学多元化的发展格局。在以往两次科学革命中，革命性的进展只出现在一个和少数几个领域，如以牛顿力学为代表的第一次科学革命，以电磁理论为代表第二次科学革命。而现代科学革命却在很短的时间内，在许多科学领域都发生了革命性变革。如继量子论和相对论之后，涌现了量子化学、分子轨道对称理论、信息论、控制论、系统论、分子生物学、耗散结构、超循环论、混沌理论等一批观念新、形式新、方法新、覆盖面广的科学理论。可以说，科学发展多元化是现代科学革命区别于前二次科学革命的根本特征之一。

（四）现代科学与技术的一体化

科学技术的一体化表现为科学的技术化、技术的科学化。一方面，科学日趋技术化，随着科学研究范围不断扩大，层次不断深入，要揭示这些领域的物

质运动规律，不仅要依赖于丰富的想像和严密的理论思维，更需要具有特殊功能的精密科学仪器和实验装备，而这些仪器和装备依赖于现代技术手段的进步。技术水平越高，为科学研究提供的仪器、设施越先进，越是有利于科学进入未涉及的新领域。高技术是基于最新科学理论，具有高效益、高智力、高投入、高竞争、高风险和高势能的技术。另一方面，技术日趋科学化，即科学理论的重大突破已日益成为技术进步的前提条件，如原子能技术出自核物理学的重大突破，航天技术是伴随空气动力学等学科的发展而逐渐发展起来的。

（五）现代科学技术知识的加速化

恩格斯在 19 世纪就已经意识到“科学发展同前一代人遗留下的知识是成正比例，因此在最普通的情况下，科学也是按几何级数发展的”[①]，1976 年前苏联学者金兹布尔格等人提出了科学的“指数发展规律”。据估计，近 30 年来人类取得的成果比过去 2 000 年的总和还要多，现在发表的科技论文每隔一年半就增长 1 倍；人类的科技知识在 19 世纪每 50 年增加 1 倍，20 世纪中叶每 10 年增加 1 倍，当前是 3～5 年增加 1 倍；1800 年全世界科技工作者的数量不超过 1 000 人，1900 年为 10 万人，第二次世界大战后美国每 10 年翻一番，西欧国家是每 15 年翻一番，预计今后 100 年科学技术研究人员将占世界人口的 20%。科学技术的加速化也反映在科学技术知识转化为生产力的时间缩短：蒸汽机为 100 年（1680—1780），电动机用了 57 年（1829—1886），无线电用了 35 年（1867—1902），电子管用了 31 年（1884—1915），汽车用了 27 年（1868—1895），柴油机用了 19 年（1878—1897）。进入 20 世纪以来，科学技术物化速度明显加快，雷达只用了 15 年（1925—1940），电视机用了 12 年（1922—1934），晶体管用了 5 年（1948—1953），原子能利用从发现核裂变到第一个原子反应堆的建成只用了 3 年（1939—1942），而激光器则只用了 1 年。

（六）现代科学技术研究的社会化

现代科学技术研究已经成为高度社会化的活动。这种社会化表现在：第一，科技活动已从较分散的个人活动转向社会性活动，大规模的科研工作很难由一个或少数科学家完成，需要依靠集体的力量。“科学共同体”的形成和科学家集团的通力合作已经成为科学技术工作者发挥个人作用的重要条件，科学技术从个体劳动进入了社会化集体劳动的时代。第二，科学研究的规模已经发展到了国家规模甚至国际规模，出现了全球化的趋势，产生了许多国家和国际性的科研组织和巨型项目。如 1986 年国际科学协会理事会第 21 次大会确定的“全球变化研究：国际地圈-生物圈计划”，1988 年国际社会科学理事会第 16 次

①马克思恩格斯全集 第 1 卷. 北京：人民出版社，1972. 621

大会确定的“全球变化的人类因素：一项关于人类和地球相互作用的国际研究计划”，调动了全世界的科学力量，研究环境问题。第三，现代科研实验装备日益庞大和昂贵，要求社会财力、人力、物力的大力支持。

（七）现代科学技术与人文社会科学结合的趋势

人类面临的许多重大问题，需要综合运用各门自然科学和人文科学的知识去解决，现代科学技术正在改变着科学技术与人文社会科学的关系，这两大门类之间正在结合。同时现代科学技术要求科学技术工作者不仅需要以“客观的依据、理性的怀疑、多元的思考、平权的争论、实践的检验”为要素的科学精神，还要具有以追求“善和美”为特点的人文精神，将科学精神和人文精神有效地结合起来，实现人类社会的和谐发展。

二、现代科学思想

20 世纪科学思想经历了两次全局性的科学革命，使人类自然观发生了很大的变革。第一次科学革命首先是从现代物理学革命开始，科学认识进入了宏观高速运动领域、微观领域、宇观领域和生命领域，它的基础性、主导性成果——相对论和量子力学，不仅改变了物理学的观念，而且在整个自然科学领域引起了科学思想的深刻变革，出现了时空相对性、空间弯曲、质量与能量的关系、作用量子、波粒二象性、测量中主客体的关系、量子力学的统计性解释等思想，这些物理学基本观念的变革反映到自然观上，就是从传统的机械唯物主义自然观发展到了辩证唯物主义自然观。第二次科学革命是从 20 世纪 40 年代开始的综合性科学革命，它的主要科学成果和思想是宇宙大爆炸理论、板块构造理论、分子生物学理论以及耗散结构理论、协同学、混沌学、量子场论、规范场论、量子宇宙学、弦理论等，强化了前一次的科学思想，提出了宇宙膨胀、全球地质观、遗传信息、系统自组织理论思想以及多重宇宙、多重历史、高维空间、时间圈环、黑洞辐射、虚时间等思想，使辩证唯物主义的自然观深化到生态的、系统的自然观。

20 世纪的科学有两大思潮，即追求统一性和探索复杂性。寻找自然界的统一性，一直是科学研究的基本目标。力学、电磁学、化学原子论等都是近代科学追求统一的结果。到 19 世纪末，科学家们认为自然界统一于原子和力。到了 20 世纪，爱因斯坦他试图通过统一场论的建构，把自然界的物质和作用统一于场，相对论本身就是追求统一（力学与电磁学、惯性系与非惯性系的统一）的产物。爱因斯坦是以牛顿为代表的力学机械论的主要批判者，他的相对论有力地冲击了绝对主义自然观、科学观和思维方式，可是他在探索统一场论的过程中，又戏剧性地转向了绝对主义。与此相联系，他从批判力学机械论转向了建构物理学机械论，并成为物理学机械论的主要代表。在爱因斯坦之后，追求统一性的思潮发展为追求 4 种基本作用的“大统一”，不少科学家甚至追求包罗万象的终极理论。量子场论、量子宇宙学、弦理论都体现着追求统一的努力。探索复杂性，是在爱因斯坦与哥本哈根学派的争论中产生的。实际上，量子力学不仅开始揭示了微观世界的复杂性，并涉及科学认识中主客体关系的复杂性，它的精髓是强调自然的不确定性和微观世界不同于宏观世界的特殊性。以玻尔为代表的哥本哈根学派对量子力学的理解，同物理学机械论是根本相悖的。在 20 世纪的后 50 年，以普里高津为代表的布鲁塞尔学派在爱因斯坦批判力学机械论和玻尔等人反对一般机械论的基础上，提出了的探索复杂性的口号，开创了复杂性科学的先河，使他成为新科学思潮的主要代表。这种思潮以系统科学（系统论、耗散结构理论、协同学、混沌学等）为基础和生长点，可称为“现代系统论”思潮。

三、现代科学方法——系统科学方法

系统科学是关于系统及其演化规律的科学，它的创立以美籍奥地利生物学家贝塔朗菲（L. V. Bertalanffy）1948 年《生命问题》的出版为标志，很快发展成为包括有一般系统论、控制论、信息论、系统工程、大系统理论、系统动力学、运筹学、博弈论、耗散结构理论、协同学、超循环理论、一般生命系统论、社会系统论、泛系分析、灰色系统理论等众多分支的科学领域。

系统科学方法就是利用系统科学的原理，研究各种系统的结构、功能及其进化规律的方法。常用的系统科学方法有系统功能模拟法、黑箱方法、信息方法、控制论方法、自组织方法等。

（一）系统功能模拟法

系统功能分析法是从分析系统与要素、结构、环境的关系来研究系统功能的系统科学方法。它分为要素-功能模拟法、结构-功能模拟法和环境-功能分析等方法。

（1）要素-功能模拟法。系统由要素构成，构成系统的要素不同，系统也不同，系统的功能也不同，因此对系统功能的分析，首先必须研究要素对系统功能的影响。在要素-功能分析中，要考虑的是要素的质和量，他们决定了系统功能的差别。系统功能是整体效应，每一个要素都处于系统的特定位置，发挥着特定的功能。个别要素的功能差异，直接影响到整体效应，从而影响到系统的功能。

(2) 结构-功能模拟法。要素对功能产生影响，是以结构为中介的，因此，要素-功能分析也必须建立在结构-功能分析的基础上。结构-功能分析是功能分析方法的核心部分，它表现为：同构同功、异构异功、异构同功、同构异功。

(3) 环境-功能分析法。系统的功能是系统与环境相互作用的结果，环境的改变必定要引起系统功能的改变和发挥。环境-功能分析法，就是根据系统与环境相互关系的原理，分析环境变化对系统功能影响的方法，它包括：一是功能适应环境，即一个系统的功能必须适应所处环境的变化，这样才能使系统的功能得到发挥；二是环境选择功能，由于系统存在多种功能，随环境的变化，系统的功能也随着变化，那些不适应环境的功能必然被淘汰。

(二) 黑箱方法

所谓黑箱，亦称为“黑盒”，是指内部结构不清楚的系统，由于条件限制人们只能通过外部观测和试验去认识其功能和特性，如人的大脑。

黑箱方法就是在尚未了解物质系统内部结构和运动细节的情况下，通过人为地对黑箱系统施加作用（即输入），观察和记录其输出，找出输入和输出关系，由此研究黑箱的整体功能和特性，并推断其内部结构的一种研究方法。

(三) 信息方法

信息是指具有新内容、新知识的消息（包括文字、数据、情报、信号、指令等），它是标志事物存在及其关系的属性，是认识主体收到的，可以消除对事物认识不确定性的新知识、新内容。信息论是研究信息的传递和信息交换规律的一门科学，它是由美国数学家申农（C. E. Shannon）1948 年创立的。

信息方法（又称信息论方法），是指运用信息的观点，把系统看作借助于信息的获取、传送、加工、处理而实现其有目的性的运动，通过对信息流程分析研究来揭示物质系统的性质和规律的一种研究方法。

(四) 控制论方法

控制论是美国数学家维纳（N. Wiener）为了解决高炮的自动装置对飞机飞行方向和速度的预测问题，1948 年出版了《控制论》一书，明确把“控制论”定义为“关于机器和生物的通讯和控制的科学”，宣告了控制论的诞生。

控制论方法，是指研究各种物质系统中的控制过程的规律性和实现控制过程的一般方法。控制系统由测量装置、控制器、被控系统和执行机构四个组成部构成。其中，测量装置用来测量被控系统输出中所蕴含的信息，人们可以从测得的信息对系统性能进行研究；控制器可根据测量装置测得的信息和有关的目标值（事先给定）进行决策；执行机构根据控制器所做出的决策，按一定方式或规律对系统进行调整或改变被控系统的运行状态。通过这一过程的反复运行，可使系统在控制下相当稳定地处于最佳运行状态之中。控制论方法中的反馈方法是指控制系统将输入的信息通过信息变换，转化为输出信息，并把输出信息中的部分分量送回到输入端，以实现某种控制。

（五）自组织方法

20 世纪 60 年代末期以来产生的耗散结构理论、协同论、超循环论、混沌理论、突变理论与分形等理论建构了描述系统自组织的框架，统称为自组织理论。自组织是指由大量子系统组成的系统，在一定的外界条件下，通过各子系统之间的相互联系和相互作用，在自身涨落力的作用下，系统从无序转变到有序，在宏观上形成新的时空结构，并产生特殊功能，使系统达到新的有序结构和功能。这个在一定的外界条件作用下，自发的、自己组织起来的有序结构形成的过程，叫做自组织。

1. 耗散结构理论　耗散结构理论是布鲁塞尔学派的领导人、比利时科学家普利高津（L. Prigogine）于 1969 年在“理论物理与生物学”的国际会议上发表的“结构、耗散和生命”论文中正式提出来的。所谓耗散结构理论是研究耗散结构的形成、性质、稳定、演化的规律的科学。其中耗散结构是一个重要概念，它是指系统在与外界不断交换物质和能量过程中，通过耗散能量以维持系统的有序状态。其基本内容是指：任何一个开放系统在远离平衡态的状态下，由于系统内部的非线性相干作用而使系统出现涨落。当发生某种耦合关系使系统达到一定阈值时，系统会产生一种突变现象，自动地组织起来从原来的无序进入新的时间或功能上的有序状态。在此理论中，开放性是系统有序演化的必要条件，远离平衡是系统有序之源，非线性是系统有序演化的内在根据，而涨落导致有序。

2. 协同学　协同学是德国的物理学家 H. 哈肯（H. Haken）于 20 世纪 70 年代中期建立的一门横跨自然科学和社会科学的适应性较强的综合性学科。哈肯指出协同学有两层含义：其一，它是一门关于系统内部诸子系统相互作用、相互合作的规律的科学；其二，是指多门学科相互联系和协同的科学。哈肯把协同学的基本内容归为 3 条基本原理，即不稳定性原理、序参量原理和支配原理。不稳定原理是指新结构的出现要以原有结构失去稳定性为前提，或者以破坏系统与环境的稳定平衡为前提。不稳定性在系统的有序演化中具有积极的建设性作用，它是新旧系统结构交替的媒介。支配原理是指非平衡系统中，慢变量起着支配作用的原理，一方面它支配着各子系统的行为，另一方面它支配着系统的整体行为。在运用支配原理时要认清系统的慢变量和快变量。协同学认为系统的存在和发展受 2 类变量的影响，即衰减快、阻尼大的快变量和衰减慢、阻尼小的慢变量。在系统的有序演化中，慢变量主宰着系统的演化过程，它引导、规范、支配着快变量的行为，使它们协同动作，最终才形成有序结构。序参量原理中的序是刻画子系统之间相互联系、相互合作情况的一个概念。如果子系统的行为都遵从某种组织原则或表现出某种相关性、一致性，系统则称有序态，与序的变化相关和一致的参量称为序参量。根据支配原理，代表不稳定模式的慢变量就是序参量。在复杂系统中，少数几个序参量支配着子系统的行为和快变量的变化，其间不断的合作、竞争导致系统有序结构的形成。协同学正是通过研究稳定性的丧失，导出支配原理，建立和求解序参量方程，这三个基本原理构成了协同学处理问题的主线。

3. *超循环理论*　德国物理化学家艾根（M. Eigen）吸收了进化论、分子生物学、信息论、博弈论以及现代数学的有关成果，把生命起源作为自发的自组织现象来描述，于 1971 年建立超循环理论，并在 1977 年发表的《超循环——自然界的一个自组织原理》论文中进行了系统地阐述。在超循环理论产生之前，科学界普遍认为生命起源和进化分为化学进化和生物进化两个阶段，化学进化阶段主要说明如何从无机物质中产生有机分子，生物进化阶段主要阐述从原核生物最终发展为高级生物的演化图景。艾根等人在研究中发现要把以上两个阶段连接起来存在着两个基本难题。一是如何把生物进化的统一性和多样性协调起来。分子生物学揭示了生命现象的统一性，所有的生物都使用统一的遗传密码和基本上一致的翻译机制，而翻译过程的实现又需要几百种分子的配合。很难设想，在生命起源的过程中，这几百种分子会一下子形成并密切配合组织起来。艾根认为应当承认在化学进化阶段和生物进化阶段之间存在一个分子自组织阶段，在这个阶段中通过不同层次的循环即反应循环、催化循环、超循环实现了生物分子的自我产生、自我选择、自我复制、自我优化、自我放大，从而完成了从有机分子到原核生物的进化，实现了统一性与多样性的协调。二是先有核酸还是先有蛋白质？分子生物学揭示核酸分子是遗传信息的载体，蛋白质是各种功能的执行者，蛋白质的结构由核酸编码，而核酸的复制和翻译又需蛋白质参与，再通过蛋白质来表达。可见，核酸和蛋白质在形成生命的过程中是不可分离的，但问题在于到底哪一个在先？艾根认为超循环理论指出了解决这个问题的途径，核酸和蛋白质的关系是一个互为因果的封闭环，此环一旦形成，讨论哪个在先就毫无意义，这种环本身就是一种新形成的结构，即超循环。艾根认为，超循环结构与一般自组织过程相同，系统中大量的随机事件通过某种反馈机制被放大，在多重因果循环作用下，向高度有序的宏观组织进化。

4. *混沌理论*　发端于 20 世纪 60 年代并在 70 年代中期引起突出关注的混沌理论，揭示了自组织有序演化的一种可能的归宿——混沌状态。混沌理论或称混沌学就是研究混沌的特征、实质、发生机制，以及如何描述、控制和利用混沌的科学。混沌理论揭示，混沌的运动方式是不规则的、非周期的、异常复杂的，但他又不能等同于无序状态，它是高度有序状态继续沿着有序化方向演化所可能达到的一种结果。混沌理论证明，混沌是确定论系统的一种动力学行为方式，只要确定论系统具有稍微复杂的非线性，就会在一定控制参数范围内产生出内在随机性来，这也意味着，在特定外部条件的作用下，复杂系统所固有的内随机性将会引导系统行为从原有的决定论方式转向非决定论方式，从周期性演化模式转入非周期性的演化模式。混沌理论具体揭示了自组织演化结果的不确定性、非决定论性和复杂性。

5. 突变论　突变论是研究自然界和社会系统自组织过程中的各种形态、结构的非连续性变化（即突变现象）问题的一种数学分支理论，它揭示出物质系统在自组织过程中都是通过突变从一种状态演变到另一种状态，并且总是先进入某个不稳定区域。当控制变量不变时，状态变量处于稳定状态；当控制变量变化时，状态变量也随之变化，一般呈现出渐变状态；当控制变量的变化达到某一阈值时，则状态变量原有的稳定态消失，发生突变，物质系统会从这个不稳定区域的一个点突然落到另一个稳定区域，于是，该系统改变了原来的状态而转变为新的状态。突变论这一理论具有普遍意义，它已被运用于物理学、生物学、社会学以及防止战争突发等领域和问题的研究。

6. 分形几何学　分形几何学是20世纪70年代中期以来形成的一门新学科。分形几何学是区别于用整数维描述空间的传统几何学的一种新的几何学。分形几何学揭示了我们面对的空间的非整数维（分数维）的性质，并由此深刻刻画了空间的不规则、不光滑、非连续和多层级的复杂性特征。正是分形几何学成了描述混沌现象的数学工具。

思考题

1. 简述狭义相对论的基本原理。
2. 简述玻尔模型与卢瑟福模型的差别。
3. 简述量子力学的基本理论观点。
4. 夸克有哪几种？
5. 简述宇宙的结构。
6. 简述传统宇宙观及其不足。
7. 简述大爆炸模型的天文学观察证据。
8. 试述现代数学发展的特点。
9. 简述下列分支学科的主要研究内容和它们的应用：①概率论与数理统

计，②运筹学，③泛函分析，④突变理论，⑤数理逻辑。

10. 20世纪以来，人们对元素的认识经历了哪几次变革？

11. 现代化学取得了哪些重大成果？

12. 论述现代化学的地位与作用。

13. 简述化学与人类生活的关系。

14. 地球的演化经历了哪些时期？

15. 简述大陆漂移说的设想及其证据。

16. 试述分子生物学产生的基础。

17. 简述人类基因组计划及其意义。

18. 试述现代生物学发展趋势。

19. 简述生态学的研究对象和学科体系。

20. 简述环境科学的研究内容及其学科体系。

21. 简述现代科学的特征。

22. 试述现代科学思想和科学方法。

第五章　现代高技术的发展与成就

第一节　信息技术

信息技术（information technology，IT）主要是指集信息基础技术、信息系统技术和信息应用技术于一体，涉及信息的产生、搜集、交换、存储、传输、显示、识别、提取、控制、加工和应用等领域，是人类开发利用信息资源各种手段的总称。信息基础技术主要包括微电子技术、光子技术、光电子技术和分子电子技术；信息系统技术主要包括信息获取技术、信息处理技术、信息传输技术和信息控制技术；信息应用技术主要包括工厂自动化、办公自动化、家庭自动化、人工智能化和互联通讯网络等技术。信息技术发展很快，不仅极大地促进了世界科技的迅猛发展，提高了社会生产力，而且直接影响和改变着人们的生产方式、生活方式和思维观念，使社会面貌焕然一新。

一、信息技术的发展

（一）古代的信息技术

古代社会人类信息活动基本上是以光、声、形、文字、图像方式进行的。从广义的角度讲，信息技术可以包括人们利用自身生理机能的自然状态，如利用手势、眼神、声音和动作来传递信息，利用感官来获取信息，依靠大脑来加工、存储信息等。因此古代信息技术的发展主要以信息传递和存储手段的进步为主。语言的产生、文字符号和印刷术的发展，可以说是人类古代信息史上的3次大变革，每次变革都使信息技术得到飞跃发展。据新《辞源》考证，我国在1 000多年前就有“信息”术语的记载。

（二）近代信息技术

近代信息技术是在近代物理学一系列重大成就的基础上，特别是电子学和电子技术推动下诞生和发展起来的。

1873年美国科学家莫尔斯发明了有线电报和电码，拉开了近代信息技术革命的序幕。19世纪中叶以后，随着电在通信领域的广泛应用，使这场革命成为人类历史上最伟大的一次信息技术变革。正是电信传输技术革命的实现，使人类信息活动得到根本性的改变。电报、电话、收音机、传真、电视等新的信息传输方式的不断涌现，唱片、录音、录像磁带和光盘等各种视觉、听觉的新的信息储存方式的迅速发展，这些既是近代信息技术革命的结果，又是推动信息技术不断发展的动力。因此，19 世纪电信技术的革命使信息技术摆脱了原始的人工状态，带来人类社会划时代的进步，也带来信息技术历史性的发展。

（三）现代信息技术

现代电子学的发展，特别是半导体技术、微电子技术、集成电路技术等现代科学技术的重大突破，为信息技术的革命性发展提供了条件。

现代信息技术是以微电子技术为基础；以计算机技术为代表，涉及信息的获取、处理、传输、存储和控制的信息系统技术是信息技术的核心；以网络技术为代表，涉及信息的管理、控制和决策的信息应用技术体现了信息技术创新和应用的目的。在信息技术中，计算机技术是关键，起到了联系各种具体技术的纽带作用。

二、信息技术的核心内容

（一）微电子技术

1. 微电子技术概念　微电子技术是指在几平方毫米的半导体单晶芯片上，用微米甚至亚微米的精细加工技术，制成由万个以上小晶体管构成的微缩单元电子电路，并应用这些电路装配成各种微电子设备的总称。微电子技术就是以电子元器件微型化技术和微装配技术为基础，从而实现电子产品微型化的技术，其核心是集成电路（IC）。所以，人们也把集成电路制造技术、应用技术及其产品统称为微电子技术。

2. 微电子技术的发展

（1）玻璃真空管阶段。电子技术的第一次重大突破，是美国物理学家德福列斯特于 1906 年成功研制第一个电子三极管。由此产生了无线电通信、雷达、导航、广播、电视、电子计算机以及各种电子仪器等电子设备，大大推动了整个世界的电子化。

（2）半导体晶体管阶段。1947 年美国贝尔实验室的两位科学家约翰·巴丁和沃尔特·布拉顿研制出世界上第一个点接触型晶体三极管，1949 年肖克利研制出实用化的晶体三极管，之后迅速投入工业化生产，并推广应用到电子技术领域中去。晶体管的发明克服了电子管体积大、耗电多、成本高、速度慢的缺点，为电子设备的小型化、轻量化和节能化打下了坚实的基础，实现了电子技术领域的第二次重大突破，是向电子时代发展迈出的重要一步，为微电子技术的问世揭开了序幕。为此，发明晶体管的二位科学家获得了诺贝尔物理学奖金。

（3）集成电路的研制成功阶段。电子技术领域的第三次重大突破是集成电路的研制成功。20 世纪 50 年代初，以空间技术为代表的各种高技术开始发展，电子设备越来越复杂，所需电子元器件也越来越多，这就从客观上要求电子设备向小型化、轻量化、节能化方向发展，而晶体管已不能满足这种要求。随着晶体管的广泛应用和制作技术的不断提高，科学家们突发奇想地将组成电路的元件和导线像晶体管那样集中到一块半导体基片上，这便是集成电路的最初构想。1958 年，美国贝尔实验室年轻的工程师开尔贝研制成功世界上第一个小规模半导体集成电路。集成电路的研究成果，是电子技术史上的一次重大革命，它直接导致了微电子学的创立，标志着微电子技术时代的来临。

（4）集成电路的迅速发展阶段。1961 年美国开始批量生产集成电路，实现了现代高科技专家一致认同的现代电子技术的第三次重大革命。1962 年制成了只有 12 个元件的集成块，到 1965 年就可以制造集成度为 100 个以下晶体管单元的集成电路，即小规模集成电路。1965 年底发展到集成度为 100～1 000 个单元的中规模集成电路。1967 年到 1973 年，集成度可达 1 000～100 000个单元，也就是大规模集成电路。1978 年在一块 30 平方毫米的芯片上已经发展到集成度达 10 万个单元以上，被称为超大规模集成电路。超大规模集成电路的出现，使电子技术真正进入微电子时代。80 年代以来，集成度已经突破 100 万，甚至达到 1 000 万个单元，被称为极大规模集成电路。

（5）集成电路的新的发展阶段。极大规模集成电路的出现，意味着半导体器件的体积的极大减小和芯片集成度的极大提高。如果集成电路元件体积继续减小，集成度继续提高，将会出现“干涉效应”、“发热效应”、“隧道效应”乃至“介质击穿”等难以克服的技术障碍。1988 年，还是美国著名的贝尔实验室首次成功研制了一种崭新的电子器件——量子隧道三极管。这种根据量子隧道效应原理制成的体积小、速度快、耗能低的电子器件，可使集成电路的体积比目前小 100 倍，运输快 1 000 倍。这是电子技术的第 5 次大突破。

3. 微电子技术的应用

（1）微电子技术促进计算机技术的巨大变革。在电子管时代，其体积重量之大、耗能之多、价格之贵都是惊人的。1964 年出现的世界上第一台数字计算机，占地 150 平方米，重达 30 多吨，耗电几百千瓦。微电子技术，特别是大规模、超大规模集成电路的发展，使体积小、重量轻、耗电少、价格低的微型电子计算机应运而生，并得到迅速发展。特别是个人计算机出现以后，更是打开了计算机普及的大门，促进了计算机在各个领域的广泛应用。例如，集成电路广泛应用于机床程控和自动化；在国防科技现代化中，集成电路是除常规武器外的精确制导武器，特别是指挥、控制、通信和情报四位一体的3CI系统的核心部件。

(2) 微电子技术带来广播电视和通信事业的巨大发展。现代广播电视和通信是微电子技术应用的又一重要领域。集成电路的广泛使用，一方面使广播发射和接收系统的功能大大提高。同时，体积明显减小、操作维修方便、成本价格降低，为提高广播电视的普及程度奠定了基础；另一方面使电视机接收能力、声音图像保真度、频道选择数量得到提高，使用维修变得简单易行，价格也不断降低。

(3) 微电子技术促进日常用品的电子化。微电子技术的迅速发展，使其应用不再局限于尖端科技领域，在与人们生活密切相关的家用电器、医疗卫生、环境保护、能源交通等各个领域中也得到十分广泛的应用，并且深入到日常生活用品之中。

总之，微电子技术，特别是集成电路的迅速发展，使其应用的领域越来越多。据统计，微电子技术应用的分布大致是：计算机及数据处理约39%；家用电器、照相机、缝纫机、数字仪表等日常生活用电子产品约30%；工业及自动控制设备约11%；国防军事约9%；其他领域约11%。

(二) 计算机技术

1. *计算机技术的发展* 1946年2月，第一台计算机在美国宾夕法尼亚大学诞生，标志着人类进入高速计算的第4个阶段。这台计算机用了18 000个电子管，1 000只电容和7 000个电阻，重量30余吨，功率150千瓦，占地170平方米。运算速度是：做乘法每秒500次，做加法每秒5 000次，而算盘的计算速度每秒仅5次。但是，正是这台名为“ENIAC (Electronic Numerical Integrator and Calculator)”计算机的问世开辟了人类信息时代的新纪元。

1955年，晶体管完全代替电子管成为组装计算机的元件，第二代计算机UNIVAC-Ⅱ出现，性能大大提高而价格却大大降低，因而计算机的应用领域开始从科技研究领域扩展到商业领域。

1964年，使用集成电路和多功能的电子元件的第三代电子计算机进入市场，其性能价格比进一步提高，应用范围也进一步扩展到办公室、事务处理和工业控制等领域。

1970年，大规模的集成电路研制成功，1971年微处理器出现，第四代电子计算机产生。第四代计算机的代表便是个人微机，它的诞生使微机开始进入千家万户，迅速普及，再加上应用软件的发展，计算机的应用也得到飞速发展。

进入20世纪80年代后，随着超大规模集成电路的研制成功，推动了第五代电子计算机的发展。第五代电子计算机是以超大规模集成电路为主，模拟人脑的功能，即具有形式化推理、联想、学习和解释处理问题的能力，被称为人工智能。

20世纪90年代，随着大规模和超大规模集成电路的广泛应用，计算机继续向微型化发展。另一方面，为了提高运算速度，计算机不断向巨型化发展，从而导致了高性能计算机的诞生。这种计算机的运算速度比一般计算机快几千倍甚至上万倍，科学家们称之超级计算机。2004年11月4日IBM公司宣布研制成功超级计算机“蓝色基因/L”，其运算速度达到每秒70.7万亿次。

2. 计算机的特点及发展趋势

(1) 高性能计算机是实现复杂系统计算的必要工具。它的主要特征是高速、大容量。当前已出现每秒万亿次的巨型机，多用于战略武器、空间技术、石油勘探、中长期天气预报、社会模拟等领域。大型机的发展已从单纯靠元器件提高速度缩小体积，发展到同时改变设计思路、方法，改变机器内部结构。现在一致公认，多处理器并行处理是大型机的发展方向。这样对单个处理器的速度要求可以降低。当然并行处理有复杂的结构问题和并行算法问题，要从设计技术上来解决。目前已制造出具有几千个处理器并行工作的计算机，其速度达到千亿次/秒级，并正在研制万亿次/秒的大规模并行处理（MPP）计算机。

(2) 微机在发达国家中已经大量进入家庭。计算机向微型化和小型化方向发展，如现在已有的掌上电脑和个人计算机（personal computer，PC），它们具有体积小、重量轻、功耗小、价格低和可靠性高等优点。对于微机的发展，目前有两种意见：一种认为应充分发挥技术优势增强微机功能，使其用途更广泛；另一种意见是家庭中使用的微机不要太复杂，应简化功能，降低价格，便利使用。

(3) 计算机网络化是个大趋势。计算机网络化是计算机技术与通讯技术相结合的产物，它是通过数据通讯线路将分散在各地的许多台计算机联系起来，组成计算机网络，它不仅可以实现远程信息处理，而且使得共享系统资源成为可能。计算机网络可分为两种：一种是专业管理网络，国家的管理部门或者大企业集团大量的机构要连成一体。如美国航空航天局（NASA）有上万台计算机联成网络。当然一个单位一幢大楼内的局域网就更多了。另一种是社会公用网络，它把各个计算机或计算机网连接起来达到资源共享（包括存储的信息资源和计算机的运算功能资源、软件资源）。这方面最典型的就是互联网（Inter-

net)，目前已有上万个子网，几千万个用户与之相连接。

(4) 软件已经成为一个独立的产业，其产值已经超过硬件。首先是语言从最初枯燥无味的机器语言发展为高级语言，并且越来越向人类自然语言靠近。软件系统中由于联网兼容的需要，基础软件越来越标准化。至于应用软件，则随着应用领域的不断扩展，呈现琳琅满目，一派繁荣景象，从事开发的人员、机构越来越多。例如，各行各业的CAD软件就非常繁多。同时由于保密和国防等的需要，软件日益受到各国的重视。

(5) 人机界面使用越来越方便。相当时期内，计算机由于使用的复杂性，只能由专业人员来操作，这就大大影响了其普及程度。随着办公自动化的发展，一般白领人员都要直接操作，因此使用方便是个关键问题。目前从键盘输入到鼠标到触摸式、手写式发展，从依次查询到菜单式到多层菜单的查询都已大大简化了使用程序。计算机的用途除了开始时的数值计算功能越来越强，还逐渐发展了数据处理和控制管理。现在后两者的使用范围已经超过甚至大大超过计算功能。例如，文字处理、报表处理已广泛在办公自动化中应用；而控制功能则广泛应用于生产自动化中，并且已经渗透到各种机械装置和家用设备中，现代汽车、机床、音响设备、家电等都已大量采用微处理器控制。

(6) 计算机的智能化。现在的计算机具有人的某些智能，如说、听、识别文字、图形和一定的学习推理能力等。但就目前而言，计算机与人脑的功能还相差甚远，实际上计算机还不是名副其实的"电脑"。人类大脑有分层次的四大功能：观察识别、记忆存储、分析判断和想像创造。目前正在研究的人工智能技术，就是要使电脑具有这四个层次的功能，使之不但具有计算存储器的能力，还要具有推理、思维联想、抽象、创造的能力，使电脑像人脑一样能理解外部环境，提出概念，建立方法，进行演绎、归纳、推理，做出决策，学习等。

(7) 计算机的生物化。利用生物工程技术产生的蛋白质分子为材料，制造生物芯片。以这种芯片制造的计算机，不仅具有巨大的存储能力，且能以波的形式传播信息，其处理速度比当今最快的计算机还快106倍，而能耗仅有现代计算机的十亿分之一。同时蛋白质分子具有自我组合能力，使生物计算机具有生物体的某些机能，更易于模拟人脑的机能。

3. 计算机系统的组成　计算机系统由硬件和软件构成。硬件是计算机系统中的实际装置，是系统的基础和核心（称为硬核），一般微型计算机由中央处理器、存储器、输入/输出设备等组成，它以机器语言提供给程序员使用，人们一般使用的是预先编好的程序对计算机进行操作。软件指的是操作系统、文本编辑程序、调试程序、编译程序、数据库管理系统、文字处理系统、视窗软件、网络软件以及其他各种应用程序等，其中较低层次的程序（如操作系统、汇编程序）与硬件密切相关。而用户在使用高级语言或第四代语言编写程序时基本上已与硬件的实现无关，但硬件的结构和性能对程序处理的速度影响极大。

4. 计算机应用的领域　计算机应用已经渗透到几乎所有重大科技领域，成为科学研究和技术开发不可缺少的技术手段。如航天技术、生物技术、新材料技术、新能源技术、软科学技术和现代农业等等，都离不开计算机技术的支持。传统产业的更新换代，也主要依靠计算机技术的渗透使产业“软化”。因此计算机技术的发展影响着整个国民经济的发展。

目前，发达国家的农民使用计算机可以远程直接读取农业大型数据库和信息网络中的信息资源。世界上最大的农业中心网络系统是美国内布拉斯加大学的 AGNET 联机网络，现有这类系统数十家。美国农业部的信息资源管理办公室负责搜集、整理、分析和发布农业信息。3 600 个农业信息站点遍布世界各地。日本农林系统建立了通过日本电信电话公司承办的全国病虫害监测预报防治信息网，还普遍借助公众电话网、专用通讯网、无线寻呼网、气象情报网、个人计算机用户等提供农业信息服务。我国农业部自 1994 年开始筹建农业信息网络，现已初具规模，基础设施是以 ALPHA－7710 为主机。

由于农业具有很强的区域性和实时性，遥感技术（RS）和地理信息技术（GIS）是适时收获和处理信息的手段。RS、GIS 主要用于及时掌握作物种植、生长发育、产量状况以及气象和病虫灾害监测预报，发达国家已有 10 多年的应用经验。我国的此项技术与国际先进水平相比，主要是条件、实用化程度还不高。

农业信息系统的建设是一项十分重要的、关系农业全局的大事，应尽快发展完善。目前农业用户使用计算机可以获得以下几个领域的信息：①生产条件信息（生产资料、市场、政策、实用技术等）；②生产状况信息（作物种植、生长状况、作物估产、自然和病虫灾害监测和预警、畜禽养殖状况、疫情及防治情况等）；③科技文献信息；④数据库和手册性信息（资源、环境、区划，农业机构，农业知识、教科书，动植物检疫，农业政策、法律等）；⑤农业环境、资源信息（气象、土壤、生物与品种资源信息等）。

（三）网络技术

1. 计算机网络技术的概念　计算机网络技术就是指计算机技术与通讯技术相结合，利用因特网把分布于不同地理位置的相互独立的计算机、数据库、存储器和软件等资源连成整体，就像一台超级计算机一样为用户提供一体化信息服务。计算机网络是在协议控制下，经过通信系统互联的具有独立功能的计算机系统的集合群。

2. 计算机网络技术的发展

(1) 面向终端的计算机联机阶段。最初的计算机网络，是由一台计算机和若干台远程终端，经通信线路直接相连而组成的联机系统。当终端台数增多，通信线路加长时，线路所占的成本比重就相当高，于是便推出了多台终端共享通信线路方案。当然这些方案也带来了新的矛盾，例如多个终端同时争用主机的问题。因此，要解决新问题就必然要增加相应的软件和硬件，并且要制定相应的通信协议。主机要处理这些问题，必然使其负担加重。为了减轻主机负担，并适合具有集中多个式远程终端的设计，而发展了具有前端处理和集中器的方案。

(2) 资源共享网络阶段。为了解决联机系统中的计算机既承担通信工作又承担处理工作而负担较重的问题，1969 年美国国防部高级研究计划局 ARPA (Advance Research Projects Agency) 建立了阿帕网 (ARPA Net)。这个网络将分布在不同地区的多台计算机主机 (Host) 用通信线路连接起来，互相进行信息传递和数据交换，而各个计算机又自成系统，能独立完成自己的业务工作，从而标志着计算机网络的诞生。ARPA 网络的实现和完善，使计算机网络的优越性得到了进一步的证实。ARPA 网络的许多技术成就对网络的进一步发展产生了深远的影响。

(3) 网络互联阶段。由于局域网覆盖的地理范围有限，为了在更大范围实现计算机资源的共享，故将上述两种网络互联起来，形成规模更大的网络，这就是网络互联。1984 年国际标准化组织公布了开放系统互联参考模型 (OSI)，促进了网络互联的发展，出现了许多网络间互联网以及综合业务数字网 (ISDN)、光纤网、卫星网等。通过网络互联设备将各种广域网和局域网互联起来，就形成了全球范围的国际互联网。

(4) 信息高速公路阶段。20 世纪 90 年代，人类进入信息社会，信息产业已成为一个国家的主要支柱产业。1993 年美国提出“国家信息基础设施”的 NII 计划 (National Information Infrastructure)，即把分散的计算机资源通过高速通信网实现共享，提高国家的综合实力和人民的生活质量，人们通俗地称之为信息高速公路 (super highway)。随着世界各国相继提出自己的信息高速公路建设计划，为加速网络技术的飞跃注入了新的活力。

3. 计算机网络技术的功能

(1) 计算机网络技术的核心用途就是资源共享。所谓资源是指在有限时间内能为用户服务的硬设备、软件、数据等。利用计算机网络技术，就可以共享主机设备，如中型机、小型机、工作站等；也可以共享昂贵的外部设备，如激光打印机、传真机、绘图仪、数字化仪、扫描仪等；更重要的是，利用计算机网络技术，可以共享软件、数据等信息资源，最大限度地降低成本，提高效率。

(2) 计算机网络技术可以提供强有力的通信手段。利用计算机网络技术，人们可以加强相互间的通信，如可通过网络上的文件服务器交换信息和报文、发送电子邮件、相互协同工作等。计算机网络技术改变了利用电话、信件和传真机通信的传统手段，也解除了利用软盘和磁带来传递信息的不便，从而一方面提高了计算机系统的整体性能，如计算机的使用效率大大提高、可靠性大大增强，另一方面则大大方便了人们的工作和生活。

(3) 计算机网络技术可以充分发挥计算机的效能，帮助人们跨越时间和空间的障碍。网络用户可以通过网络服务共享信息、协同工作，而不受地理范围的限制，也避免了由于时区不同所造成的混乱。例如，利用全球网络订票系统，用户可以在世界各大城市设立的订票网点，就近订购多个航空公司的任一航班的机票。订票过程简单、快速、准确无误，从而消除了时间和空间等自然条件给乘客带来的不便。

4. 计算机网络的硬件组成　主要包括：数据库计算机系统、通信线路、终端设备、数据传输设备、通讯控制处理机等设备和互联的计算机可以依靠电缆、光纤、微波及卫星等物理实体进行通信。

5. 计算机网络的类型

(1) 按网络的拓扑结构来分，主要有以下几种类型。① 集中型网络。在这种网络中，从所有结点来的信息，都集中至网络处理中心——中心结点。信息传输的控制，所有信息的处理都在中心结点内进行。由于它呈辐射状分布，故又称为星形网络。这种网络的优点：结构简单，建网容易；资源集中，管理方便；平均延时小，信息流量高。主要缺点：通信线路长而成本高；如果中心结点出了毛病，则全网瘫痪。② 环型网络。在这种网络结构中，参加网络的各个结点（无中心结点和一般结点之分）经环形接口处理，连成一个环形。网络的控制功能，分散到各个结点的处理机完成。每个结点都能将自己的信息传递到目标结点中去。环形网络的主要优点：结点之间的连线不只一条，网络的可靠性提高了；具有可扩展性，能通过环形结点与其他环形网相连；因线路公用，故通信线路短。主要缺点：结构比较复杂，不适用于信息流量大的场合。③ 分布型网络。其实，这种网络是环形网络与集中型网络的一种综合形式，其网络控制功能也分散在各个结点处理机上。这种网络中，一个结点至少与其他两个结点连接，两个结点之间的联线比较多，因此，从一个结点到另一个结点之间，有几种路径可供选择，因此比较灵活，可靠性比较高。分布型网络的不足之处是，网络结构比较复杂，尤其是网络软件比上述两类网络要复杂得多，常用于大型网络，局域网很少使用。除了上述3种主要形式以外，还有树型结构和总线型结构等网络形式。

（2）按采用的技术分类。按照计算机网络所采用的技术，可将网络分为媒体访问技术和分组交换技术两大类。媒体访问技术是指基于不同的传输媒体而采用的各种网络访问技术，如以太网、令牌环、FDDI以及PPP和ISDN等技术。而分组交换技术则基于数据分组（packet），目前主要有X.25、帧中继、SMDS和ATM等技术。每个数据分组都有目的地址和源地址，首先由路由器或交换机存储，当传输线路（信道）空闲时，由路由器或交换机转发出去。当分组很小且大小相同时，被称为信元，如ATM技术的信元长度是53字节。

（3）按地理覆盖范围分类。在传统的计算机网络中，我们将网络按地理覆盖范围的大小分为局域网、城域网和广域网。① 局域网。它的连接距离一般在几千米到十几千米的范围以内，是处于同一建筑物、同一厂区、校园或方圆几千米地域内的专用网络。由于局域网的传输距离有限，使得局域网具有传输速度高，出错率低等特点，比如，在局域网技术中占有主导地位的以太网，基于IEEE802.3标准的10BASE－T的数据传输速率为每秒10 Mb，而快速以太网100BASE－T的数据传输速率可达每秒100 Mb。② 城域网。城域网是专指覆盖一个城市的网络系统，其距离介于局域网和广域网之间，一般为50千米左右，MAN所遵循的标准为IEEE802.6，即分布式对列双总线DQDB（distributed queue dual bus）技术。③ 广域网。广域网覆盖的范围通常可以在几十、几百千米，甚至环绕整个地球。在广域网中将整个网络中纯粹的通信部分（称为通信子网）和应用部分（主机）分开，一般所指的广域网通常仅指通信子网，在通信子网中，采用分组交换技术，将分布在不同地区的计算机系统互联起来，达到资源共享的目的。

（4）LAN与Internet简介。随着计算机网络技术的发展，局域网的延伸距离越来越远，所采用的技术也越来越复杂，局域网、广域网和城域网在很多时候已很难划分。因此，一种新的网络划分方法应运而生。在这种分类方法中，可将计算机网络分为3大类，即工作组网络、企业网/园区网和全局广域网，也就是目前流行的LAN、Intranet和Internet。

（四）现代通信网络与通信技术

1. 现代通信网络技术

（1）交换设备。在构成通信网络的交换设备、传输设备和终端设备中，传输设备占全网50%的固定资产，在技术上，光纤出现之后已基本满足传输需要。终端设备在用户手中，多是计算机形式，用途日益广泛，性能也日益全面；而交换设备永远处于网络的中心，是网的“结”，决定着通信网的传输能力和效率、效果等。

每个电话用户都需与多个用户随时通话，但不可能有1 000位通话对象就连通1 000条线路。解决问题办法就是交换技术。每个用户只要与交换中心相连，就可接通其他用户。1965年第一台用电子计算机控制的电话交换机问世，20世纪70年代起出现“数字程控交换机”，更使电话交换朝着话音与非话业务的综合交换迈出了一步。现在电话号查询、电话计费等都很方便，还出现了电脑话务值班，这些都是交换机的功劳。

(2) 智能网。进入20世纪80年代以后，通信技术和计算机技术日益融合，信息技术从普通电话向更广泛的数据、图像、移动通信、智能网络和商用增值服务等方面发展。它不仅具有传递、交换信息的能力，而且还具有对信息进行存储、处理和灵活控制的能力，这些业务被称为智能业务。20世纪80年代美国800号业务（集中付费业务）的产生，标志着智能业务的最早出现。它由AT&T公司采用集中数据库的方式提供，还只是雏形。90年代后，国际逐渐形成了智能网的标准规范，全世界将采用统一的智能网标准。

智能网中的“智能”是相对而言的，单独由程控交换机作为交换节点而构成的电话网还不是IN，尽管它已有一定智能功能。IN依靠先进的NO.7信令网和大型集中数据库的支持，最大特点是将网络的交换功能和控制功能相分离，把电话网中原来位于各个端局交换机中的网络智能集中到了若干个新设的功能部件——称为IN的业务控制点的大型计算机上，而让原有的交换机仅完成基本的接续功能，并听从业务控制点的控制。由于对网络的控制功能已不再分散于各个交换机上，一旦需要增加或修改新业务，就无须修改各个交换中心的交换机，而只需在业务控制点中增加或修改新业务数据，并在大型集中数据库内增加新的业务数据和客户数据即可。如果把信息网比喻成公路，把业务比喻成汽车，那么客户以前的位置是乘客，而在IN上，他们是驾驶员，可以根据自己的特殊要求定义个人业务。所以，IN最大限度地利用了信息网。

(3) 终端设备。电子计算机、复印机、传真机、电视机等，都是信息网的终端设备，是接收和处理信息的装置。信息技术的发展有从“服务到家庭”到“服务到个人”的趋势，希望做到任何人可在任何时间、任何地方与其他任何人进行各种业务的通信（话音、数据、视频等），所以终端向移动、图像、数字高保真等方向发展。目前个人通信的一些核心技术，如数字蜂窝状移动通信、公用无线电话系统、无线传呼系统，都已经取得了显著的突破并进入使用和普及阶段。

(4) 网上信息。通讯网络中传递的信息随通讯设备的不断发展而不断丰富，它不仅包容科学研究情报、国家战略管理信息，而且提供了日常生活中除传统的电话电报以外的大量新内容：如电子通信、电子货币、电化教育、电视会议、电视报刊等内容。实现这些通信内容的一个重要技术是信息数字化。数字通信、数字广播、数字电视，不仅具有品质优越、保密性强、容量大、不易受干扰、成本低等特点，而且还易于与电子计算机相衔接，便于存储及信号处理，并朝多媒体方向发展。此外，更多的数字化终端设备如全数字式高清晰度彩色电视系统等，已投入研制和开发。

2. 现代通信技术

(1) 程控数字交换技术。20 世纪 60 年代后期，随着集成电路技术的迅速发展，适应现代通信系统需要的程控数字交换技术应运而生。1970 年世界上第一台程控数字交换机研制成功，开创了现代有线通信的又一新的阶段。程控数字交换技术就是以数字信号形式来控制交换连续动作的新型信息交换技术。它的基本设施是程控数字交换机，其优点是：体积小、重量轻、灵活多能、容量大、质量高、节省设备、效益显著。程控交换机主要为电话通信网设计，可以胜任音信号或低速数据信号的配备和编组；分组交换机则是专为数据通信网设计的，可以胜任多种数据流的交换和编组，而包括电视图像在内的综合宽带交换需异步转移模式（ATM），已处于实验推广阶段。其无论音、数还是图像信号都能方便地上下编组和分配，是信息技术发展的方向。

(2) 卫星通信技术。卫星通信是由通信卫星和地面站组成的一种先进的通信系统，是一种容量大、距离远、使用灵活、可靠性高的新型通信手段，无论在民用或军事上都具有广阔的应用领域。通信卫星是在距离地面赤道上空 35 800千米的轨道上与地球的自转同步运行，并且轨道的平面与赤道平面保持为零度，通讯卫星是与地面相对静止不变的定点同步卫星。这种卫星专门用于通信，所以称为通信卫星。由于第一颗通信卫星可俯视地球 1/3 的面积，所以，利用在定点同步轨道上等距离分布的 3 颗卫星，就能同全球进行通信。自 1958 年第一颗通信卫星发射成功，卫星通信就以前所未有的速度发展起来，并一跃成为现代通信的重要支柱。现在通信卫星已发展到第六代，一颗通信卫星可带有几十个转发器，可提供几万路电话线或转播几十路电视。

(3) 数字通信技术。数字通信技术是有关数字信号处理、传输、交换的技术。它主要包括数字信号处理技术、数字信号传输技术和数字信号交换技术等。数字信号处理是数字通信技术的核心，它主要解决如何把模拟信号变换成数字信号以及把数字信号变成相应的模拟信号的问题，即编码和译码。数字通信与传统的模拟通信方式相比，具有以下突出优点，即抗干扰能力强、再生性好、可兼容性强、集成程度高、保密性强、通信质量好。因此，它一出现，就迅速取代了模拟通信而成为现代通信的主要方式。当然，数字通信也存在一些缺点，如占有频带较宽、需要有复杂的同步系统等。

（4）视觉听觉信息处理技术。视听觉信息处理技术是一种将各种视觉听觉信息进行必要的转换和处理，以利于机器（特别是计算机）理解的技术。它是最近10多年才发展起来的一门新型通信基础技术。它一般包括视觉信息处理技术和听觉信息处理技术两部分。视觉信息处理技术，它包括文字符号识别技术、图像识别技术等；听觉信息处理技术，它包括语音识别、语音分析、语音合成和语音处理等方面。视觉听觉信息处理技术在现代通信及相关领域的应用十分广泛。

（5）移动通信技术。移动通信技术是指实现人在活动和运行中实施通信联络的技术。它是在无线通信技术基础上发展起来的新型通信手段。根据其传输形式和移动方式的不同，可分为以下几种类型：①蜂窝式无线寻呼“BP”机。无线寻呼通信是一种单向型（只收不发）的移动通信，有人称之为“袖珍电铃”。这是移动通信的最初级普及型的一种通信手段。由于其快速、方便、价廉、易普及，受到人们的欢迎。②无绳电话。所谓无绳电话就是在原有线电话机座和听筒之间无须使用连接线，而靠无线电波传输信号，其成本低、使用方便，但听筒无线传输距离较短。这种方式发展也比较迅速。③公用移动无线电话网“全球通”。这是在地面移动中的电话通信系统。它的基本原理是依靠无线电技术和常规有线电话系统实现联网，使移动电话用户之间，或移动与固定电话用户之间进行通话。这种移动电话也可与长途电话局交联并用。目前许多国家已实现移动通信的全国漫游、全球漫游。另外，随着现代通信高技术的发展，人们还建立了空、海电话通信系统，太空移动电话等，使移动通信技术的应用领域大大扩展。

（6）光纤通信技术。光纤通信技术是利用激光波作为信息载波，光导纤维作为载体的通信技术，是伴随着激光技术的发展，从20世纪70年代初发展起来的一门崭新的通信技术。采用光波传递信息，其通信容量比同轴电缆大几十万倍。由于光波在大气中的传播损耗及受大气变化的影响较大，为了保证光波畅通无阻，需要使光波信息沿着特殊的线路传输。

光纤通信系统由发送、传播、接收等3部分组成。在发送端，由电光转换器将需要传输的电信息符号变换为光信息符号，使光源辐射的光波由电信息号调制成携带着信息的光波。这种光波再通过光纤传输到接收端。接收端由光电探测器将接收到的光信号变回电信号。由此可见，在光纤通信系统中光电子器件和光导纤维起着极其重要的作用。

光纤是一种新型的光波传导介质。它是细如头发的透明玻璃丝，可以用来传导光信息。光纤的导光机理是利用光在介质界面上的全反射原理来传导光能，光波在光纤的内侧发生全反射而从一端传导到另一端。

光纤通信技术正从短波通信系统向长波通信系统发展，而且是向着大容量、长距离、超小型和全光化方向发展。光纤通信的迅速发展将把人类带入一个光信息时代。

3. 现代通讯技术快速发展的主要趋势

(1) 传输向高速、大容量、长距离发展。光纤传输速率越来越高，波长从1.3微米发展到1.55微米并已大量采用。波分复用技术已进入实用阶段，相干光通信，光弧子通信已取得重大进展。光放大代替光电转换中继器可使无中继距离延长到几百甚至上千千米。

(2) 交换技术将有更快发展。①增大单个交换机的容量，目前技术上已可达到几十万线。②实行分散化和采用模块技术，使之更接近用户以缩短用户线。模块的功能也在不断提高。交换技术更多吸收计算机技术，如总线技术、并行技术等，使其结构上更为合理。③为了适应传递宽带信号的要求发展宽带交换。目前以快速分组交换为原理的异步转移模式作为宽带交换技术基础已成为定论。

(3) 数据网的速率越来越高。DDN已可达140 Mb/s，同时随着传输质量的提高、误码率的减少、网的规程可以简化，出现了帧中继方式。另外随着国际互联网的发展，TCP/IP协议的应用范围越来越广，各种服务器、连接器也层出不穷，得到大量应用。

(4) 通信网在向综合业务网发展。为了克服每种业务（电报、电话、数据、图像）单独建网的缺陷，更好地满足用户多种业务的需要，目前以两个话路带宽加一个信令通道（2B+D、144 Kb/s带宽）为单元的窄带综合业务网已在使用，在发达国家已达到电话用户的1%～5%。宽带网正在大力开发中。

(5) 通信网向智能化发展。随着通信接续的自动化，原来由话务员、报务员操作的功能已转由用户自己来操作。同时通信的使用越来越复杂，随着技术的发展，通信网可提供更多的功能。因此，把由用户来判断、操作的相当部分功能交给网来进行，使通信网具有人工智能就是一个方向。目前已有一批智能业务，使用最广泛的如被叫集中付费、转移呼叫、电话卡、语言信箱等业务，目前主要解决用户付费方便和被叫用户选择接收时间、地点等问题。随着需求和技术的发展，还将有更多的智能业务被开发。

(6) 移动通信向广泛化发展。随着人的流动性增加，移动通信使用越来越广泛，技术发展也非常快。从无绳电话、寻呼机到蜂窝式移动电话。现在蜂窝移动电话正在实现从模拟向数字的发展。下一步发展目标是实现个人化，即一个人在任何地方均可以用同一号码实现主叫和被叫通信，这样号码就不是分配给固定地点的固定终端，而是分配给特定的人。为了实现更大覆盖，除了地面手段外，卫星移动通信正在迅速发展。

（7）宽带业务的蓬勃发展。由于综合业务，尤其是宽带业务的发展，用户接入就成为突出的问题。概念上已从用户线发展为接入网，目前已有采用原电话对称铜线提高使用频率，原电缆电视的同轴线与光纤混合，使用全光纤、无线接入等多种方式。这是一个正在蓬勃发展的领域。

4. 其他信息技术

（1）信息获取技术。新型信息获取设备包括目标控测识别雷达、激光测距机、红外控测仪、新的集成传感器等遥感、遥测传感技术。探测到的信息需要在网络中变为电信号或光信号，经传输在终端重视，所以，获取信息还包括图像重现的显示技术，如扁平阴极射线管、等离子体显示、液晶显示等。

（2）信息处理技术。信息处理的水平在很大程度上取决于计算机的功能。计算机的发展经历了由简单到复杂，由单一功能到多功能，由特定专用到兼容并用，由指令驱动到数据驱动等发展过程，出现了向量计算机、并行处理机、分布计算机、数据计算机、过程控制计算机、容错结构计算机、通信处理机以及数据流机和归约机等各具特色的机型。功能更完备的智能计算机以及光子计算机正在把信息处理技术推向更高的阶段。

（3）信息控制技术。自动控制技术源于雷达的火力控制，随着控制技术的不断进步，20 世纪 80 年代又发展为“智能控制”技术。当今的智能机器人就是智能控制技术的集中体现。智能控制在武器系统的精确制导方面也得到了越来越多的应用，它的精确性、高效率，使它获得了“未来兵器之星”的美誉。当前主要以红外、激光、毫米波、合成孔径雷达等成像技术为突破口，正向更高的智能化方向发展。

第二节　生物技术

一、生物技术的产生与发展

（一）生物技术的含义

“生物技术”一词，是由英文“biological technology”的缩写“biotechnology”翻译而成，也有人译成“生物工程”或“生物工艺学”。

1982年，国际经济合作和发展组织（OEC）的一个专家组给生物技术（生物工程）下了一个定义：利用生物体系，应用先进的生物学和工程学技术，加工或不加工底物原料，以提供所需的各种产品，或达到某种目的的一门新型的跨学科技术。

此定义中的“生物体系”除指传统发酵所利用的微生物外，还包括现代生物技术所利用的动植物细胞或细胞中的酶；“先进的生物学和工程学技术”是指基因工程、细胞工程、酶工程和发酵工程等新技术；“底物原料”包括常用的淀粉、糖、蜜、纤维素等有机物，也包括一些无机化学物，甚至包括无机矿石；“各种产品”包括医药、食品、化工、能源、金属产品和各种动植物的优良品种等。此外，利用生物工程还能解决某些环境污染问题，近些年来一些国家甚至把这一先进技术应用于军事方面，这些应用即定义中所称的“某种目的”。

（二）生物技术的发展

生物技术这个词，虽然是20世纪70年代中期才出现的，但要追溯它的历史，得从远古时候说起。古代时人们就会利用微生物发酵法来制醋、做酱、酿酒等。例如，出土文物中曾发现过湖南豆豉，但古代人并不知道微生物的存在，更不懂得什么是发酵，他们对微生物的利用完全依靠多年的感知和摸索出来的经验。

19世纪中期，法国的巴斯德（L. Pasteur）发现了发酵现象，这可以说是生物工程的一个里程碑。20世纪初第一次世界大战期间，人们用发酵法生产原料、制造炸药，开创了发酵工业。20世纪40年代，人们发现了青霉素，此后抗生素工业开始出现。到了60年代，日本人在制造氨基酸产品时发明了固定化酶连续使用的新技术，这项技术使酶制剂、氨基酸、核酸、有机酸发酵工业相继获得发展。

19世纪初，孟德尔发现了豌豆的遗传规律，提出“遗传因子”概念（即现在所称的基因）；20世纪初，美国学者摩尔根证实了基因排列在染色体上，并发表了关于基因理论的著作；20世纪40年代，人们证明了遗传物质就是核酸；1953年，沃森和克里克提出了DNA双螺旋结构模型，阐明了遗传物质（基因）储存在DNA结构之中，由此开辟了现代分子生物学的新纪元。

生命乃是蛋白质存在的一种形式，而蛋白质是由基因来编码的。20世纪60年代初，尼伦伯格等一批科学家确定了遗传密码；1958年，克里克等一批科学家建立了遗传信息传递的中心法则；1956—1966年，美国微生物学家莱德伯格发现了细胞质粒；1968年，梅塞尔松和瑞士的阿尔伯从大肠杆菌中分离出了限制性核酸内切酶。1970 年，H. G. Khorana 实验小组发现了 T4 DNA 连接酶。到了 1972 年底，人们已经掌握了好几种连接双链 DNA 分子的方法，使基因工程的创立又迈进了重要的一步。20 世纪 70 年代初，基因工程技术应运而生。

1972 年，美国斯坦福大学的 P. Berg 博士领导的研究小组，率先完成了世界上第一次成功的 DNA 体外重组实验，并因此与 W. Gilbert，F. Sanger 分享了 1980 年度的诺贝尔化学奖。Berg 等人使用核酸内切限制酶 EcoRI，在体外对猿猴病毒 SV40 的 DNA 和 λ 噬菌体的 DNA 分别进行酶切消化，然后再用 T4 DNA 连接酶将两种消化片段连接起来，结果获得了包括 SV40 和 λDNA 的重组的杂种 DNA 分子。

1973 年，美国斯坦福大学的 S. Cohen 等人也成功地进行了另一个体外 DNA 重组实验，并第一次成功地进行了基因克隆实验。

1975 年，英国开创了细胞融合的杂交瘤技术，制成了单克隆抗体。在这种情况下逐渐出现了生物工程这个词，形成了现代的生物技术。

1983 年，K. B. Mullis 发明 PCR 法。

1984 年，丹麦科学家 S. Willadsen 成功利用胚胎细胞克隆出一头绵羊，这是首次证实的通过核移植技术克隆哺乳动物。

1990 年，人类基因组计划开始启动。

1996 年 7 月 5 日，第一个用成年体细胞克隆产生的哺乳动物——绵羊多莉（Dolly）诞生。

2001 年 6 月 26 日，人类基因组草图完成。

2003 年 4 月 14 日，人类基因组图谱正式绘制成功。

近几十年，生物技术不断取得重大进展，基因合成、扩增技术，基因修饰技术，基因克隆技术，基因芯片技术，基因治疗技术，以及新型表达载体等新技术、新方法不断涌现；功能基因的分离、克隆和开发应用，基因药物，重组疫苗，生物反应器，转基因植物和动物技术等都有了重大突破。特别是 20 世纪 90 年代以来，生物技术和生命科学基础研究不断取得重大进展，人类基因组序列“工作框架图谱”完成，被称为继原子弹、人类登月之后世界科技史上的第 3 个里程碑；模式生物拟南芥和水稻基因组图谱的公布，为植物改良，培育高产、优质、抗逆的农作物新品种奠定了基础；克隆羊“多莉”的诞生，标志着利用动物体细胞进行无性繁殖已经成为现实；干细胞、组织工程研究的重大进展，为再生医学开拓出日益广阔的前景；全球已有 60 多个微生物基因组的序列图公布，威胁人类的主要疾病都可能找到新的治疗方法，人类的健康水平将跃上一个新的台阶。

二、生物技术的核心内容

以现代生物技术为基础发展创立的生物技术工程主要包括基因工程、细胞工程、酶工程和发酵工程，其核心是基因工程。基因工程主要依靠的是基因重组技术；细胞工程主要体现为细胞融合技术和细胞培养技术；酶工程和发酵工程则必须通过生物反应器才得以进行。生物工程的外延还包括蛋白质工程、胚胎工程、生化工程、糖生物工程等，也有人把医学工程、仿生学（诸如模拟酶）、膜技术也包括在内。

（一）基因工程

1. 基因工程的含义　我们知道，小到病毒，大到高等生物，一切生物的遗传物质都是核酸。在高等生物中，遗传物质的传递，通常是通过交配、精卵结合的方法来完成的。这个受精卵不断地分裂、增生、特化而形成新的生命体。但是，要创造新品种，采用杂交方法是有局限性的，因为只有亲缘关系比较近的物种才可以杂交，而亲缘关系比较远的就不能杂交。例如，玉米和杂草就不能杂交，牛和猪也不能杂交，因为它们不是同一个物种。但基因工程技术正朝着解决这个问题的方向努力。

基因工程是20世纪70年代初兴起的一门新技术。它是用人工的方法，把不同生物的遗传物质分离出来，在体外进行剪切、拼接后再重组在一起，然后把杂交的遗传物质（在学术上叫做重组体）放回宿主细胞（例如大肠杆菌或酵母菌细胞）内进行大量复制；并使一种生物的遗传物质在另一种生物（宿主细胞或个体）中表现出来，最终获得人们所需要的代谢产物。这一过程就是人工重新设计生命，重新创造生物，并使新生物具有一种新的生理功能的过程。因此，基因工程可以理解为按照人们的预想，重新设计生命的过程。又因为它是遗传物质的重组，所以也称做重组DNA技术。

2. 基因工程的优点　基因工程有其特殊的优越性：①它容易打破物种之间的界线。基因工程使生物在亿万年中形成的生物交配屏障开始崩溃了，人类向生命的自由王国迈进了一大步。②可以根据人们的意愿、目的，定向地改良生物的遗传特性，可以把动物、植物和微生物三者之间的优点充分发挥，取长补短，创造出人类所需要的新生物物种。③由于能直接操纵毫无保护的遗传物质——基因，导致了改变生物遗传特性的速度大大加快。

3. 基因工程的步骤　基因工程的主要步骤都是在分子水平上进行的。其大致可以分为以下几个步骤。

（1）从复杂的生物有机体基因组中，经过酶切消化或PCR扩增等步骤，分离出带有目的基因的DNA片段。

(2) 在体外，将带有目的基因的外源DNA片段连接到能够自我复制的并具有选择记号的载体分子上，形成重组DNA分子。

(3) 将重组DNA分子转移到适当的受体细胞（亦称寄主细胞），并与之一起增殖。

(4) 从大量的细胞繁殖群体中，筛选出获得了重组DNA分子的受体细胞克隆。

(5) 从这些筛选出来的受体细胞克隆，提取出已经得到扩增的目的基因，供进一步分析研究使用。

(6) 将目的基因克隆到表达载体上，导入寄主细胞，使之在新的遗传背景下实现功能表达，产生出人类所需要的物质。

现在，基因工程技术正以极快的速度发展，一大批新技术正在日渐走向成熟，这里只是概述了基因工程的基本技术步骤，其实其中的复杂变化是无法历数的。

4. 实例　进行基因工程操作，必须具备必要的条件：首先要有能剪开遗传物质（基因）的“剪刀”，这种“剪刀”被人们称为限制性核酸内切酶。同时还要有把不同的遗传物质连接在一起的“糨糊”，以组成重组体，这种“糨糊”叫做DNA连接酶。另外，要把一种生物的遗传物质转移到另一种生物体内，还需要有搬运基因的“工具”，这种搬运“工具”通常称为运载体。运载体一般采用细菌的质粒或能感染高等生物的某些温和病毒，还有能感染细菌的噬菌体也可充当运载体。下面举例加以说明。

医学已经证明侏儒症是由于体内缺乏生长激素的缘故。生长激素是人的脑垂体分泌的一种蛋白质激素，它能够促进人体长个头。如果给患侏儒症的人注射这种生长激素，就能使他们长高。但是，人的生长激素具有种属特异性，即只有用人的生长激素才能治这种病，用别的动物的生长激素则不行。过去治疗侏儒症的生长激素只能从死人的脑子里提取，这样获得的产量很低，价格昂贵。若给一个患侏儒症的人治病，其一年的生长素用量就得从50具尸体的脑子里提取。

自从基因工程技术研究成功后，生产人的生长激素就不难了。那怎样用基因工程的方法去生产人的生长激素呢？首先要获取人的生长激素基因。通常都采用人工合成的方法来合成人的生长激素基因，然后利用大肠杆菌的质粒作为运载体。质粒是一种环状双链结构的DNA分子，它大多存在于细菌的细胞质中，是细菌染色体外的一种遗传物质。它能够在细菌细胞里复制自己，并且可以自由出入细菌细胞。有了大肠杆菌质粒作为运载体，再选择同一种限制性核酸内切酶去切割人工合成的人的生长激素基因和质粒，使它们产生相同的末端，这样就可以把人的生长激素基因接到环状质粒上去，组成新的重组体，再把重组体引入大肠杆菌。这种大肠杆菌和原来的大肠杆菌不一样，它带有人的生长激素基因，所以称为工程菌。把工程菌放进发酵罐里培养，它的代谢产物中就有了人的生长激素。

1983年，用基因工程方法通过大肠杆菌生产的人的生长激素产品已进入市场。

（二）细胞工程

什么叫细胞工程呢？目前对细胞工程的定义和范围还没有一个统一的看法。一般认为，以细胞为基本单位，在离体条件下进行培养繁殖或人为地使细胞的某些生物特性按照人们的意愿发生改变，从而改良生物品种和创造新品种，或加速繁殖动植物个体以获得有用物质的过程，就叫细胞工程。细胞工程包括动植物的细胞和组织培养技术、细胞融合技术（也称体细胞杂交）、染色体工程技术以及细胞器移植技术。

在动物细胞融合方面，发展最快的是用杂交瘤技术生产单克隆抗体。目前单克隆抗体不仅用于疾病的诊断和治疗，同时还可用于疾病的预防及发酵产物的分离、提纯工作和生物医学研究等方面。

此外，可对动物细胞进行大量培养使之产生有用物质。早在20世纪60年代末，人们就开始用这种方法来制造疫苗，近年来还用人的细胞生产干扰素、尿激酶等贵重物品。不过，当前对动物细胞进行大量培养所用的培养基需添加5%～10%的小牛血清，这不但来源困难，且价格昂贵。因此，当前应努力研究出一种不用小牛血清的培养基，这是十分必要的。

对于细胞器移植技术，多年来各国学者都在默默地研究着。例如，我国著名生物学家童第周先生在世时一直致力于移核鱼的研究，我国科学家也培育出了移核羊。1997年英国克隆羊多莉的问世，不仅轰动了科学界，也令各国政府感到不安，唯恐克隆出人而导致不堪设想的人类进化与伦理学问题。但是，应该认识到，不管怎样，克隆技术毕竟是人类科学史上的一大成就，正像原子能一样，和平利用必将造福于人类。

（三）酶工程

酶是生物（如微生物、动植物细胞）体内进行新陈代谢和物质合成、分解、转化所不可缺少的生物催化剂。酶在生物体内的催化只需要常温、常压，而且在催化反应时的特异性很强，某一种酶专门催化某一反应。

酶工程就是利用酶或含酶的细胞所具有的某些特异催化功能，利用生物反应器（即发酵罐）和整个工艺过程来生产人类所需要的产品的一种技术。它包括固定化酶、固定化细胞技术和设计、生产酶的发酵罐等。

固定化技术就是将酶或细胞吸附在固定载体上或用包埋剂包埋起来，使酶不容易失活，可以多次使用，借此来提高催化的效率和酶的利用率；而固定化细胞又是固定化酶技术的发展，它不必将酶从细胞中提取出来。

在固定化技术的基础上，最近几年又研制出了生物传感器。生物传感器是一种测试分析工具，它的特点是灵敏、快速、准确。它主要用在化学分析、临床诊断、环境监测、发酵过程控制等方面。生物传感器的类型有酶传感器、细胞传感器、微生物传感器和免疫传感器等。在发酵工业中已能用传感器来测定温度、液位、罐压等指标。

另外，在酶工程的开发中，迅速发展的还有生物反应器（即发酵罐）。目前设计的生物反应器有活细胞反应器、游离酶反应器、固定化酶和固定化细胞反应器、细胞培养装置、生物污水处理装置等，仅固定化酶反应器的种类目前已多达几十种。

（四）发酵工程

发酵工程就是给微生物提供最适宜的生长条件，利用微生物的某种特定功能，通过现代化工程技术手段生产人类所需产品的过程，也有人称之为微生物工程。

微生物本身能生产的产品有蛋白质（通常是单细胞蛋白和酶）、初级代谢产物（如氨基酸、核苷酸、有机酸等）、次级代谢产物（如抗生素、维生素、生物碱、细菌毒素等）。同时，利用微生物还能浸提矿物，对某些化学物质进行改造，对有毒物质进行分解以达到保护环境的目的。

现在的发酵工程不仅能利用微生物，而且也可以利用动物、植物细胞来发酵生产有用的物质。

基因工程、细胞工程、酶工程和发酵工程不是孤立存在的，而是彼此之间相互渗透、互相结合的。例如，用基因重组技术和细胞融合技术可以创造出许多具有特殊功能和多功能的“工程菌”和超级菌，再通过微生物发酵来产生新的有用物质。酶工程和发酵工程相结合可以改革发酵工艺，这样不但能提高产量，同时也能增加经济效益。

三、生物技术的应用

现代生物技术在近20年的时间里，得到了迅速的发展，取得了显著的成绩，在农业、工业、医药、军事等众多领域得到了广泛的应用，产生了巨大的影响。在21世纪，现代生物技术将会得到更加深入的发展和更加广泛的应用，展现出美好的前景。生物技术对人类未来社会的影响，绝不亚于微电子学、原子能、宇航、海洋等高新技术。也许正像人们预言的那样：21 世纪将是生物工程的时代。

（一）生物技术在农业上的广泛应用

生物技术在农业上的应用已经获得突破性进展，取得了巨大的成就。主要表现在以下几个方面。

（1）在改良农作物品种方面。种植业是农业的基础，培育高产、优质、抗病虫、耐逆境的作物良种，始终是农业技术应用的一项重要的战略目标。随着现代生物技术的发展，人们利用基因工程和细胞工程技术，如转基因植物的方法、原生质体再生植株方法，已经获得抗病毒、抗虫害、抗冻、抗旱等植物的优良品种，并已广泛种植，取得了巨大的经济效益。特别是在水稻、小麦、玉米等主要粮食作物优良品种的培育上取得了突破性进展。另外，从改良作物遗传基因入手，培育出了一批抗逆脱毒（即抗旱、抗寒、抗病、抗虫、抗盐碱以及抗除草剂等）作物优良品种，如烟草、黄瓜、番茄、马铃薯等新品种。此外，在速生树木和绿地矮草方面，也培育出了一些抗病虫的优良品种。科学家们还利用遗传工程培育出转基因植物来生产药物，一株植物就是一个小小制药厂。世界上已有不少国家获得了成功。

（2）在培育动物良种方面。培养适合于人类各方面需要的各种动物，是饲养业的重要目的。现代生物技术为实现这一目标提供了可能。人们不仅能够采用基因工程处理微生物，让它生产动物生长激素，而且能够采用遗传工程和胚胎工程直接处理饲养的动物，改良畜禽鱼类的性能，使它们品种优良，生产出更多的肉蛋奶等产品，甚至创造出新的家畜家禽和水产动物。从而有效地提高饲养动物产品的产量和质量，并培育出一批有特殊用途的动物新品种。目前，人们利用基因工程、细胞工程、胚胎工程等现代生物技术已经能够将各种不同的外源基因，直接转移到马、牛、羊、猪、鸡、鼠、兔、鱼等多种动物身上，培养出了一批转基因动物。

（二）生物技术在医药领域成效显著

医药卫生领域是现代生物技术最先涉及的领域，也是目前生物技术应用最广泛、成效最显著、发展最迅速、潜力也很大的一个领域。现在，生物技术的实际应用 60％都在医药卫生方面。生物技术在医药领域的应用主要有 3 个方面。

（1）使过去无法生产或无法经济生产的药物得以大量生产。目前，从动植物和微生物身上获得的生化药品约有 10 大类 400 余种。传统制药工艺，主要是从生物体的器官、组织、细胞、血液中提取。但由于资源的限制而无法大量生产，既满足不了需要，价格又十分昂贵。利用现代生物技术，如基因工程、细胞工程等，可以通过“工程菌”、转基因生物高效率地生产各种高质量、低成本的生化药品。如利用微生物发酵生产干扰素，比从人血液中提取成本降低近百倍。现在，各国利用生物技术研制的药物主要有：用于防治各种传染疾病，如肝炎、艾滋病、霍乱等，用于防治一些疑难病症，如癌症等，用于检查防疫的检测剂和新疫苗；用于抗病毒、抗癌、调节免疫功能的多种干扰素；用于治疗贫血、糖尿病、神经病等的人胰岛素等。

(2) 研制出一些灵敏度高、性能专一、实用性强的诊断技术新设备。人们的许多疾病由于在发病前难以诊断，发病后不便监测观察，而延误时机。现代生物技术的开发应用，为诊断监测提供了许多新的灵敏性高、性能专一、实用性强的诊断监测技术和仪器设备，如单克隆抗体药箱、医用生物传感器、DNA探针等。

(3) 开辟了医治疾病，特别是遗传性疑难病症的新途径。人们经常遇到把一些疑难病症称为“不治之症”的情况，这主要是因为，对发病的根本原因不了解或当前的技术手段还难以了解以及还未找到有效的治疗方法造成的。现代生物技术，利用“基因疗法”、“活细胞疗法”、“组织器官人工培养”、“优生基因工程”等一系列新医术，为医治疾病，特别是遗传性疑难疾病病症和实现优生优育开辟了新的途径。

（三）生物技术在工业领域引人注目

生物技术在工业领域的各个方面都显示出巨大威力。除在药品生产的工业化外，在化学工业、食品工业、能源工业、材料工业、电子工业和环境保护等方面，都显示出极大的应用潜力。

(1) 生物技术在化工工业的应用，改变了传统化工工业生产过程几乎都是在高温、高压下进行的状况，生物技术可以使化工工业在常温、常压下生产。当前生物化工技术的应用有以下几个主要方面：工业酶、工业菌的生产；用生物技术生产“石化产品”；“生物塑料”的生产；各种生化日用产品的生产等。

(2) 生物技术在食品工业的应用，就是用生物技术组建一种细胞或微生物，具有生产人类所需的营养物质的特性。它们就是工程细胞或工程菌。现在的主要方向有：蛋白质、氨基酸的生产；各种保健食品的生产；代糖物质的生产等。另外，生物技术使古老的酿造工业得到新的发展，发酵工程的广泛应用，使糖、酒、醋、酱油等生活必需品的生产，在生产周期上大大缩短，在数量上和质量上大大提高。

(3) 生物技术在发展新能源方面也显示极大潜力。生物能源由于能够自我复制，因而是用之不竭的再生能源；其用来转化能量的原料是水、空气和工农业的废物，所以也是廉价能源；生物燃料排放物通过一定技术处理不仅不会造成空气污染，还会起到净化空气和水源的作用，所以又是清洁能源。正因为生物能有这些与众不同的特点，使开发生物能源具有尤其重要的意义。当前利用生物技术开发生物能源主要有以下几个方面：①栽培能源植物；②利用生物技术将有机废物中的能量转化为燃料；③制作“生物氢”和“生物电池”。

（4）生物技术与微电子、自动化等现代高新技术结合起来，在多学科理论的基础上，发展成一门新的电子生物技术，已在研制生物电子产品方面，开始显示其极有发展前途的作用。目前，正在进行开发研究和应用研究的主要有：生物传感器、生物计算机、生物芯片等。

特别值得一提的是，利用生物技术治理环境污染，在保护环境方面也取得可喜的成果。如利用生物反应器处理废水；利用培育的特种细菌分解天然沼气，分解工业污染和白色污染物，制成生物杀虫剂代替化学农药和杀虫剂等，已取得显著效果。利用所谓“超微生物”清除被石油污染的海洋、陆地；美国科学家已用基因工程方法培养出一种能够降解 4 种羟类的“超级细菌”，它能消耗原油中约 2/3 的羟，速度之快，效率之高，为任何微生物都难以相比。“超级细菌”可在几小时内吃光自然界细菌要用一年以上才能消化的海上浮油，因此它是处理海喷石油污染的一种有效工具。

第三节　新材料技术

本节主要介绍新型金属材料、高分子合成材料、复合材料、新型无机非金属材料、光电子材料、生物医学材料以及纳米材料等。

一、新型金属材料

（一）非晶态金属

非晶态金属又称为“金属玻璃”，它是采用现代尖端冶金技术工艺研制成功的一种新型金属。这是一种原子排列杂乱无序（类似液体）的固体金属。它兼有玻璃和金属的性能，具有高强度、高硬度、高导电性和良好的导磁率等性能，其柔韧性和可塑性强，化学稳定性好，耐腐蚀性超过不锈钢的 100 倍，这种质地优良的金属玻璃还具有超导性，因此其用途十分广泛。金属玻璃最主要的特点是具有奇异的磁性能，是良好的磁性材料，当今最好的磁头材料就是用它制成的，失真度小。用它制成的磁性开关可以控制巨大的电流，这种磁性开关可以免去物体的实际接触，从而延长设备的寿命。在塑料中加入这种金属，可以大大地提高塑料的强度。

（二）合金材料

新型合金材料包括许多种类，它们性能各异，用途各不相同。例如，形状记忆合金是合金材料中非常引人注目的一类。这种合金具有非常好的“记忆”性能，它能够使温度变化时造成的形状变化，在温度恢复到特定值时，形状也自动丝毫不差地恢复到原来的状态。并且其坚韧性极强，可反复变形和复原500万次而不产生疲劳断裂。由于这一独特性能，其广泛应用于卫星、飞船和空间站的大型天线、飞机部件接头以及骨科整形等方面。记忆合金材料虽然问世仅20多年，但已发展到几十种，并且还在发展。

又如，贮氢合金是为解决氢的贮存和运输问题而研制的一种特异功能合金。这种合金中的金属能够和氢充分反应，以金属氢化物的形式将氢以标准态1 000倍的密度储存起来，当使用时通过加热即可将氢释放出来。它的这种特殊性能用途极广，如可取代汽油作燃料，可用于均化电厂负荷，储存热量、采暖、制冷等。储氢合金还具有能量转换功能，利用它吸氢、放氢过程与温度、压力的关系，可以实现化学能—热能—机械能之间的转换。这种性能有着广泛的应用前途。

（三）超导金属材料

超导材料是指在特定条件下，发生电阻完全消失，产生超导电性的材料。这种材料具有3个基本特征：零电阻、完全抗磁性和载流能力强。

超导材料最早是在1911年由荷兰物理学家卡墨林·昂内斯发现的。他用液氦冷却水银，使温度下降到－269 ℃左右，发现水银的电阻完全消失，电流可以无衰减的通过，即“超导现象”；1933年德国物理学家迈斯纳和奥森菲尔特发现了超导材料具有完全的抗磁性；1962年英国物理学家约瑟夫森发现了超导电子器的物理学基础——约瑟夫森效应，这些发现将超导材料研究大大推向前进。然而，在1986年以前，所研究的都是“低温”超导材料，主要是铌铝合金、铌钛合金、铌锡合金、铌锗合金等。1986年1月瑞士苏黎世IBM研究实验室的科学家用钡-钇-铜氧化物获得－243 ℃的超导转变温度，从而揭开了世界性的“高温”超导研究热潮。1987年以来，超导研究取得重大突破，美、中、日等国的科学家将转变温度提高到100 K左右。

从超导材料的实际应用来看，目前超导技术的应用大体可分两大类：①可制造磁性极强的超导磁铁，用于磁约束核聚变反应、大容量储能设备、高能加速器、超导发电机、电力工业输电和交通运输工具等。如美国实现超导输电，每年可以节省100亿美元的电力。②可以用于制造超高速计算机和高灵敏度的探测设备、通信设备、航天系统等。例如，1989年日本研制出世界第一台超导电子计算机，其全部采用约瑟夫森超导器件，运算速度达每秒10亿次，功耗6.2毫瓦，仅为常规电子计算机功耗的千分之一。

（四）减振隐声金属

减振隐声材料就是指在一定的条件下，具有极强的减振性能或降低噪声功能的材料。许多国家从20世纪50年代开始就大力着手研究这类材料，现已开发出多种类型。例如，日本电磁材料研究所发明的一种减振隐声合金，在低温至高温下均有极好的减振隐声性能，而且冷加工性和耐腐蚀性也很好，适用于飞机、车辆、船舶等产生振动和噪声的机器，以及容易受振动干扰的精密仪器等。美、英等国研究发明的特殊钢锰合金，用于制作不同机器部件，如机器过滤器、车轮，分别可降低噪声14分贝和6分贝，用子圆盘锯，甚至可降低噪声30分贝。还有一种消声新材料，可以吸收全部声能，能够极好地阻止噪音的扩散。

二、无机非金属材料

（一）陶瓷材料

新型陶瓷无论从材料的性能，还是从材料的制备工艺技术来看，都与传统陶瓷大不相同：其强度、硬度、耐磨损、耐高温、耐腐蚀等性能都比传统陶瓷有了很大的提高，特别是在克服传统陶瓷的致命弱点脆性问题上取得重大突破；一些新型陶瓷具有很大的超塑性，断裂前的应变提高500％左右。

新型陶瓷按其使用性能可分为新型结构陶瓷和新型功能陶瓷两大类。新型结构陶瓷主要有：氧化物陶瓷、氮化物陶瓷、碳化物陶瓷、硅化物陶瓷、硼化物陶瓷、砷化物陶瓷、氰化物陶瓷等。这些新型陶瓷具有许多特殊的性能，如具有强度高、耐高温、耐腐蚀、绝缘性好的功能。新型功能陶瓷主要有：装置陶瓷、电容器陶瓷、压电陶瓷、电致伸缩陶瓷、热释电陶瓷、磁性陶瓷、半导体陶瓷、导电与超导陶瓷、光学陶瓷和敏感陶瓷等。它们的实际利用价值越来越高，在生产和生活中发挥越来越大的作用。

（二）玻璃材料

现代新型玻璃材料改变了传统玻璃材料易碎、易传热的特性，研制出具有“特异功能”的新品种，如玻璃钢、“记忆玻璃”、化学敏感性玻璃、超韧性增强玻璃、激光玻璃、防弹玻璃、防辐射玻璃等。

在新型玻璃材料中，最为引人注目的是用纯度极高的玻璃纤维制成的光导纤维（简称光纤），它使现代通信技术发生了革命性的转变，并且在医疗、遥感、遥测等领域也得到越来越广泛的应用。一根光导纤维是由芯子、包层和涂敷层组成，其直径只有100微米左右，比头发丝略粗一点儿，但其性能极好。用光纤通信，一条电缆就可以传输几百万路电话，而普通电缆通信，一条线路只能传送几十路，最多几百路电话。光纤通信具有传输距离远、保密性好、抗干扰等优点，因此世界各个国家都高度重视光纤的应用和技术开发。光纤还可传输高强度的激光，现代医学激光手术刀就是利用光纤传输激光的。光纤也可用来制作光纤传感器，探测外界物理量的变化，这类传感器已经用于遥感、遥测技术。

（三）半导体材料

半导体材料是20世纪40年代发展起来的重要信息材料，通过近几十年来的研究工作，半导体材料种类不断更新，应用领域不断扩展，成为信息技术发展的基础。

半导体材料的发展大体经历了以下几个阶段。

1. 锗材料的发现和研制　1948年第1只锗晶体管问世，由于其不需要加热、功耗低、可靠性高、转换速度快、功能多样和体积小等优点，迅速取代电子管而广泛应用于无线电技术和军事技术领域，并成为当时出现的数字计算机的理想器件。

2. 硅材料的发现和研制　硅半导体材料由于机械强度高、结晶性强、在自然中储量丰富、成本低，并且可以拉制出大尺寸的完整单晶，使之成为目前电子信息工业领域的主要半导体材料。自1958年在硅晶体管的基础上制成了集成电路，就使电子产品跨入集成化时代，带来了计算机的微型化，掀开了人类信息时代新的一页。

3. 砷化镓材料的研究方兴未艾　科学家们预测砷化镓很可能成为继硅之后第二种最重要的半导体电子材料。根据其电子运动速度快、电子激发后释放能量以发光形式进行等特点，用砷化镓制成的晶体管可以制造出速度更快、功能更强的计算机，制造用于高频通信信号的放大器，同时砷化镓也是制作半导体激光器、光探测器、体效应器件等的关键材料。

4. 超薄层、超晶格半导体材料发展大有前途　利用高真空技术研制成超薄层和超晶格（非晶态）半导体材料，由于成本低，易大面积生产，因而在太阳能光电转换和信息技术方面开拓了崭新的大地。目前非晶态太阳能电池已达到相当高的热转换效率，非晶态硅电池也已广泛地用于电子计算器、电子手表等微型电器上。用非晶态硅制造记忆开关、场效应管、高分辨率液晶平面显示板、复印机等的新兴产业也已经具有一定规模。

三、新型高分子材料

（一）合成塑料

由于它的优越特点，其发展速度迅猛异常。特别是20世纪50年代以后，高性能的塑料品种源源不断涌现，至今已有300余种。从20世纪50年代开始，全世界塑料产量就超过铝、铜、锌等金属，并以两倍于钢铁的增长速度递增。在全世界塑料的通用品种中，聚乙烯、聚苯乙烯、聚氯乙烯、聚丙烯四大品种是日常生活中最常见的塑料材料，其总产量在1亿吨左右。其他如透光性好的有机玻璃，称为“塑料王”的耐腐蚀塑料聚四氟乙烯，作为工程塑料的聚碳酸酯、聚甲醛、聚酰亚胺和常用做泡沫塑料的聚氨酯等，也都具有相当规模的产量。

（二）合成纤维

20世纪60年代以后，各种类型合成纤维的研究出现高潮，除了“六大纶”（涤纶、锦纶、腈纶、维纶、丙纶、氯纶）外，还研究出可做宇航服、耐超热超冷的芳纶1313；可做飞机机翼、高强缆索的芳纶1414；可耐400℃高温和－273℃超低温的聚酰亚胺纤维；可做人造血管、软骨等人体器件的氟纶纤维；可做新式伪装服的多色纤维；可做合成纸、合成革、高效除尘器的高缩纤维、复合纤维、有色纤维、网络丝、完全变形纱、吸湿纤维和离子交换纤维等。

（三）合成橡胶

它是为填补天然橡胶的不足逐渐登上材料舞台的，其时间虽然不长，但发展极快。20世纪50年代其产量就超过天然橡胶的两倍，到70年代，年产量已达600万吨，品种达到1万多个以上，而且还出现了适于飞机、宇航工业、机器制造工业和轻工业等领域的耐高温、耐温差、耐臭氧、易着色、弹性高、耐摩擦等具有特殊性能的特种合成橡胶。

除了上述几类主要的高分子材料外，还有许多其他功能的高分子材料，如导电高分子材料，化学功能高分子材料，医用高分子材料，工程塑料合金等。它们大多处于刚刚开发的阶段，一般都不够成熟，有待于进一步完善，但其发展和应用的前景是十分光明的。

四、新型复合材料

（一）树脂基复合材料

新型树脂基复合材料主要是从树脂基体和增强材料两方面进行改进的。目前常用的树脂基体大体有：热固性树脂、热塑性树脂以及各种各样的改性和共混基体。热固性树脂具有难熔和不溶解、只能一次加热和成型、一般不能再生的特点；热塑性树脂具有可溶解、加热软化和熔融、遇冷变硬并可重复进行的特点。常用的增强材料有：粒子增强料、纤维增强料、晶体增强料、有机纤维复合材料等。正是运用这些树脂基体和增强材料，通过复合工艺制造出多种多样、功能各异的复合材料，广泛地应用于军事、航空、航天以及日常民用、医疗卫生等领域，取得了良好的效果。

（二）金属基复合材料

由于树脂基复合材料的使用温度相对较低，为适应高技术发展的要求，近年来正在迅速研究开发金属基复合材料。与树脂基复合材料相比，金属基复合材料不仅具有较强的耐高温性和不燃烧性，而且具有高导热性、导电性、抗辐射性、不吸湿和耐老化等特性。若与传统金属材料比较，金属基复合材料具有重量轻、强度和刚度高、耐磨损、高温性能好等显著特点。目前金属基复合材料虽然还存在制造工艺复杂、造价昂贵和不够成熟等问题，尚未能实现工业化生产和应用，但由于近年来的大力研究和开发，其发展很快，已经在军事和航天领域取得较好的应用效果。

（三）陶瓷基复合材料

陶瓷材料具有耐高温、高强度、高硬度及耐腐蚀性好的特点，但其脆性大的弱点限制其更广泛的应用。在陶瓷中加入多种陶瓷纤维、晶体、颗粒等增强体，制成陶瓷基复合材料，可以大幅度降低脆性、增强韧性，提高其抗热抗震性能，克服单一陶瓷材料对裂纹敏感性高和易于断裂的致命弱点。陶瓷基复合材料已经实际应用和即将实际应用的领域有刀具、滑动构件、发动机构件、能源构件等。

（四）碳/碳基复合材料

碳/碳基复合材料是指碳纤维复合材料。它是将碳纤维物质经过特殊工艺使之多次碳化和石墨化后，作为增强体做成的复合材料。这种材料具有强度高、耐高温、抗腐蚀、抗磨损和抗热震等优点，在航空航天领域已被广泛应用。当前主要用于洲际或远程弹道导弹的头锥、火箭的喷管、航天飞机的结构件以及军民用飞机起落架的刹车构件等。

五、光电子材料

1960 年第一台实际运行的红宝石激光器的出现给人以启示：总有一天光信号可以代替电信号作为信息交换的公共载体。当然光电子技术的应用并不局限于信息领域，由于激光本身存在方向性、相干性、单色性和储能性等方面的突出优点，也由于激光基质晶体和对激光束进行调制的非线性光学材料的相应发展，一个新兴的高技术产业——光电子工业已经破土而出，它包括光通信、光计算、激光加工、激光医疗、激光印刷、激光影视、激光仪器、激光受控热核反应、激光分离同位素、激光制导等许多方面。探索与发展新型光电子材料，制作高性能、小型化、集成化的光电子器件，已经成为整个光电子科技领域的前沿，其中光电子信息材料是整个光电子技术的基础和先导。光电子信息材料包括淘汰和信息获取材料、信息传输材料、信息存储材料以及信息处理和运算材料等，其中主要是各类光电子半导体材料、各种光纤和薄膜材料、各种液晶显示材料等。

六、生物医学材料

（一）生物活性陶瓷

人造生物玻璃（45%SiO_2，24.5%Na_2O，24.5%CaO，6%P_2O_5）已实现与骨相结合，而且与软组织相结合，成为一种活性陶瓷。用可与软组织相结合的生物玻璃修补中耳，已获得临床成功可以使聋耳恢复听觉。为了得到能满足高强度、耐弯曲要求的材料，如作为人工齿和承受重荷的人工脊椎骨，研究人员已开发一类结晶化玻璃，称为玻璃陶瓷，强度高于人骨，而且还可切削加工成各种形状。

一种与人骨的钙/磷相一致的羟基磷灰石合成成功，具有优良的生物相容性，而且在生物体内协调化学相互作用会促使骨骼新生，在与人体周围组织的结合上表现出具有主动能力的生物性。

（二）生物化学水泥

骨骼缺损修补、骨骼植入材料的固定和牙齿的修复等，利用磷酸钙系细粉为主要材料，在修补过程中，一面硬化，一面产生羟基磷灰石，形状可塑，操作方便，被称为生物化学水泥。研究工作正在就其成分、硬化过程和硬化后的性能进行深入探索，以造福于人类。

（三）生物复合材料

实验得到热解碳，比铝还轻，而且有高强度。把它涂在金属或高分子材料表面，有良好的生物相容性，与组织结合牢固，可以作为人工骨骼和人工齿。热解碳还具有抗血栓性，生物体不吸收，与血液蛋白质的适应性好，可以用作人工心脏瓣。用碳纤维涂上热解碳，可以作为韧带的替代材料。利用具有生物活性的羟基磷灰石作为涂层材料，喷涂在钛合金或氧化铝陶瓷表面，从而做到既发挥基体材料的强度，又发挥涂层材料的生物活性。

（四）人工器官

用于临床的人工器官的高分子材料主要有：聚氨酯、聚四氟乙烯、聚碳酸酯、聚甲醛、聚乙烯、聚丙烯、聚氯乙烯、硅橡胶、碳纤维等几十种。这些材料可以制造出人工心脏、人工肝脏、人工肾、人工喉、人工眼球、人工骨、人工皮、人造血浆和血液等。

我国已研制成功人造血液，是具有很高溶氧能力的氟碳高分子液体，已在临床上用于危急病人的抢救和战地救护。高分子材料制成的人工关节和人工乳房已投入临床应用。此外，人工器官在整容和美容方面也得到广泛应用。

（五）控制释放技术

药物治病需要一定的浓度，浓度低了达不到药效，浓度高了产生副作用。例如治疗糖尿病的胰岛素，要求在血液中维持一定的浓度，这就需要每天注射几次不断给予补充。人们设想，如果能以一定的速度释放药物，以实现保持血液中药物的一定浓度，那将是病患者的福音。

把药物包裹在膜里是控制释放的最简单方法。关键是制备无害而易分解的高分子材料作为胶囊。已经开发的聚氨酸就是一种能够满足这个要求的材料，并用来制成抗癌缓释药。后来又进一步使胶囊微型化，希望埋在癌变肿瘤内部大幅度提高药效。长效避孕药缓释胶囊的胶膜是用硅橡胶和左旋甲基炔诺酮制成的，把 6 个各含有 36 毫克避孕药的胶囊埋入上肢适当部位，药效可长达5～6 年，取出后 2～3 个月内就可以恢复生育能力，相当方便。

（六）仿生模拟

仿生材料是在对生物大分子进行深入分析的基础上，探索生物大分子结构与功能之间的关系，然后进行分子设计和仿生模拟，从而研制具有生物功能的仿生材料。

人们在海岸岩石上发现，蓝色贻贝之所以能够牢牢地粘在岩石上，是因为它能分泌出一种独特的液体。于是科学家仔细分析了这种分泌液体的分子结构，并进而合成了一种模拟蓝色贻贝分泌液的超级胶粘剂。其特点是可以快速固化，不受盐水侵蚀，是补牙和接骨的好材料。

科学家还构想更高层次的生物材料，在人们掌握了生命过程的机制和奥秘的基础上，预期研制出具有主动诱导、能促进人体自身组织和器官再生作用的生物复合材料。这一新构想正在积极开展研究，并有可喜的初期成果。这是一项涉及生物学、医学、材料科学、分子设计和工程设计等多学科协同研究的艰苦工程，也是一项为人类自身创造美好生存环境的伟大而长期的奋斗目标。

七、纳米材料

纳米材料是指粒子平均粒径在100纳米以下的材料。其中平均粒径为20～100纳米的称为超细粉，平均粒径小于20纳米的称为超微粉。纳米材料具有相当大的相界面面积，它具有许多宏观物体所不具备的新异的物理、化学特性，既是一种多组分物质的分散体系，又是一种新型的材料。纳米材料的研究是从金属粉末、陶瓷等领域开始的，现已在微电子、冶金、化工、电子、国防、核技术、航天、医学和生物工程等领域得到了广泛的应用。

(一) 纳米材料的特性

由于纳米材料晶粒极小，表面积特大，在晶粒表面无序排列的原子数远远大于晶态材料表面原子所占的百分数，导致了纳米材料具有传统固体所不具备的许多特殊基本性质，如体积效应、表面效应、量子尺寸效应、宏观量子隧道效应和介电限域效应等，从而使纳米材料具有微波吸收性能、高表面活性、强氧化性、超顺磁性及吸收光谱表现明显的蓝移或红移现象等。除上述的基本特性，纳米材料还具有特殊的光学性质、催化性质、光催化性质、光电化学性质、化学反应性质、化学反应动力学性质和特殊的物理机械性质。

(二) 纳米材料的种类

1. 纳米二氧化硅　纳米二氧化硅的团聚体是无定型白色粉末，表面分子状态呈三维网状结构。这种结构赋予涂料优良的触变性能和分散稳定性。纳米二氧化硅具有极强的紫外线吸收、红外线反射特性，能提高涂料的抗老化性能。对纳米二氧化硅表面进行处理，可使二氧化硅纳米粒子表面同时具有亲水基团和亲油基团，纳米材料的这种两亲性大大扩大了其应用领域。针对不同类型的涂料，纳米二氧化硅的添加量一般为0.1%～1.0%，最多不超过5%。

2. 纳米二氧化钛　纳米二氧化钛是20世纪80年代末发展起来的主要纳米材料之一。纳米二氧化钛的光学效应随粒径而变，尤其是纳米金红石二氧化钛具有随角度变色效应。纳米二氧化钛的粒径一般为10～50纳米，添加量控制在1.0%以下。

3. 纳米氧化锌　纳米氧化锌具有一般氧化锌无法比拟的新性能和新用途，具有屏蔽紫外线、吸收红外线及杀菌防霉作用。纳米氧化锌还具有增稠作用，有助于颜料分散的稳定性。

4. 其他纳米材料　常用的其他纳米材料还有超细炭黑、气相二氧化硅、纳米级碳酸钙等，但炭黑的分散问题、气相二氧化硅的添加问题及碳酸钙合理使用问题等仍需进一步研究。

第四节 新能源技术

人类开发和利用能源有着悠久的历史，能源结构发生过多次变革，经历了以柴薪、煤炭和石油为主导地位的 3 个历史阶段，并走进新能源阶段。但是，到目前为止，人们所利用的常规能源，大多是具有不可再生性的化石类能源，如煤炭、石油、天然气等。这些能源资源有限，而且在使用过程中一般会带来较严重的环境污染问题，特别是自20世纪70年代以来，接连出现了数次世界性的以石油、煤炭为代表的能源大危机，使人们越来越深刻认识到石油、煤炭等是一种蕴藏量极其有限的不可再生的宝贵资源，因此，必须一方面设法提高能源利用率，千方百计节省石油能源；另一方面，必须考虑采用新的办法寻求新的能源。正是在这一背景下，一场借助于科技手段，采用现代方法进行开发和利用新型能源的大变革正在展开，一个以蕴藏量丰富、可再生、无污染、无公害的新能源替代常规能源的“新能源时代”拉开了序幕。

新能源含义是相对的，今天的常规能源在过去是新能源，现在的新能源在将来也许就成为常规能源。就是同一种能源在不同的国家里也有不同的理解，例如核裂变能的应用在西方发达国家有 50 年的历史，技术已很成熟，而在中国核电的运用时间还很短，仍是新能源。目前，高技术中的新能源主要是指利用高新技术手段开发和利用核聚变能、太阳能、风能、地热能、海洋能、氢能等。

一、太阳能利用新技术

太阳是一个直径约为 1 390 000 千米的炽热气体光球。它的中心部分主要由氢及其同位素氘、氚等构成，在巨大质量吸引下，氢被紧紧地“拉住”，在1 500万摄氏度的超高温和几千亿个大气压的超高压下，氢原子不停地进行核聚变反应，产生巨大的能量，其中约有 22 亿分之一的太阳能辐射到地球上。辐射到地球的太阳能通过大气层中空气的吸收、散射和反射而衰减，所以到达地球表面的太阳辐射量只有 1.2×10^{17} 瓦，约有 47%以热的形式被地面、海洋所吸收，其他的则以原来短波或红外辐射形式返回地球以外的宇宙空间。太阳每年辐射到地球表面上的能量为 2.2×10^{24}，相当于 74×10^{12} 吨标准煤的能量，是目前世界能源消耗总量的 10 000 倍。

太阳能是一种资源丰富，不需要运输，又不会污染环境的最佳自然能源。可以说，开发利用太阳能是一种最有前途的能源技术。目前，太阳能的开发利用新技术主要有以下 3 个方面。

(一) 太阳能热利用技术

太阳能热利用技术是将太阳辐射能量通过各种集热部件转变成热能后直接被利用的技术，即光-热转换技术。入射到地球表面的太阳光的能量尽管非常巨大，但是，由于太阳光是广泛而分散的，要充分收集并使之发挥热能效益，就必须采取一种能把太阳光反射并集中在一起，变成热能的设备，目前太阳能热利用设备，按其结构分为非聚光式和聚光式两大类。

(1) 非聚光式是利用"热箱"原理，将太阳能转变为热能。箱子的四个侧面和底部由良好的隔热材料密封，内表面涂黑，顶部用透明的玻璃盖严，就成了"热箱"。当太阳光投射到玻璃后，大部分进入箱内，内表面吸收太阳能并转变为热能，使箱内温度不断升高。由于箱壁面不可能完全隔热，顶盖也难免会有部分热量散失，因此，利用这种原理达到的温度不太高，通常在 200 ℃以上。非聚光式太阳能热利用设备有太阳能温室、太阳能热水器、太阳能干燥器、太阳能蒸馏器、太阳房等。在农业上直接利用太阳能，最常见的是太阳能温室，它比塑料膜温室造价还低。另外，太阳能谷物干燥机、太阳能灌溉泵在一些国家已得到普遍使用。在民用方面，使用最广泛的是太阳能热水器。另外，民用太阳能烘干设备、制冷装置、热水暖气供应系统、海水淡化装置等，也在一些国家得到推广普及。

(2) 聚光式太阳能热利用设备由 3 大主要部分组成：聚光器、吸收器及跟踪系统。基本原理是太阳光经过聚光器聚焦到吸收器上转变为热能，被吸收器吸收后传给内部的集热介质（如水等），提高其温度，再加以利用。由于跟踪器的作用，能使聚光器随时间调整其相对于太阳的位置，以获得较佳的集热效果。聚光式太阳能热利用设备主要有：太阳灶、太阳能锅炉和太阳炉。太阳灶是最普通的一种太阳能热利用器，它直接把太阳的辐射能转变为热能，供人们炊事用，具有节约燃料、清洁无烟、器件结构简单、造价低等优点；太阳能锅炉是依靠产生蒸汽来驱动热机发电的；太阳炉的焦斑温度则达 3 000 ℃以上，可用于熔炼高难熔金属。

(二) 太阳能光-电转换技术

太阳能光-电转换技术是指利用太阳能转换成电能的技术。目前有 2 种方法：①将太阳能变成热能，再按常规进行热发电，称为太阳能热发电；②通过光电器件（如太阳能电池）将太阳能直接转化为电能，称为太阳能光发电。

太阳能电池是当前太阳能光发电利用的最基本方式。太阳能电池是利用光子伏打效应原理，即太阳的辐射能光子通过半导体物质能够转变为电能的效应制作的，所以又称为"光电池"或"光伏电池"。这种利用太阳光发电的电池材料又可分为结晶太阳电池和非结晶太阳电池两种。

世界上第一台实用型的硅太阳能电池是1954年在美国贝尔实验室研制成功的，获得了6%光电转换效率的良好成果。之后，世界许多国家纷纷投入力量进行研究。目前，已进行研究和试制的太阳能电池除硅系列外，还有硫化镉、砷化镓等许多类型的太阳能电池。其中，以硅太阳能电池最为成熟，使用也最广泛。太阳能电池问世不过半个世纪，但是它的应用范围却已非常广泛：太阳能电池一般应用在航标灯供电，为铁路、公路信号灯和路灯供电；在航空、航天领域使用太阳能电池作航空障碍灯、跑道灯、通信电源和紧急备用电源；此外，无线电中继站、山地气象观测站，以及无电、少电山区，太阳能电池可作为照明和工作电源；还可作为小型电器的动力源，如太阳能石英钟、太阳能手表、太阳能计算器、太阳能收音机、特殊功能游泳帽、玩具汽车、电动水机等，甚至太阳能游艇、太阳能飞机、太阳能汽车等，也已研制成功，开始进入实用阶段。

（三）太阳能光化学转换技术

光化学是研究光和物质相互作用引起化学反应的一个化学分支。太阳能光化学转换技术包括两种类型：一种是利用太阳光照射半导体和电解液界面，在电解液内形成电流，并使水电离直接产生氢的电池，即光化学电池；另一种是利用植物叶绿素的光合作用实现光—化学—电的转换，从太阳能到生物质能再到化学能的转化，是自然界最高效率的转变，未来人类获得巨大的生物能源，主要是通过这一途径。

二、核能利用新技术

核能又称原子能或原子核能。它是原子核结构发生变化时发放出的能量。核能是一种高度密集的能量，目前地球上还没有任何一种能源可以与之相比。核能释放通常有两种方式：一种是使重元素的原子核（如铀、钚）分裂成两个或多个较轻原子核，产生链式反应，释放巨大能量，称为核裂变能（例如原子弹爆炸）；另一种方式是使两个较轻元素的原子核（如氢的同位素氘、氚）发生聚合反应，形成一个较重原子，并释放出巨大能量，称为核聚变能（如氢弹爆炸）。

20世纪初发现原子核内蕴藏着巨大的核能是人类历史上划时代的重大成就，核能的开发利用，特别是和平利用的实现，标志着人类改造自然的能力进入了一个新的阶段。人类开发核能是从研究核裂变反应开始的。1942年建成了世界上第一座原子反应堆，宣告了人类进入了“原子能时代”。原子能首先被用于军事目的，1945 年美军向日本广岛投下了第一颗原子弹。第二次世界大战以后，核能的利用开始在两个方面得到发展，一方面继续用于制造原子弹、氢弹、中子弹等大规模杀伤武器；另一方面则大力开发核能的和平利用，建立核电站，用于工业、农业、医学等领域。1954 年前苏联建成世界上第一座核电站，开创了人类和平利用原子能的先河，从此和平利用核能得到迅速的发展。特别是近 20 多年来，核能在世界能源结构中的地位不断上升，被称为“最年轻”却又发展最迅速的一种新型能源。目前，开发利用核能的新技术主要有以下几个研究方向。

（一）安全性的核电站

和平利用核能，目前主要用于发电，核电站是核动力电站的简称。它是由核反应堆、蒸汽发生系统（热交换器、蒸汽发生器）、汽轮机和发电机等设备组成。

核燃料在反应堆内进行裂变反应而产生大量热能，由冷却剂（水或气体）带出来，并传到热交换器中，在热交换器中冷却剂把热量传给其他水，将水加热而成蒸汽，以此驱动汽轮发电机发电。当冷却剂把热量传给水后，再用泵把冷却剂打回堆里去吸热。以此循环使用，不断地把反应堆中反应释放的热能引出来。

核电站按其采用的反应堆类型不同，主要有压水堆核电站、沸水堆核电站、气冷堆核电站和快中子增殖堆核电站。

核电站具有高能量、耗费低、污染少、相对安全性强的优点。但是，核电站一旦发生问题，就会带来巨大危害。因此，安全问题是核能开发利用的重大问题。为了确保未来的核电站绝对安全可靠，现在从技术上已经提出“固有安全性”的要求，即核反应堆在任何事故条件下，都能自动停止运行，而且在最严重的事故条件下，依靠反应堆的技术装置，可以从根本上排除任何放射性逸出的可能性。现在已有一些核电站反应堆的设计达到和满足了这一要求。也就是说，随着科学技术，特别是高科技的发展，核能利用的安全性问题是完全可以解决的。

（二）快中子增殖反应堆

目前应用的各种核电反应堆，如压水堆、重水堆、气冷堆等都属于消耗型的热中子转换堆，也就是一般所说的第一代核电反应堆。第一代核反应堆存在着燃料利用率低，要大量消耗天然铀资源的缺点，因此科学家们经过反复研究实验，找出解决这个问题的最现实可行的办法是发展快中子增殖型核反应堆，又称“快堆”，也就是第二代核反应堆。第二代核反应堆的结构是以钚-239 为核燃料组成堆芯的，钚-239 裂变反应的是快中子，不是热中子，无需慢化剂，其冷却剂用液态钠，大大减少了中子的吸收损失。因此，作为第二代的先进核能技术有 3 大突出特点：①提高了核燃料利用率。快堆的独特优点是其燃料可以循环使用，不仅可以发电，还能增殖核燃料，可使铀资源利用率提高 60%～70%；②核能利用范围可进一步扩展，随着核动力技术的日益完善成熟，核能利用已由单纯的核电扩展到核供热、核照射、核医学等众多领域；③核能的安全性进一步得到改进。"快堆"还可以使用别的核反应堆用过的旧燃料，这样不仅起到节约核燃料的作用，而且大量减少核废料所造成的污染。

（三）低温核供热堆和高温气冷堆

人们利用的能量有很大的一部分是以热能的形式消耗掉的，例如，供暖、蒸汽、热水等。而在热能形式中，120 ℃以下的低温热能又约占一半左右。因此，如何使核反应堆在用于发电以外，能够解决核供热的问题，是开发利用核能新技术的一个有重要意义的研究方向。低温核供热堆和高温气冷堆就是很有前途的新的供热能源。

低温核供热堆是一种采用较低温度压力（1 000 ℃、1 471～1 961 千帕）的气冷反应堆。它只生产低压蒸汽和热水而不发电，具有很好的固有安全性和使用核燃料较广泛的优点。特别是供热温度在 150℃以下的低温低压核供热系统的锅炉结构简单、安全性强、投资少、占地面积小，而且可以建在城市近郊区。它是城市和工矿企业集中供热的一种安全、清洁、经济、方便的良好热源。因此，目前许多国家都很重视发展这种反应堆。

高温气冷堆是利用气体冷却的另一种反应堆。其浸化剂采用对中子慢化性能优良的石墨，冷却剂采用传导效率良好的氦气。由于石墨耐高温，氦气化学性能稳定，所以反应堆出口的温度可高达 1 000 ℃以上，能保证供应 950 ℃以上的工艺用热。这种气冷堆使用范围广泛，可供热发电、炼钢以及向造纸、化工、炼油厂、油田等工业部门提供热源，还可以用以生产清洁能源等。

（四）受控热核聚变反应

半个世纪以来，核能基本上都是通过核裂变方式取得的。这种裂变方式除了"快堆"以外，终究要消耗地球上为数有限的铀资源。实际上，核能更加令人向往的来源，是通过受控核聚变技术获得的聚变核能，这种崭新的核能，人们称之为"能源之王"。一座核聚变反应堆，可连续工作 3 000 年之久，真可谓"人造太阳"。"受控核聚变"这种能源具有 4 大优点：①质能比高，每千克氢和氘聚变时所产生的能量，相当于 1 万吨优质煤；②原料足，地球上氘的储量特别丰富，几乎可以说"取之不尽，用之不竭"；③清洁，基本不污染环境，聚变原料氢和反应生成物氦都不会产生放射性物质，是真正清洁的能源；④安全性高，它是在稀薄的气体中持续稳定的运行，因而是安全的。

目前，核聚变技术只能用于制造热核杀伤武器氢弹，但氢弹的热核聚变反应速度不能控制，因此，很难作为能源来利用，所以，受控热核聚变能的利用尚处于研究阶段。近些年来，经过努力探索基础理论和实验技术都已取得一定进展，一些国家正在进一步大力投资设计建造大型聚变实验装置和加紧研究开发。据不完全统计，目前大约有 21 个国家建造了 200 余座核聚变实验装置，同时还设计了各种受控热核反应堆发电装置，其中“等离子聚变装置”和“激光聚变装置”最有发展前途。人们有理由相信，核聚变这一崭新的“能源之王”，必将成为 21 世纪以后人类未来的可靠新能源。

三、地热能利用新技术

地热能就是地球内部蕴藏的热能。从地面向下，在 15 千米以内，深度每增加 100 米，温度平均升高 3 ℃左右。在 100 千米深处，温度高达 1 400 ℃，地球中心的温度约为 6 000 ℃。因此，可以说地热能是一种储量巨大、分布广泛的能源。按国际有关规定初步估算，全世界地热资源的总量约为 1.45×10^{26} 焦耳，相当于 4 948 亿亿吨标准煤，是全部煤炭资源储量的 1.7 亿倍。按世界年耗 10 亿吨标准煤计算，可满足人类几十万年能源之用。

根据地下热能储存的方式把地热能分为五大类型，即蒸汽型、热水型、地压型、干热岩型和岩浆型。目前能为人类开发利用的，还仅限于地热蒸汽和地热水两类，岩浆热的利用尚处在基础研究阶段，地压热和干热岩热的开发利用则处于实验阶段。

利用地热能是人类很久以前就开始使用的古老的技术，人们早就开采温泉洗澡、取暖、医疗等。但是把它看作是一种储量巨大、有经济竞争力的能源，是从 20 世纪初才开始的。现在人们对地热资源的认识越来越深刻，已不仅利用它来发电和进行名目繁多的直接利用，而且开始用钻探办法去开采蕴藏在地层深处的巨大能源。因此，从这个意义上讲，地热能可以说是崭新的有待于大力开发的新型能源。目前，地热能的利用可分为地热发电和直接利用两类。

（1）地热发电是利用地热能的代表性技术，是地热能利用的重要方向之一。世界上第一座地热发电站是 1904 年意大利建成的一座小型地热发电站，其功率很小，只点亮了 5 盏电灯。地热发电方式，目前分为蒸汽型地热发电和热水型地热发电。其原理和一般火力发电一样，是通过热能、机械能的中间转换产生电能，但地热发电所需的蒸汽能量是直接来源于地热能，不需要燃料及其运输设备，也不需要锅炉等设备，因此，地热发电是一种比煤、石油、天然气、核能等发电便宜得多的能源利用方式。但地热发电也存在一些问题，例如地热发电站的分布规模和发电成本受地质影响大，循环热效率比较低，地下热水含有各种杂质，化学成分复杂会腐蚀发电设备，引起管道结垢和堵塞。改进地热发电的热循环，提高热利用效率和研究经济有效的控制腐蚀和结垢技术，是地热发电的重要课题。

(2) 地热能的直接利用也非常广泛，其中，地热供暖、供热、供水是仅次于发电的地热能利用项目。地热能直接用来采暖、供热是最经济、最简便、最有效的用途，已引起许多国家的重视。北欧的冰岛气候寒冷，1 年有 300 天需要供热，该国有 75%的居民采用地热供暖。地热在工业、农业和医疗领域的应用也十分广泛。如工业上用来调节厂房空气，用作干燥和蒸馏热源，工业上地热在改善永久冻土带工作条件和道路融雪方面起到了重大作用；农业上用于建造地热温室，利用适宜温度地热水灌溉农田、养鱼也都取得很好的效果；医疗上根据地热水的性能用于饮用或洗浴对一些疾病的治疗，效果十分明显，江西省宜春市郊的温汤就是著名的温泉疗养胜地之一。

总之，地热能作为一种新能源，以其干净、无污染、成本低、不间断等优势日益受到人们的重视。

四、氢能利用新技术

氢能也叫氢燃料，是新型的“二次能源”。它是一种可再生的、洁净的绿色能源。

一般来说，人们总认为氢是一种化工原料，很少把它作为能源来看待。但实际上，早在一个世纪前，科学家们就开始考虑用氢作为未来的主要能源。20 世纪以来，随着现代科学技术的发展，氢已作为航天器、导弹、火箭等的重要燃料使用，由此证明氢作为能源，是完全可以应用的。

(一) 氢作为能源的优点

氢，在常温常压下是气体状态，在超低温和高压下又可成为液态。作为能源，氢有以下优点。

1. 重量轻　在所有的元素中，氢元素最轻。

2. 热值高　除核燃料之外，氢的燃烧热值居于所有的矿物燃料、生物燃料、化工燃料之首。每千克氢的燃烧热值高达 12 千焦，是汽油的 3 倍。

3.“爆发力”强　氢非常易于燃烧，且燃烧速度非常快。

4. 来源广　除空气中含有的氢气外，占地球 70%以上的水，都可以作为制氢的原料。

5. 品质纯洁　氢本身无色、无臭、无毒，十分纯净。氢燃烧后不产生对人体有害的污染物质，而主要是水，水还可继续制氢，反复循环使用。

6. 能量形式多　氢通过燃烧可以产生热能，再转换成机械能，也可以通过燃料电池和燃气轮机转换成电能。

7. 储运方便　氢可以用气态、液态或固态的金属氢化物形态加以运输和贮存。

氢能的诸多优点，引起人们的极大关注。科学家们指出，用氢能取代碳氢化合物能源，将是一个重要发展趋势。氢能必将成为今后在众多领域中普遍使用的重要新能源。

（二）氢能的制取

氢能作为能源，尽管有许多优点，但是目前在制取方法和手段上还存在着一定的技术问题，因此还不能真正做到大量而又廉价地获取氢能。

目前，人们制备氢主要采用以下4种方法：①应用电解法将水电解成氢和氧；②应用热化学方法高温热水解制氢，即在3 000 ℃左右的高温下让水发生热化学反应，生成氢气和氧气。最近，科学家们通过技术改进，将热解温度降至1 000 ℃左右；③采用等离子化学法将石油、天然气、煤气与水蒸气反应，首先制取氢与一氧化碳的混合水煤气，然后将水煤气和水蒸气一起通过灼热的氧化铁转化为二氧化碳和氢，再将二者分离，得到氢；④用光电化学法将半导体（如单晶硅等）材料和电解质溶液组成光电化学电池，在阳光照射下制氢。

但是，不管哪一种方法制氢，它都要消耗能量。为了降低成本，人们探索了各种各样的方法，现在大多倾向于采用太阳能、风能、水力能等发电，再用电将水分解制氢的途径。1986年，瑞典人就用一台风力发电机发出的电来电解水制氢和氧。同年，加拿大开始实施一项“水力氢实验计划”，用高性能离子交换膜电解水制氢。1990年，德国还建造了一座太阳能制氢实验工厂。此外，人们还用硫化氢作原料，在强电磁场作用下，使每一个硫化氢分子在高温下裂解，获得氢和硫，将它们分离后，氢直接作为用户的燃料，硫则作为化工原料用于生产硫酸和化肥等。

（三）氢能的利用

氢能已经在一些领域中得到应用，并且充分显示出其作为能源的巨大优点。目前氢能的主要用途如下。

1. 宇航器的燃料　现有宇航火箭和航天飞机均以液态氢和液态氧为燃料。氢氧燃烧所产生的高温蒸汽以超音速通过喷管，形成巨大的推力，使宇航器进入太空。选择液氢为燃料，不仅是它所产生的热温度高和能量密度合适，而且液氢和液氧都是低温液体，可同时作为火箭高温部件及发动机推力室的冷却剂。此外，还有氢氧燃烧污染少的优点。

2. 作为石油的替代燃料　长期以来，一些发达国家已在氢能汽车和飞机方面进行了大量的研究工作，并且有了样机成果，一旦廉价制氢技术过关，实用的氢能汽车和飞机就能投入市场。目前，日本已把储氢合金技术应用于汽车领域。

3. 氢燃料电池发电　氢燃料电池发电是通过氢和氧直接发生化学反应转化成电能。由于转换过程不经过热转换，所以其能量转换效率可达 80%以上。目前，日本、美国和西欧一些国家正在开发各种氢燃料电池。

日常生活领域中的氢能利用也已起步，并取得一定成效。

五、风能利用新技术

风能是地球表面大量空气运动产生的动能。它是一种可再生能源，同其他能源相比，具有明显的优势，它蕴藏量大、分布广、永不枯竭、可再生、无污染，是一种可就地应用的、干净的自然能源。早在许多年前，人类就利用风力驱动的帆船在水面上航行，应用风力提水灌溉农田、研磨谷物等。随着现代科学技术的发展，人类将利用风能解决能源问题。风力资源作为一种辅助能源，发展潜力很大，对解决部分能源危机，特别是解决沿海岛屿、边远农牧地区以及交通不便、远离电网和近期内电网难以达到的地区的生产、生活能源问题的一种可行途径，具有重要的意义。

据估计，世界上可开发利用的风能，约有 200 亿千瓦，比地球上可开发利用的水能总量要大 10 倍。但风能也存在着突出的局限性，它的能量密度低、不稳定、地区差异大。这些特点使风能的广泛利用具有一定的难度。

目前，风能的利用主要有两种：一种是将风能直接转变为机械能，如风车抽水，风力机带动锯木机等；另一种是将风能转变为机械能，再带动发电机发电。风力发电应用最广，它具有电站建造费用低，没有污染等优点。

风力机是风能利用中最重要的能量转换装置。风力机根据其用途，分为风力发电机、风力提水机、风力致热机等；按其功率大小分为大型、中型、小型和微型四种；按其风轮转速分为高速和低速两种；按其风轮轴的位置分为水平轴和垂直轴两种，以水平轴式风力发电机应用最多，技术最为成熟。风力机的性能，主要与其构造、外形和附加装置有关。由于风的随机性很大，即风速大小、风力强弱、风力方向都随时间变化，因此风力机很难稳定恒速工作，为了克服这些困难，我们就必须在其构造、外形、附加装置上进行技术创新。

近 20 年来各种型号的风力机有了很大发展。10 千瓦以下的小型风力机最早实现商品化，10～100 千瓦的中型风力机，技术上也比较成熟，100 千瓦以上的大型风力机许多国家都已研制成功。可以说，风力发电技术的开发应用，前景十分乐观。

六、海洋能的开发和利用

海洋能是蕴藏于海水中的再生能源，它主要是太阳能在海水中的一种特殊储存形式。海洋能包括：潮汐能、波浪能、海流能、温差能、盐差能、海上太阳能、风能等自然资源。海洋能除具有可再生性、不污染环境的优点外，同直射的太阳能相比它还具有不受时间的限制，白天黑夜都可利用的优点。海洋能是一项亟待大力开发利用的具有战略意义的新能源。目前，世界上利用海洋能主要有以下几种。

1. 潮汐能发电　潮汐能是人类认识并加以利用最早的一种海洋能。早期人们利用潮汐能作为磨的动力。今天，人们主要用潮汐能来发电。潮汐能发电是利用海潮形成的落差来推动水力涡轮发电机组发电，同一般水力发电原理相近。据估计，全世界的海洋一次涨落潮循环的能量为 8×10^{12} 千瓦时，比目前世界上所有水电站的发电量大 100 倍。所以，人们称潮汐能为“蓝色煤海”。潮汐发电站依其布置形式不同可分为：单程式潮汐电站，即涨潮蓄水，落潮发电，不能连续发电；双程式潮汐发电站，即涨落潮均可发电，可连续发电，提高了潮汐能的利用率；连程式潮汐发电站，即通过多个高程不等的蓄水池，采用水轮机-水泵组合，可连续稳定发电。

目前，世界上建成的较大规模潮汐能发电站有 30 多座，潮汐发电量每年约 6 亿千瓦小时。第一座大容量潮汐能发电站是法国 1966 年建成的朗斯潮汐能电站，它的最大落差为 13.5 米，安装 24 台发电机，装机容量 24 万千瓦，一直稳定运行至今。我国大陆海岸线长 1.8 万千米，沿海有 500 多个地方可建潮汐能发电站，从 1958 年起已陆续建立了几十座潮汐电站。

2. 波浪能发电　波浪能是大气层和海洋在相互影响过程中，由于风和海水重力作用下形成永不停息、周期性上下波动的波浪，这种波浪具有一定的动能和势能，即波浪能。波浪能是自然界中存在的巨大能量，发展波浪能发电技术，投资小、见效快、无污染、不需要原料投入，因此已引起各国的关注。日本、英国波浪能开发利用水平较高，世界上第一台小型波浪发电装置就是日本人在 1964 年发明的，至今，日本已建成一系列波浪能发电站和发电船。1985 年，英国在苏格兰艾莱岛建造起一座 75 千瓦的振荡水柱波力电站，1995 年又建成输出功率 2 兆瓦的波浪能发电站，可满足 2 000 户家庭用电。我国 1990 年建成一座实验性波浪发电站。据统计，全世界目前约有近万座波浪能电站在运转。有些国家已开始向中、大型波力发电装置发展。

3. 温差能发电　海水温差能是因深部海水与表面海水温度差而产生的能

量。利用海洋表层热水和深层冷水的温差发电，叫做海水温差发电。一般来说，冷热海水的温差只要达到 16.6 ℃，即可用来发电。实际上，海洋表面层与 500 米深水处的海水温差一般都在 20 ℃以上，因此，这种方法具有可行性。

温差能发电方式有两种：①封闭循环式，即利用海水上下温度差（超过 17 ℃）来使低沸点物质（如氨、氟里昂）产生蒸汽，再用蒸汽推动涡轮发电机发电；②开放循环式，即将海水直接在低压下蒸发产生水蒸气推动涡轮发电机发电。海水温差发电涉及耐压、绝热、防腐材料及热能利用率等许多问题，特别是发电效率低，目前发电效率还难以达到 4%以上。

4. 海流能的开发　海流是指由于太阳的辐射能在地球上分布不均，引起海洋表层不同温度的海水沿着一定方向有规律地水平流动，又叫洋流。根据水温的不同，海流又分为暖流和寒流。据估计，全球海流的总功率为 50 亿千瓦，其中有两大强流，分别是墨西哥湾流和黑潮。美国 1973 年就提出利用墨西哥湾流发电的“科里奥利”方案，计划把一组巨型水轮发电机布设在佛罗里达强流区，以产生大量的电力。日本从 20 世纪 70 年代末开始研究海流发电技术，目前正在进行黑潮发电装置的原理实验。总的来看，海流发电尚处在方案论证的初级阶段。

5. 盐差能开发　海水属于咸水，它含有大量的矿物盐，河水属于淡水。因此，在陆地河水流入大海交界区域，两种水混合在一起时，就会形成盐度差，淡水向咸水方向渗透，直到二者浓度平衡。这种渗透会形成压力差，同时盐度差蕴藏着丰富的化学能，这就是盐差能。据估计，全球可以开发利用的盐差能约有 26 亿千瓦。科学家利用盐差能的主要设想是采用渗透压力式发电；另一种设想是用离子交换膜将海水和淡水隔开，产生电动势，而导出电流。

七、生物质能利用新技术

生物质能，是太阳能的另一种形式，即太阳能通过一定方式转化为化学能储存在生物内部的能量。所谓生物质就是在有机物中除矿物燃料外，所有来源于植物、动物和微生物的可再生的物质。地球上的生物质资源极为丰富，是一种无害的能源。

世界上生物质能资源种类很多，主要有农作物和农业有机残余物，动物排泄物，江河和湖泊的沉积物，农副产品加工后的有机废物、废水以及城市生活有机垃圾等。所以说，生物质能源，就是通过种植能源作物和利用有机废料，经过加工，使之转变为生物燃料的一种能源。

利用现代技术将生物质转化为能量的技术方法，主要有热化学、生物转化等方法。目前，生物质能的应用主要有以下 4 种。

1. 热化学技术　采用热化学技术最简单的是直接燃烧，这是生物质能应用最简单、最广泛的转换技术。其次是将固体生物质置于一定的装置（如炉窑）内，把它转换成可燃的气体、液体或固体（如用热解的方法把生物质进行高温加热，使它的分子破裂形成可燃气体、液体或固体）；还可用气化的方法将固体生物质置于气化炉内加热，同时加入空气、氧气和水蒸气，使之形成可燃气体。

2. 生物转换技术　这是生物质能通过微生物发酵方法转换为液体或气体燃料的技术，如酒精、沼气的生产技术。

3. 植物能源　人们通过培育和种植能分泌出类似石油乳汁的树木，并将它们的分泌物进行加工，获得各种各样的植物油，替代柴油作燃料。例如美洲香槐就是一种石油树，其树干上的白色乳汁稍加提炼就可得到石油。还有东南亚的合欢树、我国台湾省的高冠树、美国绿玉树等都属于石油树。

4. 垃圾发电　可先将有机垃圾与水混合后压碎，变成液体，利用微生物将这些有机物质分解并释放出气体（65%是甲烷），甲烷被提纯、浓缩，然后通过燃料电池产生电。也可以将垃圾在高温下焚烧和熔融，获得可燃气体，可燃气体和余热用于发电。

生物质能的应用，过去主要是作为燃料，现在，应用领域越来越广泛，在电力、环保、化工、采矿和日常生活中都已大显身手。

八、节能新技术

节能就是指提高能源效率。它包括两个方面：①提高能源利用效率；②减少能源消耗。节能已经成为衡量一个国家能源利用好坏的一项综合性指标，也是一个国家科学技术水平高低的重要标志，同时又是解决一个国家能源问题的可靠途径。

经过近些年的努力节能技术已取得有效的成果，创造了多种节能技术，其中包括：使用新型高技术装备改进能源消耗方式；降低生产过程的能耗，回收生产过程各阶段所释放的热能；开发多种高效实用的新型能源转换形式，以适应高技术发展的需求；采用能效高的新生产程序，尽可能使用耗能低的材料和产品等。

（一）余热回收利用新技术

余热是指生产或生活过程中未被利用而排到周围环境的热能。据估计，我国各行业余热占其燃料消耗总量的17%～67%，其中约有60%可以回收，潜力很大。

（二）交通工具的“电气化”

早在1873年，世界上第一辆电动汽车在英国诞生，之后，又得到了一定的发展。但是由于一方面内燃机和燃料性能的不断改进，另一方面电动汽车的蓄电池技术一直发展缓慢，致使这种汽车很快被淘汰。20世纪中叶以来，随着内燃汽车污染环境、消耗能源多等弱点的日益暴露和世界性的矿物能源危机，电动交通工具具有的节约能源、无污染排放、行驶噪音小、使用方便等优点，又重新引起人们注意，特别是蓄电高技术的日趋成熟，电动汽车将再次成为汽车工业的发展重点而重新崛起。

（三）水煤融合的液体燃料产生

火力发电的重要能源是煤和油。要节能就要解决节约燃料的问题。人们利用“水煤融合技术”已制成高浓度代油燃料水煤浆，其节省煤炭提高热值的效果很好，已应用于火力发电和工业锅炉。

（四）现代热电联产技术

它是泛指任何两种或两种以上能源物质同时生产的能源新技术，如同时生产热水、蒸汽、冷气、电能、机械能、空调能源等。这种技术是将发电站、配电站、热交换器紧密结合在一起，充分循环使用回收的热水，使能源利用率提高15%～30%。这种联产技术具有节能、高效、灵活、便利等优点。目前，现代联产技术几乎已在全世界所有工业发达国家不同程度地推广起来，收到很好的效果。

（五）多种节能技术不断涌现

随着人们节能意识的增强，各国都采取多种措施，积极研究开发节能技术，寻求节能途径。例如高效电动机、高效节能照明技术、远红外线加热技术等的应用。

第五节　自动化技术

自动化技术是当代发展迅速，应用广泛，最引人注目的高技术之一，是推动新的技术革命和新的产业革命的核心技术。自动化技术推动传统产业现代化，在某种程度上，可以说自动化是现代化的同义词。

一、自动控制和自动控制系统

一提到自动化，人们就很自然地会想到银行的自动取款机，只要你把磁卡插入自动取款机，并输入你的密码及取款额，自动取款机就能很快地送出现款；自动包饺子机不用你动手，就能自动制皮、填馅、捏合、装盒包装等。因此，通俗地说，自动化就是用机器设备或系统代替人完成某种生产任务，或者代替人进行事务管理的过程。严格一点说自动化是指机器设备或生产过程在不需要人直接干预下，按预期的目标、目的或某种程序，经过逻辑推理、判断，普遍地实行自动测量、操纵等信息处理和过程控制的统称。更高层次的自动化是人工智能，用机器模仿人的智能活动，代替人去思考，延伸人的大脑功能。

例如，居室内的温度、水塔的水位、电动机的转速等，需要对它们进行控制，这些物理量被称为被控量。它们总会受到环境、外界条件或负载变动等因素的影响，这些因素统称为扰动或干扰。在扰动的作用下要使被控量保持恒定或者按预期的规律变化，必须对机器设备进行及时的、适当的控制。

实现控制时，可以采用人工控制，也可以利用控制装置代替人工控制。把利用控制装置使被控量自动地按预期规律变化的控制称为自动控制。被控制的设备或装置称为被控对象。传感器可代替人的感觉器官对各种物理量进行检测。利用传感器对被控量检测，并将信息送给比较装置去与被控量的期望值比较，这一过程称为反馈。比较装置和控制器模拟人大脑的某些功能，比较装置产生偏差信号，控制器对偏差信号进行运算处理，产生控制信号，执行装置代替人的手，按控制信号对被控对象实施调节或控制。

由控制器（包括比较装置）、执行装置、反馈装置和被控对象组成，能完成某种认为实现自动控制的系统，称为自动控制系统。自动控制系统是实现自动化的主要手段。例如，居室内的空调，就是一个温度和湿度自动控制系统。室内温湿度被称为被控量，检测装置由温度传感器、变送器和显示装置组成。用红外遥控器设定室内的期望温度和送风方式，期望温度和室内温度在空调面板上有显示，遥控器一般采用位式调节器，温度执行装置通常采用可控热交换器（冷却器或加热器），根据调节器送来的信号，改变冷却器（或加热器）吸收（或供给）被控对象的热量，并改变送风量，使室内温度与期望值相等。

二、自动控制系统的主要装置

自动控制系统的组成，主要有 3 个部分：采集信息和传递信息的传感器，进行运算、处理信息的控制器和根据控制信号去驱动被控对象的执行装置。

（一）传感器

根据国家标准（GB 7665—87），传感器的定义是：能感受规定的被测量并按照一定的规律转换成可用输出信号的器件或装置，通常由敏感元件和转换元件组成。其中敏感元件是指传感器中能直接感受或响应被测量的部分；转换元件是指传感器中能将敏感元件感受或响应的被测量转换成适于传输或测量的电信号部分。

目前，传感器的发展趋势是多功能化、微型化与智能化，日益趋于与微型计算机相结合构成自动检测系统。而微型计算机的小型化和集成度的提高也使得传感器的智能化更容易实现。

传感器的种类很多，仅就常用的几种作简要介绍如下。

1. 温度传感器

(1) 热电偶。由两种不同材料的导体连在一起制成，能产生温差电效应，将被测温度转换为电信号。热电偶的优点是结构简单，不需要外加电源，测量范围宽（−200～1 600 ℃），便于远距离测量，精度较高。

(2) 电阻温度传感器。利用金属材料的电阻率随温度升高而增大的特性，测量它们的电阻值变化，就可以知道被测温度。铂、镍及其合金等金属材料，由于熔点高，延伸性能好，在大气中不易氧化，稳定性能良好等优点，是常用的电阻温度传感器的材料。

(3) PN 结温度传感器。用半导体材料制造的 PN 结温度传感器，具有灵敏度高、线性范围大、响应速度快和抗干扰能力强等优点。

2. 力传感器

(1) 应变传感器。弹性体受力都会发生形变，将称为应变片的长方形金属薄片与待测力的物体粘在一起，受力后应变片延伸，其截面积变小，电阻率变大，测量电阻值的变化量，就间接知道力的大小。

金属应变片的灵敏度低，半导体应变片的灵敏度高，用它们制成的力传感器，测量范围很宽，有称量汽车载重的电子秤，也有测量大脑颅内压力的医用诊断仪器。

(2) 压电传感器。压电材料受力后，表面产生电荷，经过放大及阻抗变换，成为正比于所受外力的电量输出。压电材料分压电单晶中的石英晶体和压电多晶的压电陶瓷等。

3. 转速传感器　将旋转物体（例如电动机）的转速变换为电量输出。常用的转速传感器有光电式、电容式、变磁阻式和测速发电机等。

此外，还有测量流量、位移、速度、加速度、湿度、洁净度、气味、烟雾、气体、光和颜色等传感器。

(二) 控制器

控制器是自动控制系统实现控制的核心，它是按预定的控制规律和性能指标，产生控制信号的器件或装置。它的作用是模拟人大脑的某些功能，完成一些特定的运算。

在开环控制系统中，控制器为程序控制器，它按预定的时间顺序或逻辑条件，去控制执行器。在闭环控制系统中，控制器根据参考输入和反馈信号，按照一定的控制规律产生相应的控制信号，操纵执行装置，去驱动被控对象，使系统的输出按预期的规律变化。

控制器分模拟控制器和数字控制器。模拟控制器由电子器件构成，完成特定的运算功能。数字控制器由微型计算机及完成特定运算的计算机程序来实现。数字控制器具有精度高、抗干扰能力强、能完成高级控制算法和实现多路控制等优点。

(三) 执行装置

执行器是接受来自控制器的控制信号、转换为驱动信号，施加于被控对象的装置。它的作用是模拟和延伸人的手脚肢体的功能。按驱动能源分类，可分为电动、气动和液压执行器。如卫星通信地面站天线方位角跟踪系统的执行装置为直流电动机，推动飞机、舰船、导弹舵面的执行装置均采用液压缸（又称液压马达）。

三、人工智能技术

人工智能领域的研究是从 1956 年开始的，这一年在达特茅斯（Dartmouth）大学召开的会议上正式使用了“人工智能”这个术语。随后的几十年中，人们从问题求解、逻辑推理、定理证明、自然语言理解、博弈、自动程序设计、专家系统等多个角度展开了研究，已经建立了一些具有不同程度人工智能的计算机系统。

一般地说，人工智能就是专门研究如何用机器来承担本来需要人类智能才能完成的工作，探索和模拟人的感觉及思维过程规律的一门学科。具体地说，就是由人来编制计算机程序，让机器来执行本来需要人类智能方可完成的任务。因此，人工智能又称为机器智能。

目前人工智能技术的研究更多的是结合具体应用领域来进行的。下面介绍几个主要的应用领域。

(一) 机器思维

机器思维又称机器定理证明。证明定理是人类特有的智能行为，是逻辑演绎的过程。机器定理证明就是把人证明定理的过程通过一套体系符号加以形式化，变成一系列能在计算机上实现的符号演算过程，也就是把具有智能特点的推理演绎过程机械化。

人们证明定理时，不仅需要有根据假设进行演绎的能力，而且需要有某些直觉的技巧。例如数学家在求证一个定理时，必须熟练地运用他丰富的专业知识，猜测应当先证明哪一个引理，精确判断出已有的哪些定理将起作用，并把主问题分解为若干子问题，分别独立进行求解。因此人工智能研究中机器定理证明很早就受到注视，并取得不少成果。机器定理证明的研究在人工智能方法的发展中起着重要的作用，并具有普遍意义。

(二) 自然语言处理

包括语言识别与理解，使计算机听懂人说话，最终实现基于自然语言的人机相通。20 世纪 80 年代末国外在实验室里研究成功大词汇量非特定人连续语音识别系统；我国也研制成功汉语大词汇量口呼文本输入系统（声控打字机），在语音识别的实用化方面取得了重大进展。但要实现人机自然语言的对话，还有很大差距。

(三) 数据库的智能检索

数据库系统是存储某个学科大量事实的计算机系统，随着应用的进一步发展，存储的信息量愈来愈庞大，因此解决智能检索的问题便具有实际意义。

智能信息检索系统应具有如下的功能：①能理解自然语言，允许用自然语言提出各种询问；②具有推理能力，能根据存储的事实，演绎出所需的答案；③系统拥有一定常识性知识，以补充学科范围的专业知识。

系统根据这些常识，将能演绎出更一般询问的一些答案。实现这些功能要应用人工智能的方法。

(四) 专家系统

计算机模拟知识渊博、经验丰富的专家，去处理知识和解决复杂的现实问题。专家系统由知识库、推理机和用户接口组成。其中的知识库是由专家知识和数据库构成的。例如，1975 年美国费根鲍姆等研制成功用于治疗血液传染病和脑膜炎的医疗专家系统 MYCIN。1982 年美国学者 W. R. 纳尔逊研制成功诊断和处理核反应堆事故的专家系统 REACTOR。我国已研制成功中医专家系统等。

(五) 智能机器人

机器人分工业机器人和智能机器人。工业机器人是一种按预先编好的程序重复进行操作的自动装置。例如，点焊、弧焊机器人，喷漆机器人，装配机器人，农用撒药机器人。

智能机器人则是利用感觉、识别、理解，作出决策和行动的高级机器人，即配备视觉、触觉、听觉等各种传感器，取得周围环境的信息，作出比较复杂的分析、判断，拟定行动的途径，在更高程度上模拟人类的智能行动，如核废料处理机器人，消防机器人，水下机器人，极限作业机器人，柔性制造系统（机器人与数控机床等组成）。

机器人广泛应用于工业、农业、军事、科学研究等许多领域。机器人作为新一代的生产工具，在提高生产率、减轻人的劳动强度和把人从单调、繁重、恶劣、危险的工作环境中解脱出来，并扩大人的活动领域等方面，显示出极大的优越性。机器人技术受到人们的关注，将迅速发展，它的应用也将越来越广泛。

（六）自动程序设计

自动程序设计的任务是设计一个程序系统，它接受关于所设计的程序要求实现某个目标的非常高级的描述作为输入，然后自动生成一个能完成这个目标的具体程序。在某种意义上来说，编译程序实际上就是去做“启动程序设计”的工作。编译程序是接受一段有关某件事情的源码说明（源程序），然后转换成一个目标码程序（目的程序）去完成这件事情。而这里所说的自动程序设计相当于一种“超级编译程序”，要求它能对高级描述进行处理，通过规划过程，生成得到所需的程序。因而自动程序设计所涉及的基本问题与机器定理证明和机器人学有关，要用到人工智能的方法来实现，它也是软件工程和人工智能相结合的课题。

自动程序设计研究的重大贡献之一是把程序调试的概念作为问题求解的策略来使用。实践已经发现，对程序设计或机器人控制问题，先产生一个代价不太高的有错误的解，然后再进行修改的做法，要比坚持要求第一次得到的解就完全没有缺陷的做法，通常效率要高得多。

（七）模式识别

计算机技术的发展，使一门新兴的尖端技术——模式识别应运而生。模式识别是利用计算机对物理量及其变化过程进行描述与分类，通常用来对图像、文字、相片以及声音等信息进行处理、分类和识别。

模式识别技术包括下述 5 个部分：①模式信号的数字化；②预处理；③特征抽取与分类；④解释环节；⑤学习训练环节。未经学习的机器是无法分类的。

模式识别是作为知识工程机器对事实世界的接口而存在的。这种特殊接口可以把模式——视觉的、听觉的、触觉的模式进行感知、理解后直接输入知识工程机器进行处理。这就大大扩展了知识工程机器知识的来源并加速了其获取过程。知识的来源很大程度上来源于各种模式，例如，通过读文献而来；通过识别外在图像或图形而来；通过自然语言的交流而来等。以上所谈的自然参数过程，都笼统地叫做模式。这些物理模式中隐含了若干信息，恰好是这些隐含信息载运了知识。因此对之感知、理解就成了机器增加自己知识获取来源的一个重要部分。利用计算机系统，这些物理模式都是被离散化而输入计算机后再进行理解的。

（八）人工神经网络

由于计算机并行处理技术的变化改进，人工神经网络取得了较快的发展。它有3个方面的特点。

（1）具有自学功能。例如在识别图像时，只要先把许多不同的图像样板和对应的应识别的结果输入人工神经网络，网络就会通过自学，慢慢学会识别类似的图像。现在已经可以做到对面孔及表情的识别。

（2）具有联想存储功能。就像人一样，如果有人向你提起你幼年的同学张三，你就会联想起张三的许多事情，人工神经网络也可以实现联想。

（3）具有高速寻找优化解的能力。一个复杂问题可能有多种解决办法，从中寻找一个最优化的解，往往需要很大的计算量，利用一个针对该问题而设计的反馈型人工神经网络，发挥计算机的高速运算能力，可能很快找到优化解。

总之，人工智能技术虽然在国内外已取得长足的进步，但仍有很长的路要走，机器可以代替人脑的部分劳动，但永远也不可能取代人脑。同时要指出，人工智能技术可以帮助我们更快、更方便、更多、更有效地使用信息，但是这并不等于我们自己就不需要去学习、推理和适应了。最后要记住，人工智能技术仅仅是帮助而不是也不能替代人类，能够主宰世界的依然是不断学习和进步的人类。

四、农业中的自动化技术

自动化技术在农业生产中，得到了很好的应用，并日见广泛。

（一）自动灌溉

自动灌溉，在国内外已得到广泛的应用。如我国山东曲阜市西余村，建成了山区果园自动化微喷工程。各检测点的传感器测量土壤的湿度、温度等，自动地把数据送给微机房的电脑，进行分析，算出什么地方，该什么时候喷灌。电脑发出指令，控制各电动闸门及水泵开启或关闭，不用人上山下田就可适时喷灌。

（二）为农民种田提供信息

电脑可储存和提供管理农田、良种、产品价格及其他信息，以便农民种田获得最好的收益。例如，英国有很多农场主就使用电脑网络获得一周的天气预报及其他信息，以便更好地安排播种、浇灌、除草、收割等农活。我国不少农民上了网。1999年2月11日，一条“鲁西南最大菠菜市场”的信息登上因特网。七八天后，辽宁等十多个省市的客商蜂拥而至，菠菜卖了个好价钱。金乡县几十户农民争先上网，使20多万吨大蒜、葱销往美、日等十几个国家和地区，获利2亿多元。

（三）利用电脑“种”桃

新西兰一家研究所开发出用电脑“种”猕猴桃：屏幕上，树芽破土而出，逐渐长大，展开叶片，鲜花盛开，结出果实，由小而大，由青而熟。从种到熟，还不足1分钟，真神奇。不过，用虚拟技术种出的猕猴桃，只能看，不能吃，电脑一关，什么都没有了。它完全是按照果树生长的实际条件，如土壤、气候、水分等，在电脑中使果树长起来的。用它就可以获得作物各种信息。另外，用它开发新作物品种就很方便和容易了，开发的周期大大缩短，效益明显提高。

（四）利用电脑除草

电脑和全球定位系统结合起来，用于种田除草就更加有用处了。英国研究出电脑全球定位系统和智能拖拉机的除草系统：农民带着全球定位系统接收机在田地中行走，若有野草时就向电脑输入信号，存入野草所在的位置。等回到农场后，再把数据输入到拖拉机上面的电脑中，开动拖拉机，接收全球定位系统信号，在有野草的地方喷洒农药除草。这样可减少除草剂用量，提高农作物无污染的程度。

（五）农业工厂

农业工厂是一种全过程自动化种植体系。日本一家公司的蔬菜工厂采用无土栽培方式生产水芹等蔬菜。栽培室，用切成四方形的塑料块代替土壤。塑料块有很多孔眼，每个孔眼中放一颗种子，灌上水，两天发芽后，幼苗植入塑料块的定植孔中，孔中有细长的栽培杆，由它供应营养液。用人工光照射菜苗，由电脑控制照射时间和强度、室内二氧化碳的浓度（大约是大气中的3倍）、室温（冬季为15℃～20℃，夏季20℃～25℃）。随菜苗生长，要拉开间距，使它逐渐长大。

这种生产系统有点像工厂，底座的加工、灌水、播种、育苗、定苗、间苗、添加营养液、控制室温、控制二氧化碳浓度，是一道“工序”一道“工序”自动进行的。另外，生产中没有土壤，生长过程中所需的营养物质，运输和包装都很方便，重量轻，成本低，容易实现自动化和专业化生产。更主要的是，它提高了生产率和产品的质量，生产得到的农产品是无污染的。虽然现在仅在少数国家出现了蔬菜工厂、农业工厂，但它是发展方向，必将在21世纪蓬勃地发展开来。

此外，自动化在农业生产中还有许多方面的应用。例如，机器稻草人驱赶鸟雀、机器人摘水果、机器人收割成熟的大田作物，还有机器人养猪养鱼、挤牛奶、剪羊毛等。总之，自动化技术在农业生产中的应用已越来越广泛。

五、自动化在其他领域的应用

当今社会，在工厂、办公室、家庭、公共场所、学校，不论是工作劳动、休息娱乐，还是学习，可以说处处都离不开自动化设备。人类推动了自动化的发展，自动化反过来又为人类建立了新的、完美的、先进的生产和生活方式。

（一）工业自动化

工业自动化主要包括自动完成加工生产的设备自动化，自动完成正常生产进程的过程自动化，以及自动实现工业生产业务管理的管理自动化。工业自动化发展的特征是智能化和集成化。也就是，在工业生产中一方面制造和应用智能机器（如电脑和机器人）代替人的体力劳动和部分脑力劳动，实现高水平自动化生产；另一方面，综合应用计算机技术、制造技术、控制技术、电子技术、通讯技术和现代管理科学等学科知识，采用机器设备集成、信息集成实现工业规划设计、生产制造、企业管理、产品销售等功能的集成。

（二）办公自动化

办公自动化是自动化技术的一个重要应用领域。它于20世纪50年代首先在美国兴起，到70年代后期，办公自动化系统已在世界发达国家得到广泛应用。随着科学技术和社会信息化的发展，高集成化、多媒体化和智能化将成为21世纪办公自动化系统发展的趋势。

（1）高集成化。办公人员通过网络工作站访问网络，便可在任何地方完成办公室的各种业务。在此基础上实现办公自动化系统数据和应用程序的高集成化，异构系统数据共享，使应用程序具有可移植性，不同的应用程序可以在同一环境中运行。

（2）多媒体化。它的引入使办公自动化系统可以获得多种形象、直观的信息，并为办公人员提供一个更好且完全符合人们自然活动行为的图、文、声为一体的界面，从而推动办公自动化系统向更高层次发展。

（3）智能化。即采用各种基于知识的系统，如决策支持系统、电子秘书等。智能化的办公自动化系统的开发应用使得越来越多的人工职能将由计算机在更大的范围内更迅速、更准确地完成。

办公自动化系统的高集成化、多媒体化、智能化不是独立的，而是相互联系、相互渗透的。随着办公自动化系统的三化，人们的办公方式将发生一场革命，一个美好的办公环境将展现在人们面前。

（三）智能大厦

智能大厦即通常所说的“具有 3A 功能的大厦”。“3A”是智能大厦管控系统的 3 个组成部分：大厦管理自动化系统（BMA）、办公自动化系统（OA）和通讯自动化系统（CA）。智能大厦管理控制系统综合采用了国际上最先进的 4C 技术（control，computer，communication and CRT）和一体化集成系统，具有以下特点。

（1）一体化集成系统。智能大厦管控系统将建筑物内所有设备的监控集成为一个一元化的系统，采用自己的计算机操作系统，由计算机网络进行并行全面的管理。由于各系统由中央计算机系统集中管理、监视和控制，因而能充分利用硬件设备，降低整个系统的造价。

（2）并行处理与分布式计算机系统。智能大厦管控系统是典型的分布式计算机系统，由多台分散的 PC 机连接成网络，并采用分布式操作系统。系统中各智能单元既相互协同又高度自治，能在全系统范围内实现资源管理，动态地进行任务或功能分配。它强调资源、任务、功能和控制的全面分布。系统的工作方式也是分布的，其中各智能单元之间可根据两种原则进行分工：一种是把任务分解成多个可并行执行的子系统，分散给各智能单元协同完成（任务分布）；另一种是把系统的总功能划分成若干子功能，分配给各智能单元分别承担（功能分布）。无论是哪种分布，各智能单元都能较均等地分担控制功能，独立发挥自身的控制作用，但它们又能相互配合，在彼此通信协调的基础上实现系统的集成管理。

（3）实时多用户任务操作系统。智能大厦管控系统的操作系统是一个实时多用户操作系统，可以有多个用户程序同时运行；而任一用户又可以有多个任务并发操作。系统 CPU 可轮流为多个任务服务，具有系统进程管理和存储器管理的功能和开放型系统的特点，并提供各种操作优先级别，高优先级的操作首先得到处理。

（4）丰富的用户界面。智能大厦管控系统的操作系统具有处理图像和声音的功能，结合系统的通讯模式和智慧卡技术，可以指导和提示用户作出正确决策。系统采用多窗口图形技术，可在同一显示器上显示多个窗口图形。系统以建筑平面图、设备运行图或系统联动图作为静态基本图形，并在基本图形上嵌入采样输入点、调控输出点或智慧卡读卡机控制输出点等动态图形符号和动态数据。当信息点状态改变时，动态图形符号会以相应的图形变化来显示该点的实时状态。同时系统操作员也可以通过鼠标器激活该信息点图形符号，进行资料查询、参数设定及手动控制等。

（5）智慧卡的综合利用。智能大厦管控系统中使用具有人工智能的“智慧卡”系统可为用户的商务活动提供方便快捷的服务。

（四）家务劳动自动化

自动化技术被广泛地应用于家务劳动。比如用电脑设计和控制制作衣服，保证穿起来称心又时新。智能微波炉，不但能按时自动进行烹调，做出美味可口的饭菜，而且安全省电。智能冰箱，不仅能自动控温，保证食物鲜美不变，而且能告诉你食物存贮的数量、时间，能做什么样的佳肴，用料多少等。多用智能空调机能为你提供温暖如春的环境，可以送出冷气，排出水分而去湿，滤去空气中的尘埃净化空气。全自动洗衣机，不用人动手就能把衣服洗得干干净净。会说话的智能洗衣机，若是主人忘记关洗衣机门或没接水源，微电脑控制话筒说“请关上门!”、“请接水龙头!”；洗毛料衣物，若水温调到 95 ℃，它就说“洗毛料只能用 20 ℃温水”；衣服洗完后，它会说“洗好了，请把衣服拿出”；如果洗完后主人不及时擦洗机器，它就会大叫“爱护我”。

一种能看家护院、自动清扫、操持家务，智能相当于七八岁小孩的家政服务机器人于 2005 年底由哈尔滨工业大学研制完成。这种机器人全身安装超声波、各种传感器及保护装置，通过这些设备，机器人自己可以测距离、识别障碍物，不会碰撞家具和人，机器人身上还将装有摄像系统充当“眼睛”，识音器和扬声器则帮助它识别声音并开口与人交谈，通过安装轮子，使机器人行进运动灵活自如。

国外几年前兴起“智慧屋”，就有利用家庭计算机当管家的，主人外出，可命令各个自动系统工作，关掉冷气系统、音响和电视机的电源，关上百叶窗，接电话、自动留言；当主人回家时，发出指令，开动空调，调节室内光线，开动自动做饭系统做饭，煮咖啡，准备洗澡水等。晚上，打开卧室的灯，同时把大厅和厨房的灯自动关掉，也可以将客厅播放的电影，通过遥控设备转到卧室的电视机上等。

新近出现的一项技术，使得在上班的人们可通过因特网来监控自己家中的情况：只要在计算机运行的网络浏览器软件中用鼠标点击一下，即可以控制门锁、家中的恒温设备、安全设备及娱乐设备等。医生在医院可用它监控住在家中的病人。

国外的科学家正在构思未来智能化厨房，它将完全自动化，并通过互联网与超市相接。仓储柜内的扫描仪检查物品的条形码，将信息送给计算机，计算机根据这些信息，以及冰箱和冷冻室存储的食品快要用完时，打印出订购的清单，并通过互联网送给超市。而商店会及时发送当天订购的食品。计算机也会及时提出购买其他半成品的建议，当储存的食品将超过保质期时，冰箱会自动发出警告。将来的烹饪也变得容易了，各种锅内都有测温装置并与控制装置相连，可以保证菜肴不过热爆炸或外溢，而微波炉根据条形码的指令烹制所配置的饭菜，会做得又香又可口。

（五）自动购物与电子货币

现代的自动售货机已获得普遍的应用，而且是各式各样的，如自动售饮料机、自动售香烟机、自动服务机等。韩国的自动煎蛋机，只要投入一枚硬币，一份油煎蛋就会落入纸盘上，并有一个小餐叉和一小包盐。蛋壳用紫外线进行无菌处理，防腐烂后再丢进垃圾箱。半分钟可自动提供一份煎蛋。

日本西武开设了世界上第一家全自动百货公司。当顾客走进来，就有"机器人跟班"跟着，顾客挑选货物时，它就会停下来。若是顾客想查查有什么货物，只要一按按钮，荧光屏上就会显示出商品的目录，或用电视电话向咨询小姐咨询。顾客想试一试衣服，自动装置便会把顾客及衣服一起显示到荧光屏上，让顾客看衣服合适不。若是顾客购买食品，只要按下相应按钮，就可把诸如火腿切成片，自动计算数量、价钱，并递出包装好的食品，只需几分钟。

现在，在互联网络上可以逛虚构的"商业街"，用户使用鼠标敲击各个商店的店门，就可进入商店内浏览商品，如果想买，通过互联网就能够购买。当然，用计算机通过互联网购物还有待发展。

现在，联机银行服务系统使用自动取款机（柜员机），能代替银行出纳员完成大多数服务性业务。用户可持信用卡取款。自动取款机能完成自动提取现金，在有关账户之间自动转移资金，账户收支以及自动查询等业务。

电子货币正在蓬勃发展开来。电子货币就是银行的智能卡之类的东西。人可以通过特种取款机或利用其他方法，把你的账号上的钱"装到"这个卡里。你用这个卡就可到处买东西、打电话、付各种税款。使用它不必用密码，也不用身份证。它和现金一样，在谁手内就归谁所有。在国内外的一些地区，已经开始使用这种电子货币。

电子支票也会逐渐使用起来。在电子支票中，用高级加密技术，把使用者的代号编成数字代码。电子支票从电子信箱中传送，可以在个人计算机、可视电话上使用，也可通过自动取款机、公司的财务系统使用。

目前，电子货币，电子支票的使用和推广还存在不少问题，有待逐步加以解决。

（六）救死扶伤

医院用机器人早已在世界上得到了应用。它能"带领"患者就诊，送病历，送化验单及药品等，能自动地在规定的地区行走。"机器人之父"英格伯格的飞跃研究公司，研制的"护士助手"机器人，能在医院的走廊里穿梭似的来回奔忙，为病人倒水送饭、端茶送药，运送病历和化验单，运送医疗器材和设备。它是用轮子走路的，当遇见道路被堵塞时会发出叫声，提醒人们把障碍物搬开。它能自动绕开障碍行走，也会乘电梯上下楼。

外科手术机器人已发展到很高水平了，做了很多手术。英国一医院开发出前列腺外科手术机器人。瑞士联邦理工学院工程师和医科大学医生共同研制出可进行大脑手术的机器人。德国柏林洪堡大学菲尔柯夫附属医院建造了世界上的第一个机器人手术室，有两台机器人帮助口腔、颌部、脸部外科医生做手术。

我国也于1997年开发出机器人医生，为患者李志鹏做了脑肿瘤手术。机器人手臂将直径2毫米的穿刺针准确地插到靶点，机械手通过"穿刺针"吸出脑肿瘤中的肿瘤囊液，并将治疗药物注入脑瘤内。机器人进行手术获得成功。

更有趣的，也是很有发展前途的远距离外科手术。外科医生坐在远离前线的地方，而真正的伤员在几百千米之外。医生看着显示器传送来的图像，进行手术，医生动作完全传送到远方的机器人手上，它的手上手术刀也进行相同的动作，对伤员进行手术。

盲人用手杖探路，可以用电子仪器带路，也可以用机器人（导盲犬）带路。当走到交叉路口时，机器人会及时地告诉自己的主人，根据主人的命令，或按预先存入电脑中的指令，带领盲人走到目的地。当与其他物体接近了，也就是遇到障碍物时，电脑会发出命令，驱使导盲犬停下来或绕过去。在行进中，遇到汽车、行人、树木、栏杆等障碍物，导盲犬会自动地避免与这些物体相撞，能带领盲人绕过障碍物。

人们研制出智能假肢。这种假肢是由传感器、微型电脑和驱动装置组成。智能假肢的传感器能感觉出行走的速度，这个信号输入到微型计算机中。计算机经过分析，可以控制气压系统中空气压缩度，安装在膝部的传感器测出它的松弛度，然后由微型计算机根据这一信号，控制一个阀门，调节压气气缸内压力，压力高时，膝部活动就快，行动速度就加快了。反之，则速度就慢一点。

费城有一位叫菲拉德费斯的青年，在一次事故中失去了右腿。莫斯整形医院把九个电极装在他的大腿断部的九块行走肌肉上，九个电极与计算机相连。让菲拉德费斯在脑中想像，自己的腿向前迈进，残留肌肉就有电脉冲。电极测出肌肉的电脉冲，计算机接收这些脉冲，然后再加以分析，变成控制信号，控制假肢，假肢使他向前迈进。同样，他想像自己上楼梯，假肢也会完成上楼梯的动作。

智能机器帮助残疾人重新站了起来，在国外已有多例，这是人工智能的一大应用，是自动化技术创造的奇迹。

（七）模拟训练器

借助模拟训练系统，可使老人跳伞，小孩驾赛车，一般人开飞机。72岁的美国前总统布什，借助虚拟训练器在地面上进行跳伞练习，真的实现了从飞机上好好跳一次的多年夙愿。

为了训练飞机驾驶员、跳伞运动员、伞兵和空降森林灭火员跳伞，过去要用跳伞塔，费钱又容易出事故。现在用跳伞虚拟现实仿真器进行训练，人双脚稳定着地，用双手抓着降落伞的背带进行练习，显示器显示出跳伞者可能看到的景象，并且十分逼真；并用十字线表示着陆目标。受训的人拉动着套环控制方向，幕上的景象随着套环被拉动方向而慢慢旋转，不断改变自己“下降”路径和方向，躲避障碍物，以求正好落在目标处。指导人员可以随时改变环境中的风力、风向和障碍，对受训人进行训练，一点危险都没有。

飞行模拟训练器已达到以假乱真的地步。20 世纪 90 年代，虚拟现实技术的发展，使飞行模拟训练器有了新的发展。

英国有一个公司，用计算机模拟出一架虚拟飞机。当然，很快就会模拟出虚拟驾驶员，让一位真正的战斗机驾驶员驾驶虚拟的飞机，在空战的环境中，与虚拟的驾驶员驾驶的虚拟飞机进行空战训练。

汽车训练模拟器的用处，和飞机训练模拟器的用处是相同的，但是汽车训练模拟器的构造简单得多了，造价低多了，所以用得更广泛。

有一种系统，能构造出驾驶方程式赛车的虚拟环境。驾驶真实的方程式赛车是很不容易的，全世界方程式赛车车手只有一二百名。可是，人人都可以在虚拟环境里驾驶方程式赛车玩一玩。它有 3 条赛车道和 3 辆赛车。你可以选用初学者的赛车，也可选用 596 千瓦的高级赛车。启动后，你可以加速、自动换挡、开出公路、扬起灰尘、紧急掉头、自动刹车，甚至使用平行滑动等高难动作，即使驾驶不好，甚至发生碰撞和翻车事故也没有关系，因为没有真正的危险。

东京一家公司开发滑雪训练系统。当你戴上头盔显示器，穿上滑雪鞋，站到由驱动装置驱动的金属板上，就可滑雪了。在你的头盔显示器里就显示出高山雪道和斜坡石崖，当你手持滑雪杆，向下滑去，脚下的金属板在驱动装置驱动下，模拟人从高山上滑下来的过程以及撞击情况。你站在金属板上，身体的感觉就是顺雪道飞驰而下，头盔里可以看到皑皑白雪从你身边掠过，而前面的山崖向你冲来。这真好像是你在滑雪道上滑下一样。

(八) 极限作业自动化

完成作业所需要的能力超过了人的作业能力和生理忍耐极限，这就是极限作业。用自动化装置或者机器人去完成那些既危险又难干的任务，诸如抢险、防暴、探险等，这不仅解放了人类，而且扩大人类的活动领域。

例如，在城市的地下，有暖气管道、煤气管道、下水管道、输油管道等，真像迷宫一样，特别是煤气和输油管道，如果发生泄漏并遇火种，就会造成严重灾害。所以，地下管道需要经常检查。用机器人走地下迷宫，检查地下管道，是大有好处的。

芝加哥有一种能走进煤气管道的机器人叫提修斯。它的身价很高（研制费几百万美元），但本领也很大：可以在10.2～15.2厘米管道内爬行，能穿过复杂的弯道，通过T型接头，拐直角的弯，能够垂直向上爬，甚至在管道内掉头返回。

再比如，核电站在运行中，人不能进入它的“安全壳”内，必须由自动化装置，特别是机器人代替人进行工作。用它代替人操作，即人在很安全的地点，而机器人在危险的环境中完成操作，可以避免人直接接触放射物质的辐射。20年前，美国三里岛核电站发生核污染事故，当时用机器人观测了2号反应堆状态及放射水平，并清理了大量放射性垃圾，不但提前了很多时间完成，而且节省了大量资金。

在水下，特别是深海，人不能自由呼吸，还有浮力、阻力、低温、黑暗、涌浪、水下生物的侵害、潜水疾病等，人在水下工作有很大危险，人直接下潜最深是500多米。每下潜10米就增加一个大气压，下潜90米，全身受压力为150～160吨。用机器人开发探测大海则是非常合适的。水下机器人过去做出了许多惊人的业绩，例如打捞出美军掉在西班牙附近海底的氢弹，打捞前苏联失事沉没的潜艇，打捞起美海军掉入大西洋下的F－14战斗机及不死鸟导弹，找到印度航空公司一架失事的波音747客机上的黑匣子，捞回美挑战者号航天飞机爆炸的残骸碎片等。

除此之外，人们还可以利用机器人探测和开发太空等。

（九）治安保卫自动化

1. 交通安全保护“神” 现代社会，交通事故已成为人类头号灾害，用自动化提高交通安全已是最重要的一个问题。国内外大力开发司机瞌睡报警器，如用摄像机拍摄眼珠移动，用传感器监视脉搏跳动次数和方向盘操纵情况，经过分析发现司机打瞌睡了，就发出指示和报警声，警告灯闪光，司机座位产生振动，必要时可自动使汽车停下来。

航行中常常会遭遇风暴、碰撞、触礁、搁浅、设备失灵及其他灾难。现代的航船上有的安装了海上遇险安全系统，保证船只能够及时接收到有关警告信息以便及时采取措施，在万一遇险时可以发出求救信息，获得及时搜救，确保安全航行。

为保证航空交通安全，在飞机上以及在飞行保障系统中，越来越多地采用先进的设备，如“综合控制系统与显示系统”、“空中交通警戒和防撞系统”等。先进的“空中交通警戒和防撞系统”，能帮助驾驶员观察“侵入”自己航道安全区的飞机，向驾驶员提出警告和解决问题的建议，建议飞机在垂直平面内和在水平面内如何作规避机动飞行，防止与入侵的飞机相撞。

2. 看门防盗　用电子装置或机器人看门很可靠。当一个人想要进入电子保卫的门时，须先检验指纹、笔迹、声音、面孔图像，并输入电脑，与所存储的资料进行比较和检查，如果相符，就发出信号，自动开门，放人进去。

国外有一种用机器人看管的高层停车场，汽车开到托存间前，门自动打开，汽车驶入后拉上制动闸并锁好车，摄像机拍下这一过程，存车人到门外按下关门按钮，会弹出一张有编码的存车卡。托存间内的传感器检查房间内和汽车内均无人，自动装置将汽车送到电脑指定的位置上。取车时，取车人把存车卡插入一插口内并付清存车费，汽车就被送到出车间开走。人进不了库内，盗车贼无法进库盗车。

自动看家看门系统很多。比如，一种家用防盗系统，有 8 个摄像机，分别监视室内、窗外、汽车库、门厅等处，若是有不速之客闯入，摄像机不仅能拍摄下入侵者，而且可打印出其现场照片，同时，自动系统会向警方报警。

3. 防火救火　建筑物内设置烟感传感器、红外线和紫外线火光传感器以及报警监视装置。当有烟雾、火光发生并有温度变化时，这些传感器发出信号，报警装置接收这些信号，再经过分析、判断确认是火灾萌发阶段，就会自动报警。

1998 年，由中国科技大学火灾科学重点实验室研制成新型防火“电子眼”。它是一种高智能火灾探测系统，是利用红外光摄像机，获得红外光源在被探测空间形成的多光束红外光截面，再用高性能计算机进行分析，以识别和判断早期火灾。它反应快，能监控的距离达 100 米，适用于会堂、商场、银行、车站等防火用。

采用自动灭火系统，在接到报警后，先要关断有关区域的空调机、送风机，并且启动排烟机、防烟管道。当确认是发生了火灾，要能自动关闭有关放火门、放火卷帘门，切断非防火用电源，接通火灾事故专用照明灯和疏散标志灯，并使电梯都停到一层，开动防火灭火系统，喷灭火焰。

（十）军事自动化

自动化技术对军事技术的变革起着重要的作用。自动化学科中的各种理论和技术，已成为军事技术的核心，并对现代战争的格局产生了极大的影响。军事自动化主要有武器装备自动化，军事指挥自动化，作战、训练仿真模拟化等。

武器装备自动化能大大提高武器的杀伤力。各种遥控武器，包括军用机器人的发展，正受到各国政府的重视。军事指挥自动化是指军事指挥员及司令部采用电子计算机、现代通讯设备及自动化装置，实现对所属部队进行控制和指挥。应用自动化技术，可以提供一个作战的实验室，对作战进行模拟。这样不仅能省去大规模军事演习和实弹军事训练，节省大量经费和时间，而且能很好地完成部队训练任务，提高部队作战能力。

第六节 海洋技术

一、海洋技术的发展

（一）海洋及其开发技术的战略意义

1. 海洋是资源的宝库　全球海洋总面积 3.6 亿平方千米，海洋的平均深度 3 800 米，最大深度 11 034 米，太平洋、大西洋和印度洋的主体部分，平均深度都超过 4 000 米。全球海洋的容积约为 13.7 亿立方千米，相当于地球总水量的 97%以上。假设地球的地壳是一个平坦光滑的球面，那么地球便成为一个表面被 2 600 多米深的海水所覆盖的“水球”，正是在海水中和海洋底下聚集着极为丰富的宝藏。

海洋与人类的关系极为密切。目前全球 60 亿人口中，约有 25 亿分布在沿海地带，“靠海吃海”；人类赖以生存的大气中 70%的氧气，来源于海洋植物的光合作用；陆地上的饮用淡水，几乎全部来源于海洋水气的蒸发；地面的温度、湿度全靠海洋调节，海洋也是全球环境的调节器，吸纳大量二氧化碳和其他排放物。

蛋白质是人类不可缺少的营养物质。科学家们认为，未来食物蛋白来源最丰富的地方是海洋。据统计，地球上生物资源的 80%在海洋，海洋中有 2 万种植物，18 万种动物，目前只开发利用了 500 多种。整个地球的生物生产力每年约为 1 540 亿吨有机碳，其中有 1 390 亿吨产自海洋。在不破坏生态平衡的情况下，海洋每年可向人类提供 30 亿吨高蛋白水产品，至少可供 300 亿人食用，难怪人们将海洋称为人类的“食品仓库”。

海洋还是矿物资源的宝库。据推测，37%的海底大陆架蕴藏着石油，海底石油储量约为 2 500 亿吨，相当于世界推算石油总储量的 1/3。此外，海底锰结核（包括锰、铜、镍、钴等金属元素）储量巨大，其中锰的储量是陆地的 180 倍，镍是 150 倍，铜是 22 倍，钴是 1 450 倍。同时，科学家们普遍认为，海底热液矿储量可观，所含金属的潜在价值很大，是 21 世纪最有希望的开发对象。

海洋本身还蕴藏着巨大能量。除核聚变燃料氘和氚外，仅海水涨落的潮汐能就大到无法估量的程度，只要利用其中的一小部分来发电，即可获得几十亿千瓦的电力。海浪的能量也很惊人，在每平方千米的海面上，运动着的海浪就能提供约为 20 万千瓦的电力。

2. *海上运输在现代交通运输中的地位越来越重要*　海上运输运载量大，经济效益高，在各国贸易往来中发挥着重要作用。许多国家都把海上运输视为现代社会的“生命线”和“经济命脉”。

3. *海洋具有重要的战略地位*　海洋历来是重要的军事活动场所，海洋开发本身就包含了军事上对海洋的各方面的利用。随着社会经济的发展和科学技术的进步，海洋的战略地位越来越重要。海洋对于军事目标的隐蔽性远优于陆地和空中；大量的战略物资和兵员的运送，在洲际间也只能靠海运。而现代海战已发展为空中、海面、水下和海底同时进行的多层空间的立体战争。谁控制较大的战略水域，谁就能保持水下战争体系的隐蔽性、机动性和突袭性，从而在较大程度上掌握未来海战的主动权。正像一些军事战略家所指出的那样：“谁想控制世界，谁就要控制海洋。谁控制了海洋，谁就能控制世界。”

4. *海洋开发技术与其他科学技术的发展相互促进*　海洋开发技术作为新技术革命的一项重要内容，同其他高新技术相互联系，相互促进。一方面，各种高新技术的飞速发展并广泛地应用于海洋，使海洋开发的深度和广度迅速扩大，提高了海洋开发的能力，形成了一批新兴的海洋产业，如海洋采矿、海水淡化与综合利用、海水养殖业、海洋水下工程和海洋空间利用等；另一方面，海洋开发技术的发展，又可以为地震预报、气象预报、生命起源、生物进化、地壳构造、资源预测、港口建设等方面提供科学资料和依据，推动其发展。

总之，海洋开发技术的兴起是适应社会经济、政治、军事和科学发展需求的必然结果。人类全面认识海洋、开发利用海洋和保护海洋的时代已经开始。随着 1994 年 11 月 16 日《联合国海洋法公约》的正式生效，新的国际海洋制度使 200 海里以内的海域逐步国土化，占海洋面积的 35. 8%被沿海国家以专属经济区等形式划为管辖海域。我国拥有 1.8 万多千米的海岸线，依照《联合国海洋法公约》中 200 海里专属经济区制度和大陆架制度，我国可拥有约 300 万平方千米的管辖海域。如何使这一片“海洋国土”的资源优势变为发展我国经济的巨大财富，这是摆在我们面前的重大而紧迫的课题。为了实现我国海洋的可持续发展，我国批准了《联合国海洋法公约》，并制定了《中国海洋 21 世纪议程》，海洋开发技术已被列入国家的“863 计划”。实施“科教兴海”战略，合理开发利用海洋资源和海洋环境，从而保持海洋经济快速、稳定、健康的发展，对于确保我国社会主义现代化建设战略目标的顺利实现必将产生良好的作用。

（二）海洋技术的兴起和发展

现代海洋开发始于二战之后。1945 年 9 月 28 日，美国总统杜鲁门发表了《大陆架占有宣言》，其主要目的就是要确保海底石油和其他矿产资源的开发利用。之后美国于 1946 年利用其在二战中发展起来的科学技术成果，在路易斯安那州近海水深十几米的地方，成功地采用了钢结构平台开发大陆架石油技术，从而实现了人类利用海底资源的现实可能性。

进入 20 世纪 60 年代后，美国政府组织了上千名海洋科学家对海洋科学技术的进展和海洋资源进行了调查研究，他们认为在未来几十年中如何充分合理地利用海洋，将直接影响美国的经济和安全。为此，从 60 年代初至 70 年代末，用于海洋科学的预算增长了 20 多倍，确保了美国在海洋开发方面的领先地位。与此同时，英国、德国、荷兰、新西兰、意大利、澳大利亚、俄罗斯、法国和日本等，也都十分重视海洋的开发利用。1960 年，法国总统戴高乐提出了“向海洋进军”的口号；日本在 1970 年发表的《科学技术白皮书》中，则把海洋开发技术与原子能、空间科学技术并列为当代的“三大尖端技术”，并作为国家的“超重点项目”。此后，便在全世界范围内掀起了一个以开发大陆架石油资源为中心的海洋开发热潮。而海洋产业的生产方法也由过去的单项开发转向立体的综合开发——海底矿产资源的开发、海洋水产资源和海水资源开发（含海水工厂建设）、海洋空间资源的利用（如海上机场和海上城市建设等）。于是，海洋开发一跃成为世界新技术革命的重要内容和显著标志之一。在此基础上，海洋开发技术便脱颖而出，成为高新技术的一个重要组成部分。

由于海洋开发技术的产生和发展，加之采用了最新的技术装备，海洋产业和海洋开发活动飞快发展。科学家们预言，21 世纪人类将进入一个崭新的“海洋经济时代”，是人类进一步认识、开发、利用和保护海洋的新世纪。

二、海洋技术的核心内容

（一）海洋水产资源的开发

1. 海洋捕捞　海洋捕捞是人类最早从事海洋开发的传统产业。直到近代，人类开发利用的范围和数量都是极其有限的，以干鲜海产品计算，海洋只能为人类提供 1%～2%的食物。海洋捕捞有近海捕捞和远洋捕捞两种。20 世纪 60 年代以前，海产捕捞量呈直线上升之势，但 70 年代后虽捕鱼船队和载重量比往年成倍增加，产量却徘徊在 6 000 万吨左右。这是由于捕捞活动多在近海，90%以上集中在大陆架，造成捕捞过度。同时，由于工业发展，大量工业废水排放到近海，造成浮游生物减少，缺少食料，使鱼类繁殖大受影响。要改变这种状况，一是发展远洋捕捞，努力寻求新的生物资源。据联合国粮农组织初步估计，南极附近水域磷虾蕴藏量约10亿～50亿吨，在不破坏生态平衡的前提下，每年可捕捞5 000万～7 000万吨，相当于目前世界的捕鱼总量。二是加快实现捕捞技术的现代化。主要有：①鱼群探测仪器化，使用电子探鱼器、红外探鱼器、激光探鱼器等现代化探鱼仪器，并利用卫星、飞机、电子计算机辅助侦探鱼群。②光诱捕鱼和声诱捕鱼。海洋中很多鱼类对光、声等反应敏感，根据这一特点，人们发明了光诱捕鱼和声诱捕鱼技术。光诱捕鱼是根据鱼的趋光性，用光将分散的鱼群集中起来，借助渔具捕之；声诱捕鱼则是在水中播放鱼发出的声音或鱼所喜欢的声音、害怕的声音等，以达到使其集中加以捕捞的目的。③捕捞器具的现代化。这主要表现在网具上，包括拖网、围网和挂网等。拖网已实现机械化，而一些先进国家还实现了自动化；围网起放已实现了机械化。捕捞网具的现代化既节能，功能又齐全，拖、围、流、钓等多种作业兼用。渔船上有定位仪、探鱼仪、网情仪，并广泛使用电子计算机和自动控制设备，可在船上冷冻加工捕捞的鱼。美国还首先将遥感技术应用于渔业，先后发射了两颗渔业资源卫星，以侦察鱼群，为船队服务，收到了较好的经济效益。正是采用了上述先进捕捞技术，使目前的捕捞年产量比20世纪末增加了15倍以上。

2. *海洋养殖业* 海洋养殖业是现代海洋开发的新领域，它利用浅海水域和滩涂发展海水养殖和栽培业，变狩猎式渔业为农牧化渔业。由此称之为“蓝色革命”。

海洋养殖业包括海洋农业和海洋牧业。海洋农业是指在海洋上培育、养殖海洋动植物。比如，在浅海、滩涂区域，人工进行鱼、虾、贝、藻的培植，使其在人工投饵（施肥）及管理的条件下长成成体，以供食用。海洋农业的类型多种多样，可以归结为4种：①滩涂、礁盘式，多用于养殖贝、藻类；②立体养殖，即垂下式养殖，上层养海带，中层养扇贝、贻贝或牡蛎，底层则养海参；③网箱养殖，高度集约化的养殖方式之一，是最近20年来发展起来的；④池塘式养殖，即在潮间带地区修建池塘或在天然港汊入海口筑坝修闸，放入海水，以养殖各种鱼虾。美国建有4万公顷的“海洋农场”，以养殖巨藻。

海洋牧业则是在海洋中开辟“人工牧场”，把人工培育的优良鱼苗放到大海中放养，使其在海洋自然条件下长大，并通过一定的技术措施令其洄游，再有计划地捕捞。其优点在于能够充分利用海洋的自然生产能力，减少人工饵料，提高经济效益。如我国利用“海洋牧场”放养对虾，全国8个沿海省建造几十个港湾和渔场，一跃成为世界产虾大国。目前已有的海洋牧场包括沿岸牧场、围网牧场和“气泡帷帐”等类型。为了提高回捕率，人们正在研究海洋电子牧场，建造既能阻止鱼类穿行又不致击死鱼类的“电栅栏”，以达到圈住鱼群和人工放养的目的。同时，人们还试验如何利用化学、声学隔离的办法来圈围海洋牧场。

（二）海洋矿产资源的开发

1. *海洋石油和天然气的开采* 海底有5 000万平方千米（约占海洋面积的14%）潜在的含油沉积盆地，其中石油可采储量约为1 350亿吨，约占世界石油总储量的1/3以上；天然气140万亿立方米，占全球总储量的50%。近年来，海洋油气开发迅速发展，其产值已占海洋开发总产值的1/2以上。目前，从事海上油气勘探的国家有100多个，开采水深为500米，正向1 000米进军，海洋石油年产量已达8亿多吨，占世界石油总产量的28%以上；海上天然气总产量已达3 500亿立方米，占世界天然气总产量的20.8%以上。同时，海上油气开采的设备和技术越来越先进，出现了各种先进的地球物理勘探技术，开发出许多新的移动式石油钻机和采油（气）平台，以及可重返海底的坑道口装置和现场海上石油暂存与装运设施等。机器人、光导纤维等新技术也已广泛应用其中，从而加快了海洋油气开采的进度，新的海上油田不断发现，石油产量大幅度上升。

2. *锰结核的开采* 锰结核是深海海底蕴藏量最为丰富的矿藏之一，也被认为是21世纪最有希望大量开采的矿产之一。锰结核外形颇似土豆，大小不一，内含锰、铜、镍、钴等多种金属，因形态多为结核状且以锰为主，由此得名。它分布极广，大约25%的深海海底都覆盖有锰结核，总储量约为1万亿～7万亿吨。它是一种不断生长的活矿床，虽生长速度极其缓慢，但因为分布广，所以增长量相当可观，仅太平洋海底每年即可增长600万～1 000万吨。按目前世界年消耗金属量计算，仅把太平洋中的锰结核开采出来，锰可供全世界使用1.8万年，镍可使用2.5万年，钴可使用34万年，铜可使用900多年。

鉴于锰结核所含金属品位高，开采价值大，各国竞相开发。目前，美国已拥有日产5 000吨锰结核的开采设备和日加工处理50吨锰结核矿的工厂，日本已能用气吸法把锰结核连续不断地从海底吸上来，开采量最高可达每小时40吨。

3. *海底热液矿床的开采* 20世纪60年代中期，美国考察船对红海进行深海钻探时发现，在快速扩张的海底裂隙间有高温、高盐的热液，热液中富含铜、锌、铝、银、金等金属元素，人称“海底金银库”。海底热液矿床的发现虽然才20多年，但科学家们普遍认为，它有十分可观的储量，所含金属的潜在价值很大，是21世纪最有希望的开发对象之一。目前，已发现37个巨大的热液矿床，以红海海底和太平洋加拉帕格斯群岛东部海底的矿床储量最多，仅红海海底的一条海沟内，在10米厚的表层软泥中就含锌290万吨、铜100万吨、银4 500吨、金45吨，价值高达67亿美元。美国、法国、德国、俄罗斯及日本等国都在进行热液矿床的勘探、开采的研究工作，为大规模的开采做准备。德国在采矿船下拖曳2 000米长的钢管，其末端有抽吸装置，采用真空抽吸法把金属软泥吸到采矿船上，经加工处理，可获得含锌32%、铜5%、银0.74%的浓缩金银混合物。

4. *海底矿砂的开采* 由于河流、波浪、海流对海滨矿床的作用，重矿物在海滨地带积聚成海底矿砂，海底矿砂包括钻石、锆石、独居石、重晶石以及金、银、金红石等，约20多种。当今世界上96%的锆石、90%的金刚石、75%的锡石来自海底矿砂，泰国是最大的产锡国，美国阿拉斯加海滨的铂砂矿石占美国铂总产量的90%以上。我国也是海滨砂矿的主要开采国之一。

（三）海洋能源的开发

1. *海水温差发电* 由于太阳辐射，不同深度的海水温度不同，表层温度高，深层温度低，据此可进行海水温差发电。其原理是：先让表层的高温海水（热源）在低压或真空锅炉内沸腾，产生蒸汽，通过汽轮机带动发电机发电；尔后，通过涡轮机后的蒸汽由深层低温海水（冷源）冷却，从而形成温差循环发电。上下层海水的温差越大，发电效果越好。

这种发电方式，其热效率虽只及普通发电厂的1/10，但海洋面宽，太阳照射的机会多，海水温差发电不受时间限制，发电量大，电量稳定。据估算，使热带海洋海水温度下降1℃产生的电量，比目前全世界所有发电站发电的总和还大几十倍。联合国已将温差发电确立为海洋能源开发的重点项目。美国于1979年在夏威夷建造起世界上第一座试验性海水温差发电厂，发电能力为50千瓦。我国东海、黄海，尤其是南海，在温差发电方面具有很大的潜力。

2. *潮汐发电* 潮汐发电是利用海水涨潮落潮所形成的潮差发电。其发电原理和过程是，先在海湾和感潮河口处建筑堤坝和闸门，形成水库，在涨潮和落潮过程中，利用潮水进入和退出水库时产生的动力推动水轮机，再用水轮机带动发电机发电。世界潮汐动力资源的蕴藏量约为30亿千瓦，可开发的约为6 400万千瓦，尚未利用的潮汐能比世界上现有水力发电总量还大100倍。潮汐发电开发较早，许多国家已建成一些潮汐能发电站，最大的是法国于1966年在英吉利海峡圣马洛湾朗斯河口建成的，装机容量为1 000万千瓦，年发电量为250亿度。我国第一座潮汐试验电站于1957年在山东乳山县白沙口建成，第一座双向潮汐电站于1980年在浙江建成，分布于福建、浙江两省的10座潮汐电站正在运行中。

3. 波浪发电　波浪发电是利用海洋波浪的冲击能量进行发电。波浪能的大小与波浪状况直接相关，波浪能与波浪高度的平方及波浪周期的乘积成正比。若浪高 3 米，周期为 7 秒，那么，每米宽的海面上可提供的功率为 63 千瓦。波浪的冲击力，每平方米一般可达 20～30 吨，有时高达 60 吨以上。每平方千米运动着的海浪的能量，约有 20 万千瓦，世界上可供开发利用的波浪能约 30 亿千瓦。

从技术上讲，波浪发电比潮汐发电要困难得多，其原理是把上下运动的波能转变为高速旋转运动的机械能，进而带动发电机发电。目前主要采取两种方法：一是在海面浮标中安装涡轮发电机，利用波浪上下起伏的垂直运动，推动装有活塞的浮标通过活塞与浮标的相对运动产生压缩空气，驱动涡轮发电机发电；二是在海岸上设置固定的空气涡轮机，借助海浪冲击力，通过导管鼓动空气来驱动空气涡轮机发电。日本自 1964 年起就采用波浪发电解决海上航标灯和灯塔的电源问题，该国研制的装机容量达 2 000 千瓦的“海明”号波浪发电船，是目前世界上最大的波能发电装置。我国也已研制成功了波能发电装置，在海上做了数百次试验，收到了较好成效。

4. 海流发电　海浪蕴藏着巨大的能量。例如，我国台湾省东部的“黑潮”（海流），其流量相当于 1 000 条长江的流量，约等于全世界径流总量的 20 倍；位于日本海面的“黑潮”，流量达 5 000 万吨，若以日本每年用水 1 000 亿吨计算，也只有该黑潮的 2 000 秒的流量。为此，中国和日本已开始执行为期 6 年的“黑潮”合作调查计划，我国“实践号”远洋科学考察船参与其内。海流能量如此巨大，用以发电威力无比。美、日等国正在进行这方面的研究，在海面上建立发电站，让海流推动发电机发电。

5. 盐度差发电　它是利用河流入海处的淡水与咸水间的含盐浓度差别所形成的化学能进行发电。由于咸水与淡水的渗透压力不同，若在咸水与淡水的交汇处建立一个装有渗透膜的水压塔，淡水便会通过渗透膜而被压到咸水一侧，从而使水压塔内咸水一侧的水位上升，造成咸水与淡水之间的水位差，这样便可以发电。由于渗透膜的技术问题目前尚未取得实质性进展，所以，盐度差发电目前仍处于研究、试验阶段。

（四）海水资源开发

1. 海水淡化　地球上的水大约 97.3％为大洋水和盐湖水，淡水仅占很小一部分。随着世界人口剧增和经济的快速发展，陆地上的淡水供应日趋紧张，“水荒”加剧，海水淡化已被提到人类生存发展的议事日程上来。海水淡化技术研究已有 100 多年的历史，海水淡化的方法已达 20 多种，常用的有蒸馏法、电渗析法、反渗透法和冷冻法 4 种。同时，太阳能海水淡化技术也处于试验阶段。1996 年，日本艾克劳基公司研制出利用太阳能进行海水淡化的设备——“海水蒸馏室”，每平方米的温室每天可生产 100 升高级饮用水，它毋须电能，成本仅为使用浸透膜海水淡化技术的 1/6。目前，世界淡化装置已超过 6 000 多个，大的淡化工厂日产淡水几十万吨，淡化水日产量超过 1 200 万吨。科威特、沙特阿拉伯主要靠海水淡化解决饮用水，我国海水淡化也已具备一定规模。

南北极的冰山皆由淡水凝结而成，是未来重要的淡水供应地，美国、澳大利亚等国已把用原子能破冰船去南北极拖冰山、融化淡水列入议事日程。

2. 提取化学物质　从海水中提取人类所需的化学元素资源始于 20 世纪中期。目前，科研人员在海水中已发现 80 多种化学元素，几乎包括了陆地上存在的所有元素。据估计，海水中有 600 万吨黄金、5 000 万吨白银、5 亿吨铀、7 亿吨钴、100 万亿吨溴、930 亿吨碘等。在海水化学资源开发方面，除了海水提盐，主要为海水提镁和海水提铀。

镁是一种银白色轻金属，可用以制造各种轻质合金。镁在海水中的浓度为 1 350 毫克/升，总储量达 1 800 万亿吨。目前海水提镁的主要做法是：海水经过过滤，用石灰乳加以处理，使之生成氢氧化镁沉淀，过滤后再加盐酸，生成氯化镁溶液蒸发脱水、干燥后再行电解，即可制得镁金属。美、英、日等国的镁产量 1/2 是从海水中提取的。

铀是原子能发电和原子武器的主要原料，是极重要的战略资源。随着原子能发电工业的迅速发展，陆地上铀的储量已远远不能满足需要，从海水中提铀已引起越来越多国家的重视。目前，西方一些发达国家从海水中提铀的技术已具较高水平。海水提铀以吸附法最佳，它用各种化学活性物质混纺成特种纤维，1 克这种纤维被浸入海水后，每天可吸附 0.4 克铀，每提取 1 千克铀仅花费 600 美元，仅为欧美国家从矿石中提取铀所花费用的 1/20。一些国家还在海水中找到了能分离富集铀等化学元素的植物，如德国找到了一种单细胞海藻，能大量吸附海水中分散的铀。

(五) 海洋空间资源的开发

海洋空间包括海洋“表面空间”和“水内空间”，海洋“水内空间”还被称为地球的“内空间”。目前，海洋“表面空间”的开发主要是海洋运输，它已有 2 000 多年的历史。当今世界海运量已达每年 40 亿吨以上，并以每年高于 8%的速度递增。海运技术正进行着以货运的集装化、散装化、滚装化及船舶和码头大型化、专业化为主要标志的新的航运技术革命。集装箱运输的出现、应用和发展，使件货运输系统发生了根本性的变革；使用电子资料交换技术，将地理分散的港口、海运的各环节及海关、商检等的电脑信息系统连成一体，大大提高了海运效率；发展集装箱运输，研制安全节能船型，加强港口及海上安全研究，是目前海运科技发展的几个主要方面。

海洋“水内空间”的开发，目前还主要是海底管道运输、海底电缆敷设以及海底隧道的修建等。美国在旧金山开掘了一条长达 6 千米的海底隧道，建立了一个包括海洋生物、化学、物理等多学科在内的水下实验室。为了避开人造卫星的侦察，一些发达国家相继在海底修建隐蔽的现代化军事基地，如潜艇基地、反潜警报系统、鱼雷发射管、导弹发射架以及物资供应补给仓库等。海底城市、海底疗养院、海底工厂、研究所等也都被列入研究和开发之列。当然，海洋内部空间的开发较海洋表面空间的开发技术难度更大，但随着科学技术的发展，人们一定能够成功地开发这一领域，从而扩展人类的空间活动范围。

第七节　激光技术

一、激光技术产生的背景

人们的生产和生活都离不开光。古代人靠太阳、月亮、星星的光亮进行生产劳动，从观察闪电到创造出钻木取火，累积了许多关于光的知识。在 17 世纪，牛顿提出光的微粒说，认为光是有极小的粒子组成并按粒子的运动规律传播的。1678 年，惠更斯提出光的波动说，认为光是一种特殊弹性媒介中传播的机械振动，即机械波。经过长期的争论，波动说代替了微粒说。到了 20 世纪初期，科学证明光既具有微粒性，又具有波动性，它是波粒二象性的统一。1917 年，爱因斯坦在用统计平衡观点研究黑体辐射的工作中，得到了一个重要结论：自然界存在着两种不同的发光方式：一种叫自发发射，另一种叫受激发射。20 世纪 20 年代，量子力学建立以后，这两种发光方式的物理内容得到更为深刻的阐明。同时，光谱学也得到很大的发展。这些都为激光的出现奠定了理论基础。1940 年前后，有人在气体放电实验研究中，观察到粒子数反转现象。本来，按照当时的实验技术基础，已有条件建立某种类型的激光器。但是，由于当时没有把受激辐射、粒子数反转、谐振腔几个概念联系起来，因此，始终没能提出激光器的概念。第二次世界大战以后，微波技术的发展，推动了波谱学的发展，从而研制出微波波段的激光器。1958 年美国的肖洛和汤斯以及稍后前苏联的巴索夫和普罗郝洛夫等人都提出激光基本原理性方案。于是在 1960 年建成世界上第一台红宝石激光器。

二、激光的产生原理与激光的组成

(一) 激光的产生原理

激光和普通的光在性质上都是一样的，都是电磁波。那么，激光究竟是怎么产生的?

1. *原子的能级* 自然界的物质都是由原子组成的，原子是由原子核和电子组成的。激光也是由分子、原子、电子运动产生的。原子中的电子，简单地说来，它能沿着某些可能的轨道绕核运转，电子在离核较近的轨道运转时产生的能量较小，称为原子的低能级，电子在离核越远的轨道上运转时产生的能量越大，称为原子的高能级。一般来说，各个能级是分立的，而不是连续在一起的，当外界给予原子一定的能量时，就有可能把电子送到外层的轨道上去，原子也就从低能级跃迁到高能级，这种过程称为激发。能量比基态高的能态都称被激发态。在原子从高能级跃迁到低能级的过程中，原子就会发光。总之，光都是由原子运动产生的。

2. *自发发射和受激发射* 光是由物质的分子、原子、电子运动而产生的，普通光是由物质的分子、原子等以自动发射的方式来产生的，而不是靠外界各种因素的帮助，这种发射叫自发发射。而激光是这些微粒的受外部其他光的刺激而发出来的，这种发射叫受激发射。在自发发射的情形下，各个原子的发光动作是彼此独立地进行的，它们发出的光在频率、偏振、传播方向及相位上都可能各不相同，因而是完全混乱的、无秩序的。相反，在受激发射的情况下，各发光原子间相互联系的一面占主导地位，就像数千人在统一指挥下同唱一支歌曲。受激发射的特点是原子或分子所发射出来的光，在频率、位相、偏振与传播方向上都是一致的，激光正是大量原子、分子由受激发射所关联起来的集体化的发光行为，形象地说，它像原子、分子在统一指挥下所进行的一曲美妙的大合唱。发射激光的装置叫做激光器。“激光器”这个名词的意思就表示“因受激发射而产生的光”。

3. *集居数反转和光放大* 为了使受激发射占优势，就需要集居数反转。集居数是指在某一能量状态的原子数目。在一般情况下，原子有自发地从高能级跃迁到低能级的趋势。因此，低能级上的原子数总比高能级上的原子数多，而处于最低能级的原子最多。为了产生激光，就必须改变这种状态，用某种外来力量来强迫大量处于低能级原子数跃迁到高能级上去，就好像水泵把水从低处抽取到高处一样，使两个能态之间实现集居数反转，从而使受激发射占了优势，以实现光放大的条件，这是产生激光的先决条件，实现原子数反转的过程称为激励或泵浦。

4. 光学谐振腔的作用　实现了集居数反转的工作，物质还不一定能产生激光，在大多数情况下，激光器还必须有一个光学谐振腔。谐振腔就是两块面对面地平行放置的镜子，反射率分别为100%和98%，后者能透过2%左右的激光输出，当激光在谐振腔间往返传播时，就加强了受激放大的作用，当激光在腔内强到某一程度时，就从能透过2%激光的镜子上射出一束强的激光来。

(二) 激光器的组成

1. 激光工作物质　激光工作物质须具备亚稳态能级性质，如氖、氩、CO_2、红宝石、钕玻璃等。

2. 激励装置　激励装置可给工作物质以能量，补充激光输出及其他方面的能量消耗。

3. 光学谐振腔　激光工作物质经激发后，处于粒子数反转状态，高能级的原子数多于低能级的，淘汰非轴向辐射，加强轴向辐射共振，目的是要使受激辐射占优势。光学谐振腔可以加强受激放大的效果，大幅度提高光子简并度(光子简并度指在同一个量子状态的光子数。以往普通的光源，包括太阳在内，它们的光子简并度一般都不大于10^{-3}。即平均在1 000量子状态中才有1个光子，分布很稀薄。而激光束的光子简并度可高达1 017，即在一个量子状态里有1 017个光子)。

产生激光的过程可归纳为：激励→激活介质（即工作物质）粒子数反转；被激励后的工作物质中偶然发出的自发辐射→其他粒子的受激辐射→光子放大→光子振荡及光子放大→激光产生。

三、激光的特点

(一) 光谱亮度极高

激光的第一个特点是它的光谱亮度极高，它的能量高度集中。从人类最早使用的油灯、蜡烛到近代的人造小太阳，光源的光谱亮度已被提高了上百万倍，高压脉冲氙气灯的亮度比太阳差不多要高十倍。而激光的出现，更是光源的光谱亮度上的一次大飞跃。有的激光器的光谱亮度在原来的基础上又提高了上十亿倍，一台功率较大的红宝石巨脉冲激光器的光谱亮度比太阳要高上百万万倍。所以，激光器是现代最亮的光源。中等强度的激光束，可以在焦点处产生几千度到几万度的高温，能使某些材料特别是难熔的金属和非金属迅速熔化以至气化，因此，在工业上可以把它用在打空、焊接和切割等方面。如一块手表约有20粒宝石轴承，宝石打孔以往采用电火花加工，使用激光打空后，工效提高了几十倍，质量好。一台数百瓦的连续二氧化碳激光切割机工作时，一束看不见的红外光射到几毫米厚的钢板上，只见钢花四溅，在嗞嗞声中，钢板一分为二。用激光可以裁剪衣服，功率是100瓦左右的二氧化碳激光器在厚厚的一摞棉布上面按照预定的程序走一圈，就把上百件衣服一次裁好了。用强激光还可能引起核聚变，这就有可能为人类提供用之不尽的能源。

（二）方向性好

激光的第二个特点是方向性好，即它几乎是接近于理想的平行光。普通光源向四面八方发光，而激光只向一定的方向发光，它可以传播很远而发散角度很小。例如，一束激光在10米左右的范围内不发生散射，在20千米远的照射面上，光束也只比一个茶杯粗些，如果把激光射到月球上去，光束的扩散直径只不过两三千米。利用激光的这个特性，可以制成激光测距仪、激光雷达，它测量目标的距离、方位和速度的精度比普通微波雷达要高得多。例如，可以将激光射向人造卫星和月亮，测量它们与地面之间的距离，对月球测距误差还不到1米。激光能成为一把很精确的“尺子”。1米量程，误差不到千万分之一米。激光通讯，根据计算，一束小小的激光束能同时传送100亿路电话和1 000万套电视，激光的信息容量是极大的。

（三）单色性好

激光的第三个特点是单色性好。一种光所包含的波长范围越小，它的“颜色”就越纯，通常就说它的单色性越好。以往最好的单色光源是氪灯，它在低温（－196 ℃）下所发出的光波长范围只有约5×10^{-11}米，它的颜色看起来是很鲜艳的。而激光的出现，在光的单色性上又引起了一次大的飞跃，单色性最好的是氦-氖激光，它的波长范围比10^{-11}米还要小，最小的已经达到10^{-21}米，它的单色性比普通光要好多少亿倍。例如，用红、绿、蓝3种激光作为基色来合成各种颜色，所得到的色彩就十分鲜艳、逼真，可以与自然景色想媲美，将它用在彩色电视技术中有可能做成激光大屏幕投影电视。

（四）相干性好

激光的第四个特性是相干性好。利用激光相干性好的特性，为发展相干光计算机提供了条件。这种计算机将是最新一代计算机，它会使计算速度达到百亿次至上千亿次，存储信息量可达1 018位，这是今后计算机发展的重要方向，对科学技术的发展将产生巨大影响。全息照相学就是应用激光相干性的特性，这种照相具有强烈的立体感，与原来的景物十分逼真。在一张普通唱片大小的录盘上能存储1 015位的信息量，即可把一百年的《人民日报》录在一张录像盘上。

四、激光的主要用途

(一) 用于农业

用一定波长、一定强度的激光照射水稻、小麦、瓜菜等种子后，出现了发芽早、成熟早、产量高、病虫害少等现象，因此，通过激光技术的应用，目前已培育出许多新的优良品种。

(二) 用于医疗卫生

用激光进行虹膜切除和视网膜凝结的眼科手术的疗效非常显著。用功率较大的激光作为“光刀”可以进行切割、气化或烧灼手术，可以治疗某些恶性肿瘤，它具有少出血、无感染和病源扩散几率小等优点。

(三) 用于科学研究

激光能在极短的时间内产生超高温、超高压和极强的电场，为我们提供一种研究物理、化学、生物的强有力的工具。超短脉冲激光揭示了原子、分子微观动态过程。用高分辨率的调谐激光研究原子、分子能级的精细程度比传统光学方法提高了成千上万倍。激光频率及长度基准的建立为更精确地检验一些基本的物理定律提供了可能性。光谱学与激光技术相结合，便形成了激光光谱学。激光光谱学是一门基础学科，它的发展对原子物理、化学物理、生物物理的发展都起了很大的作用。应用激光这种新工具，将会在化学领域引起一场变革。近几年来激光化学正在迅速发展，其中一项突出的成果是同位素分离。用激光分离同位素具有分离系数高和成本低的特点。

(四) 用于雷达

激光雷达是发射激光脉冲进行探测的雷达，它是空间遥感技术的一种重要工具，也可用来探测海洋。激光比自然光与红外辐射等遥感方法更能穿透水层。大功率的激光脉冲从空中射入海洋，深度可达数十米至百余米，激光被海水中的悬浮与溶解物质散射，产生各种散射光与萤火辐射，接受这些光讯号，就可得到不同水层海水状况的详细资料。1975 年，我国第一台激光水下电视系统试制成功，观察距离可达几十米，这一系统当时在世界上还是比较先进的。虽然，激光不能在水中长距离的传输，但它仍是仅次于声波的一种衰减较少可供探测海洋的波源。

(五) 用于军事

激光在军事上的用途是十分广泛的，如果发展极大的激光器就有可能制造出反坦克、飞机甚至导弹的激光武器，人们称它为“死光”。激光枪、激光炮以及战略激光武器等，它们能够直接利用高能量激光束热能来摧毁目标，这是国外正在研究的一项课题。激光制导武器，当飞机进行攻击时，在炸弹的头部装上一个激光“寻的器”（寻找目标装置），命中率极高，红外激光扫描摄影机能够在完全无光的黑夜里，拍摄出极为清晰的侦察照片来。早期的试验表明，在时速为 200～500 千米的飞机上，从 500～1 000 米的高度上对地面进行夜间摄影，由照片上能够清楚地看到地面的建筑物、汽车、港口的船舶、机场的飞机等。激光侦察的优点是反应灵敏、观察精细、特别擅长与夜间侦察。激光测距机已正式用于各种飞机、坦克上，它不但能够精确地测定目标的位置，而且还可以同时用作飞机的火力制导系统。

第八节　空间技术

一、空间技术的发展

（一）空间技术及其应用原理

1. 空间技术的含义　空间技术亦称航天技术，它是探索、开发和利用太空以及地球以外天体的综合性工程技术，同样也是高度综合的现代科学技术。空间技术以基础科学和技术科学为基础，包括力学、热力学、材料学、医学、电子技术、自动控制、喷气推进、计算机、真空技术和制造工艺等许多科学技术的新成就，这些成果都对空间技术的进步发挥了重要作用。多种科学技术在空间技术中相互交叉和渗透，从而使空间技术成为一个完整的体系。由于空间技术的发展又必然提出一些新要求，进而推动这些科学技术的不断进步。

空间技术必须有航天器。它包括航天器、航天运输系统、航天器发射场、航天测控的数据采集网、用户设备（系统）和其他一些保障设施。人们一般把在地球大气层以外的宇宙空间按照天体力学规律运行的飞行器称作空间飞行器（或航天器），如人造地球卫星、载人飞船、空间站、航天飞机等。

空间技术离不开运载器。要使航天器克服地球引力和空气阻力冲出地球大气层，必须有足够的速度，这就要有能够提供巨大能量的动力装置，即运载火箭。火箭是一种带有燃料和氧化剂的飞行工具，燃料和氧化剂在火箭发动机燃烧过程中产生的高温、高速气体，推动火箭飞行。现代火箭发动机的工作时间一般只有几分钟，往往采用多级火箭以取得高速度。目前，除航天飞机一身兼有航天器与运载器双重功能外，余者皆为多级火箭。

空间技术还必须有地面测控系统。航天器飞行，必须由地面对其进行跟踪、遥测、遥控，以保持同地面的密切联系。测控系统由装有完备、高级电子设备和分布在全球各地的台、站、船等组成，是航天技术中的重要组成部分。

2. 空间技术的应用原理

(1) 宇宙速度。地球存在万有引力，要飞向太空必须克服地球引力。地球引力在距其 160 千米高处减少 1%，2 700 千米处减少一半。太空飞行器只有达到 7.9 千米/秒，即第一宇宙速度时，才能挣脱引力束缚而不掉回地面，成为地球的卫星；达到 11.2 千米/秒，即第二宇宙速度时，才能像地球、金星、木星、火星等天体一样，成为太阳的一颗新行星；达到 16.7 千米/秒，即第三宇宙速度时，即可飞离太阳系，遨游浩瀚无垠的太空。

(2) 太空轨道。人们通常把离地面 100～200 千米以外的空间叫做外层空间，而把发射到外层空间轨道上的飞行器称作航天器。

人造卫星、宇宙飞船等航天器被发射到外层空间后即按照预先设计好的轨道有规律地运行。航天器在空间运行的路线轨迹叫轨道；运行轨道平面与地球赤道平面相交的夹角叫轨道倾角；沿轨道运行 1 周的时间叫周期，离地面几百千米的近地卫星的运行周期一般在 90 分钟左右。

由于各种航天器用途不同，所采用的轨道也不同。广播、通信和气象卫星一般采用“地球同步轨道”，即运行轨道面与赤道面重合。当轨道高度达到 35 860千米时，卫星运转周期同地球自转一周即一天的时间相同，卫星与地球“同步”旋转。这种地球同步轨道卫星叫做“同步卫星”或“静止卫星”；侦察卫星、地球资源卫星则往往采用“太阳同步轨道”，即运行轨道平面与地球赤道平面的夹角大于 90°，卫星轨道高度几百千米到上千千米，其轨道平面与太阳-地球连线的夹角保持不变，卫星一昼夜可绕地球运行 15 圈左右。当它飞临地球同一地区上空时，该地区的光照条件总是一样的，这有利于侦察和勘探。其他一些科学卫星常用的是其夹角在 0°～90°之间的高度不同的椭圆形轨道。

(二) 空间技术的地位与作用

1. 空间技术使人类活动步入“第四环境” 随着科学技术的进步，人类的活动范围不断扩展，从陆地到海洋，从海洋到大气层，又从大气层到外层空间。而人类活动范围的每一次扩展，都极大地增强了人们认识和改造自然的能力，促进了生产的发展和社会的进步。

陆地为地球表面未被海水浸没的部分；海洋为地球表面广大连续海水水体；大气层指地表以外包围地球的气体。由于包围地球的大气在距地表数千千米的高度上仍有极少量存在，这就给大气层和外层空间的界定带来困难。目前，人们通常把距地表 100～120 千米以下的大气层称作稠密大气层。在 1981 年召开的国际宇航联合会第 32 届大会上，陆地、海洋、大气层和外层空间分别被称之为人类的第一、第二、第三（亦称大气环境）和第四环境。人类进入外层空间即“第四环境”，并开始适应、研究、认识、开发和利用它，无疑是人类文明史上的一次伟大飞跃，其意义之重大、影响之深远，不论怎样评价都不会过分。

在人类新进入的“第四环境”中，可供开发利用的空间资源极为丰富：航天器相对于地面的高位置资源、高真空和高洁净环境资源、航天器微重力环境资源、太阳能资源、超低温热沉资源、月球及其他行星资源等。例如，外层空间宁静、失重、高真空、超低温和强辐射的优越条件，可供人类均匀地熔融不同比重的金属，炼制成分分布极均匀的合金，生产超纯度的晶体，而且成品率高，速度快；可以制造泡沫钢，它和普通钢一样坚硬，又能像塑料泡沫一样浮在水面上；还可以制造高纯度的光学纤维、无辉纹的玻璃、理想的球形滚珠、细如蚕丝的金属丝、薄如蝉翼的金属膜，以及在地面上难以制取的许多贵重药物等。

2. 空间技术使通信广播事业空前改观　地面远距离通信，短波无线电通信易受干扰；电缆载波通信成本过高；地面微波中继通信，因为需设立众多的微波中继站，耗资巨大。而通信卫星的问世则使上述问题迎刃而解。目前，通信卫星已承担了约有 2/3 的洲际通信业务，在一些通信事业发达的国家，借助通信卫星，人们足不出户便能随时收看国际新闻，给远隔重洋的亲友打电话，医生在家里也能给在万里之外的病人会诊等。

3. 空间技术为工农业、交通运输业等提供了发展的新手段和保障　气象卫星的发射大大提高了气象预报的及时性、准确性和长期预报的可靠性，从而为农、林、牧、渔的生产和航空、航海活动提供了安全保障。利用空间技术进行“航天育种”，使经过“天上”处理后回到地上种植的农作物种子不仅变异频率高、幅度大、变异的性状可以遗传，而且变异容易稳定，一般在 2～3 代以后就不会再蜕变，从而为加快优质、高产农作物新品种培育开辟了崭新的途径。浙江农学院太空育种研究室应用经过空间诱变的种子，仅用 3 年时间便选育出晚稻新品种“航育 1 号”，它穗大粒多，籽粒饱满，精米率高，适口性强，与原品种相比，生长期缩短约 15 天，株高降低 14 厘米。该品系的单株理论产量从 22.4 克增加到 32.8 克，每公顷产量由原来的 6 000 千克提高到 9 000 千克左右，增产幅度达到 50%。

（三）空间技术的发展前景

由于外层空间蕴藏极为丰富的空间资源，所以世界发达国家竞相开发宇宙空间，而开发月球、建立卫星发电站、空间工厂和太空城等则备受青睐。

1. 开发月球　月球作为地球的近邻，含有丰富的资源，如镍、钴、铝、钛、锰、铀、钍等。据测算，若将月球上的资源都开发出来，可供人类使用上千年。同时，开发月球不仅包括挖掘其建筑材料和其他工业原料，而且还包括在月球上建立星际航行站和天文观测站，这也有助于进一步认识地球以及地球与月球之间的关系。

月球是人类向外层空间发展的良好的基地和前哨站，科学家们提出重返月球，建立“月球村”。据估计，人类将于2010年建立设备齐全的永久性居住地，人们可在月面滞留几星期，开展天文观测和生命科学实验；2015年建立小型的永久居住的月球基地；2020年，将在月球兴建实验工厂、农场等，使月球的“地球村”自给自足，逐步建立“月球城市”。21世纪人类有可能在月球建立全球性的、并联式的太阳能发电厂，通过传输为地球提供长期、稳固的能源；从月壤和月表中提取金属、氧、气体资源甚至水，并利用月球上的弱重力、高真空和超纯净的优越条件，研制和生产出地球上极难获得的新型材料等。

2. 建立卫星发电站　太阳能是取之不尽、用之不竭的能源。若用太阳能发电，可得相当于目前世界发电总量5万倍以上的电力。人们设想在地球同步轨道上建立卫星发电站，利用卫星上许多大型太阳电池板将收集到的太阳能变成电能，再通过微波发生器把直流电能转换成微波电能，然后通过微波发射天线向地球进行微波输电。最后，地面接收天线再把收到的微波经过整流后送往各地电力网，用户便可得到源源不断的电流。

3. 建设空间工厂　空间站的建立和航天飞机的问世，为建立空间工厂奠定了基础。空间工厂具有天然的无重力、高真空、无尘埃等优越条件，可以制造具有极高机械强度的晶体，如生产大型硅和砷化镓晶体，质量极高，使生产的集成电路废品率大大降低，据估计，美国仅生产高纯度砷化镓晶体一项即可年创收入31亿美元；进行材料冶炼和加工，包括具有极好光学性能的石英玻璃、高熔点合金锆、铪等金属，以及“泡沫合金”、半导体材料、镍与碳化钛合金、镁-铝合金等质量高、纯度高、精度高的特殊珍贵金属材料；制造药物，空间制药速度要比地面高出400～800倍，纯净度要高出5倍以上。目前已有20多种包括人工胰岛素、人工生长激素等在地球上难以制造的特种药物在空间合成，2000年美国空间制药年收入达270亿美元以上。

4. 建造太空城　建造太空城的设想最早由美国普林斯顿大学的物理学家奥尔尼博士提出。据计算，建造太空城的理想区间在地球与月球之间，太空城的外形如轮状，直径为1～2千米，总面积为70万～100万平方米，可容纳上万人。城内设有生活区、农业区、工业区、天窗区和空间码头等。里面有山脉、河流、森林和草场，生活着各种生物，形成一个密闭的生态系统。太空城的居民住在轮圈内，整个轮圈可绕自转轴旋转，每周历时1～2分钟，以产生人造重力结果。太空城里的四季气候和昼夜变化，可自行调节。由于太空城阳光充足，气候宜人，无自然灾害，农作物可以一年四熟，稳产高产。太空城居民的体重只有地球居民的1/10，行走健步如飞，外出勿需乘车，若穿上鸟型服，甚至可以自由自在地飞来飞去。太空城既可作为生产科研基地，又是治病疗养、遨游太空的胜地。同时，太空城还可作为宇宙飞船的码头和将来飞出太阳系寻找外星人的前沿阵地。

5. 寻找新天地　长期以来，人们致力于探索星体和生命起源，并希望能在银河系的某一角落找到像地球上的人类这样的生命形式。为此，前苏联和美国相继发射了几十颗星际探测器。其中，美国于1971年8月和9月先后发射了两颗“旅行者”号行星探测器，探测器上配有反映20世纪地球及其生命活动的照片115幅，人类各种问候语言近60种，各种乐曲27种，自然音响录音35种，这种信息可在空间保存10亿年左右。目前，“旅行者”号行星探测器已冲过木星，经过土星，绕过了天王星，告别了海王星，跨越了“天境线”——冥王星的运行轨道，正以每秒17.2千米的速度飞离太阳系。

二、空间技术的核心内容

（一）人造地球卫星

所谓人造地球卫星，是指环绕地球在空间轨道上运行的无人航天器，简称为人造卫星或卫星，包括通信及广播卫星、对地观测卫星和导航定向卫星等。由于人造卫星都是用于开发相对于地面的高位置空间资源的航天器，所以又称作应用卫星。应用卫星直接服务于国民经济、军事、文化、教育，是当今世界上发射最多、应用最广泛的航天器。据统计，目前世界各国发射成功的卫星共达4 000多个，占发射航天器总数的90%多。这些应用卫星被广泛应用于科学实验、考察、通信、气象、导航、地球资源勘测、军事侦察、海洋监视、早期预警、数据中继、军用测地等领域，其工作寿命一般为1～2年。目前经常保持在轨道上运行的约200颗左右，最多时不超过400颗。

1. 卫星的发射和回收

（1）卫星的发射。卫星从开始发射到入轨，一般要经历3个阶段：①“加速段”。在强大的第一级火箭发动机推动下起动，穿越大气层，不断增加速度，第一级发动机在预定时间熄火，分离脱落，同时第二级火箭发动机点火，继续加速。②“惯性段”。第二级火箭发动机在预定时间烧完分离脱落后，火箭依靠惯性力量继续向前滑行，飞行方向逐渐与地球表面平行，一直飞到与卫星预定轨道相切的位置时，第三级火箭发动机按程序控制指令开始点火。③“加速段”。第三级火箭点火后，使卫星达到进入轨道所需要的速度及预定方向，在预定位置将卫星弹出，进入预定轨道，整个发射过程结束。

(2) 卫星的回收。卫星（亦包括飞船等其他航天器）在太空完成预定任务后，要返回地球表面，这就是卫星的“回收”。它通常指回收卫星的回收舱。

与卫星发射相反，卫星回收是一个减速和下降的过程。为了使卫星的回收舱返回地面，就要使它脱离原运行轨道，并使它的速度和高度逐渐降低，在接近地面时达到每秒仅几十米、甚至几米的速度。回收过程，一般可以分为“离轨段”、“大气层外自由下降段”、“再入段”和“着陆段”。解决回收过程中的控制、跟踪、减速和防热等技术问题，难度很高，是衡量一个国家卫星制导系统精度和材料加工工艺能力的重要标志，目前世界上仅有我国、美国、俄罗斯等少数国家拥有回收卫星的能力。

2. 卫星的种类

(1) 通信卫星。卫星通信是电子技术与航天技术相结合的产物。它不受地形、地貌的限制，无论山区、草原、沙漠、海洋、边远地区、内陆，利用通信卫星作为中继站，便可实现地球上各点之间的通信，如电话、电视、电报、传真和数据传输等。通信卫星在人类生活中应用最广泛、作用最直接，因而发展也最迅速。

通信卫星目前多采用地球同步轨道，称作“同步卫星”。从地面看去，似乎老是停在天空某一个位置上，所以亦叫“静止卫星”。这种通信卫星发出的无线电波可以覆盖地球表面的1/3，因此，只要在赤道上空的同步轨道上等距离地分布3颗通信卫星，即可覆盖全球，实现全球范围的通信。

通信卫星系统由空间部分和地球部分组成，空间部分包括通信卫星和管理、控制卫星的地面卫星测控站；地球部分指卫星通信地球站，包括固定的和可移动的。其工作原理是：从地面站A发出无线电信号；通信卫星接收信号后加以放大，变频后转发回另一地面接收站B；该地面站将接收到的信号再行放大、取出。卫星通信的实质是把地面微波中继站搬到了赤道的上空，无线电波由地面站A发出，经过通信卫星放大、变频后，再传给地面卫星接收站B，从而沟通了A、B两地之间的通信。

由于通信卫星具有覆盖范围广、通信质量好、通信质量大等优点，目前，全世界2/3以上的国际电话业务和全部洲际电视转播业务均由通信卫星承担。卫星通信可提供100多种不同的业务服务，除电话、电报、传真、数据传输、电视广播、远距离教育、无线电广播和海上移动通信外，还可提供电视电话会议、数据广播、远程医疗、应急救灾、银行汇兑、电子文件分发、报刊印刷、电子邮政、资料检索和传送、计算机网络业务服务等。卫星通信给人类带来巨大的经济效益和社会效益。

(2) 地球资源卫星。地球资源卫星是航天技术与遥感技术相结合的产物，于1970年问世，是国民经济中应用最广的一种卫星，素有“空中多面手”之称。

地球资源卫星用途广泛。①勘测资源。不仅可以勘测地球表面的森林、水力和海洋资源，还可以勘探埋在地下和海底的矿产资源，如美国阿拉斯加的油田、巴基斯坦和赞比亚的新铜矿等都是由地球资源卫星探知的。②监视地球。不仅可观察农作物长势、发现森林火灾，而且可以预警火山爆发、地震、监视农作物的病虫害、监测地球环境污染等，其准确率很高。例如，美国利用地球资源卫星曾预报前苏联1977年的小麦产量，与前苏联政府公布的数字误差仅为1%。③地理测量。如果航测我国领土，需拍摄100万张照片，费时10年方能完成。若用地球资源卫星拍摄，拍一张照片可覆盖地面约3.422 5万平方千米，相当于海南岛的面积，这样只要拍摄500张，费时几天即可制得清晰准确的中国地图。④地球资源卫星还可用以监视鱼群、指挥渔船作业等。发射一颗资源考察卫星年均费用约为2 000万～5 000万美元，但收益却高达10亿美元以上。

(3) 气象卫星。气象卫星也是广泛用于国民经济和军事领域的一种卫星。它实际上是现代化的高空气象站，装有各种气象遥感仪、自动图片传输系统、自动存储装置和电视摄影系统等。各种气象遥感仪可接受大气和地面目标反射的日光，以及大气和地球自身散发的红外线、电磁波辐射等，从中探测出温度、湿度、风力、云图等气象数据，从而做出精确的天气预报。

气象卫星目前主要有2种类型：①低轨道气象卫星，亦称极地气象卫星，飞行高度一般为1 000千米左右，绕地球南北极运转，运行周期为115分钟，每天定时经过同一地区上空2次。若选择不同轨道，同时发射两颗这类卫星，则可从全球任一固定地区每天定时取得4次观测资料；②高轨道气象卫星，也称静止气象卫星，每隔20分钟左右即可对大气完成一次观测。只要在赤道上空均匀分布5颗地球同步气象卫星，即可对全球进行观测，从而有效地监测台风、暴雨、冰雹等灾害天气。

自1960年美国发射第一颗气象试验卫星以来，世界上一些国家纷纷发射气象卫星，如今已形成全球气象卫星网。发射气象卫星，消灭了全球4/5的气象观测空白区，使人们能获知精确的天气预报，大大增强了人类对自然气候的驾驭能力，减少了因灾害所造成的各种损失。据有关资料，自气象卫星上天后，美国从未漏报过台风，仅农、牧、渔业年收益即达17亿美元，每年还减少经济损失20亿美元。

(4) 导航卫星。卫星导航，即地面物体通过无线电和卫星沟通进行测距和测速，从而计算出该物体在地球上准确的坐标和位置，并依据位置坐标及变化的信息，指引它的航行方向。导航卫星可为舰船、飞机等提供大范围、高精度和全天候的快速定位业务。

1960年4月美国发射了世界上第一颗导航卫星——“子午仪”，它由4颗卫星组成导航网，无论舰船在何地，平均每1.5小时即可看到1次“子午仪”，并可接受其自动发射的信号进行定位，定位精度达到30～40米。美国最新的“导航星”全球定位系统（GPS），由3个轨道面上均匀分布的18颗卫星组成，在地球上任何一点都可看到其中的6～7颗卫星，用户通过这些卫星发出的信号能准确地确定自身所在的地理经纬度，其定位精度达到15米。若用户是探险队员或勘测队员，只需背负1千克重的便携式接收终端，随时都可知道自己所在的经纬度和高度。

近年发展起来的双星定位系统，集通信与导航于一身，利用两颗同步定点卫星，用户与中心站便可通过卫星测距定位。尽管这种系统是地区性的，但其覆盖面却很大，并且可以发展成为全球性的以及其他导航卫星系统，定位精度可达10米以内，有很大的应用价值。双星定位系统可用于各种交通管理系统、大地测量以及矿产和石油部门的矿藏勘探等。

（5）侦察卫星。用于执行军事侦察任务的卫星为侦察卫星。在现有航天器中，军事侦察卫星约为2 000多颗，占全部卫星的70%～80%。侦察卫星可分为照相侦察卫星和电子侦察卫星，40%的侦察卫星上装有可见光相机、电视摄像机、红外相机和多光谱相机，照相侦察卫星其运行轨道一般距地面200千米左右，其地面分辨率最好可达0.15～0.3米，它在现代历次局部战争中为美、俄等国提供了精确的军事情报，发挥了重要作用。

（6）科学卫星。所谓科学卫星，即用于对太空环境、天体、地球本身进行物理、化学、生物等物性的观测与研究试验所发射的卫星。美国已定性掌握了日地空间环境特性，对与军事有关的环境状况有了较为定量的了解。前苏联的科学卫星主要从事近地空间和日地关系的研究，从1973年开始，先后发射载有猴子、蜗牛、果蝇、甲虫等的“生物卫星”，着重研究在分子、细胞、机体、群体等各种水平上对动物的影响，以判断对人有可能产生的后果。我国也相继成功地发射了多颗“科学探测与技术试验卫星”，取得了多项满意的成果。

（二）载人航天

所谓载人航天，是指人类驾驭和乘坐载人飞船、空间站和航天飞机等载人航天器，在太空从事各种探测、试验、研究、军事和生产的往返飞行活动。它是航天技术发展的一个新阶段。自1961年4月12日前苏联发射世界第一艘载人飞船“东方1号”至今，全世界已发射近百艘载人飞船，150艘左右的无人飞船。

载人航天系统由载人航天器、运载器、航天器发射场和回收设施以及航天测控网等组成，有时还包括其他地面保障系统，如航天员训练设施、地面模拟装置等。

实现载人航天需攻克以下难关：要有高度可靠且推力足够大的运载工具；掌握关于空间飞行环境的足够信息，从而对人体所能承受的极限环境条件做出准确的判断；能确保航天员生活、工作和安全飞行的生命保障系统；确保地面人员与航天员之间可靠而不间断的通信联系；掌握航天器再入大气层和安全返回的技术等。

载人航天器主要有宇宙飞船、空间站和航天飞机 3 种类型。

1. 宇宙飞船　载人宇宙飞船是一种航行于宇宙空间的飞行器，主要由宇航员座舱、舱内环境调节系统、通信装置以及电源和降落设备等组成。目前的宇宙飞船主要有两种：一种是环绕地球轨道飞行的飞船，如前苏联的“东方号”、“联盟号”、“进步号”飞船，美国的“双子星座号”、“水星号”飞船等；另一种是脱离地球轨道、以载人登月为目的的飞船，如美国的“阿波罗号”飞船等。

1961 年 4 月 12 日，前苏联成功地发射了世界上第一颗重量为 4.5 吨的载人飞船“东方 1 号”，将宇航员加加林送入地球轨道，在天上运行了 108 分钟后安全返回地面，开创了载人航天新纪元。

1961 年 10 月，美国开始实施“阿波罗”登月计划。1969 年 7 月 20 日，阿波罗 11 号飞船将航天员阿姆斯特朗、奥尔德林、柯林斯 3 人送上月球，在月球表面停留 21 小时 36 分 21 秒，采集了 24 千克“月球石”样品，从而使“嫦娥奔月”的神话变成了现实。这表明，人类已经掌握了到地球周围空间进行开发活动的基本手段。月球是人类向外层空间发展的良好基地和前哨站。

2. 空间站　空间站是一种可供多名航天员巡访、长期居住和工作的大型载人航天器，通常由密封的居住舱、对接过渡舱和非密封的资源舱等组成，其规模比一般航天器大得多。利用这种空间站可以在近地轨道上进行科学、材料加工和生命科学的实验研究；生产新材料，如高纯晶体、特殊合金半导体等；长期对地观测和天文观测；组装空间大型结构，如大型天线阵等；将有效载荷发射到地球同步轨道、月球和其他行星上去；为卫星和其他航天器进行维修、补给；贮藏航天器部件、消耗物资、实验材料和卫星等。

空间站既是一种独立存在于宇宙空间的科学设施，同时也是人类向太空进军的中继站。1971 年 4 月 19 日，前苏联发射了世界上第一个太空站“礼炮号”，1987 年又发射了永久性载人太空站“和平号”，并与前者组成了太空站、天体物理实验室和宇宙飞船构建的复杂联合体，该太空站已先后接纳 16 批共 33 名航天员，完成科学实验 120 项。美国于 1973 年 5 月发射了“天空实验室”，先后 3 批 9 名宇宙员进入实验室工作，拍摄地球照片 4 万多张，太阳照片 18 万张，录制录音带长达 30 千米，进行生物实验 162 项，勘测地球资源 39 种，还做了其他一系列科学实验。俄罗斯、美国、加拿大、日本和欧洲太空署计划合作建设发射了一个永久性国际太空站，以共同开发太空资源。

3. 航天飞机　航天飞机又叫空间渡船，是一种有人驾驶的、可以重复使用的航天运载系统。航天飞机集火箭、飞船、飞机的特长于一身，既可在大气层内飞行，又可在大气层外飞行；既能像火箭那样达到脱离地球的速度并把卫星等人造天体送入轨道，又能在返回地球时像普通飞机那样在机场安全降落。航天飞机的问世标志着空间科学技术进入了一个新阶段。

与其他航天器相比，航天飞机具有如下优点：①可以重复使用 100 次，大大降低了发射费用；②运载量大，可装载各种卫星、飞船实验室和较多的宇航员、科研人员等；③可以在轨道上发射卫星，也可回收和维修卫星，使卫星设计简化，从而减少科研费用，延长使用寿命；④可缩短空间发射的地面准备时间，便于实现空间飞行的经常化；⑤由于发射和返回阶段加速度小，又有人造大气密封压力舱，从而使非职业宇航员进入太空成为可能；⑥它在军事上也具有重大价值，可以充当多用途空间武器。

美国是最早发展航天飞机的国家，已发射成功并投入使用的有“企业”号、“哥伦比亚”号、“发现”号、“阿特兰蒂斯”号（即“大西洋”号）、“挑战者”号（第 10 次发射失败后为“奋进”号所取代）。前苏联于 1988 年 11 月 15 日发射“暴风雪”号航天飞机成功，从而打破了航天飞机由美国一家独霸的局面。

目前，美英之间正在竞相研制空天飞机，即兼备航空、航天特点的航天器。航天飞机只能在发射台上垂直起飞，采用火箭发动机作推进系统，双级入轨，只能部分重复使用，可担负航天运载任务；而空天飞机则可水平起飞，采用航空、火箭两种发动机作推进系统，可任意选用两级或单级入轨方式，可完全重复使用，即可作航天运载器，又能作航空飞机。空天飞机主要任务是向空间站补充人员、物资、燃料等，并把空间站内制成的产品运回地球。

（三）空间探测器

人类要离开地球，到新的天体去开拓，理应先从月球开始，进而是太阳系的各个行星和卫星，最后是飞离太阳系，深入到遥远的恒星际空间进行探测，因此必须有空间探测器。

月球作为地球的天然卫星，是人类空间探测的第一个目标。从 1959 年开始，美国和前苏联开始发射探测器对月球进行探测，至今已发射63个探测器和登月载人飞船。与此同时，人类一直对火星上是否存在生命抱有很大希望，自1962年以来，美国和前苏联共发射15颗火星探测器，拍摄了大量火星照片，并在火星表面软着陆，在着陆点周围未发现地球类型的生命。美国和前苏联发射的金星探测器在金星表面分别软着陆和硬着陆，发现金星表面气温始终处于450℃左右，而大气压力则为地球表面的20～40倍，同样不适于生命物质的生存。此外，美国和前苏联还分别对土星、木星、水星和天王星等进行了详细探测。美国还发射了“航海者”1号和2号探测器，以探索太阳系的边界，其中2号探测器已于1989年与海王星相遇。至此，除冥王星外，人类对太阳系的其余行星都进行了探测。

第九节　环境保护技术

一、环境监测与分析技术

（一）环境监测

1. 环境监测的发展　环境污染虽然自古就有，但环境科学作为一门学科是在20世纪70年代才开始发展起来。最初危害较大的环境污染事件主要是由于化学毒素造成的，因此，对环境样品进行化学分析以测定其组成和含量的环境分析就产生了。由于环境污染物通常处于痕量级甚至更低，并且基体复杂，流动性变异性大，又涉及空间分布及变化，所以对分析的灵敏度、准确度、分辨率和分析速度等提出了很高的要求。因此，这一阶段的环境分析实际上是分析化学的发展，称之为污染监测阶段或被动监测阶段。

到了20世纪70年代，随着科学的发展，人们逐渐认识到影响环境质量的因素不仅是化学因素，还有物理因素，例如噪声、光、热、电磁辐射、放射性等。所以用生物（动物、植物）的生态、群落、受害症状等的变化作为判断环境质量的标准更为确切可靠。此外，某一化学毒物的含量仅是影响环境质量的因素之一，环境中各种污染物之间、污染物与其他物质、其他因素之间还存在着相加和拮抗作用。所以环境分析只是环境监测的一部分。环境监测的手段除了化学的，还有物理的、生物的等。同时，从点污染的监测发展到面污染以及区域性的监测，这一阶段称之为环境监测阶段，也称为主动监测或目的监测阶段。

监测手段和监测范围的扩大，虽然能够说明区域性的环境质量，但由于受采样手段、采样频率、采样数量、分析速度、数据处理速度等限制，仍不能及时地监视环境质量变化，预测变化趋势，更不能根据监测结果发布采取应急措施的指令。20世纪80年代初，发达国家相继建立了自动连续监测系统，并使用了遥感、遥测手段，监测仪器用电子计算机遥控，数据用有线或无线传输的方式送到监测中心控制室，经电子计算机处理，可自动打印成指定的表格，画成污染态势、浓度分布。可以在极短时间内观察到空气、水体污染浓度变化、预测预报未来环境质量。当污染程度接近或超过环境标准时，可发布指令、通告并采取保护措施。这一阶段称为污染防治监测阶段或自动监测阶段。

2. 环境监测技术概述　环境监测的技术通常有常规监测技术、自动监测技术、遥感监测技术、生物监测技术、污染源监测技术、环境污染流动监测站和环境连续自动监测系统等。

(1) 环境常规监测。按照通常规定的环境监测项目和通用的监测分析方法，所进行的环境监测工作。一般按国家环境标准中规定的污染物或项目进行监测。

(2) 环境自动监测。应用连续自动运行的监测仪器和设备进行环境污染物的自动化监测，这是现代环境监测的发展趋势。用于自动监测的仪器，大多是单项测试的，如二氧化碳、氮氧化物（一氧化氮和二氧化氮）、臭氧和一氧化碳等专用的自动监测仪。用于水质的有pH、电导率、浊度、化学需氧量（COD）、溶解氧量（DO）等连续自动监测仪器。

(3) 环境遥感监测。或称环境遥感遥测，是利用光学的、电子学的遥感仪器从高空或远距离处接收地球表面被测物体或污染物的反射、辐射的电磁波信息，经过处理转换成图像或计算机记录的数据，显示污染的状况。常用的有摄影机、红外辐射仪、微波辐射仪、微波雷达和激光雷达等。

(4) 环境生物监测。利用生物对环境污染产生的反应和变化进行环境污染程度的监测和评价环境质量状况的一种生物技术。自然界有对污染物敏感反应的生物，称为指示生物，包括自然指示生物、活性污泥指示生物和有毒物质指示生物等。可利用指示生物的特性对大气、水体和土壤环境的污染物进行监测。生物监测有动物监测、植物监测和微生物监测。

(5) 污染源监测。通常指人为污染源包括固定源和流动源排放口的监测，如工业生产排出的废气、废水、固体废渣，居民区的污水、垃圾，汽车、火车、轮船等排出的废气等。污染源排出的污染物浓度和种类往往高于和多于环境中的，因此，它们的监测和分析的方法不同于一般环境污染的监测。我国颁布了《大气污染物综合排放标准》，规定了33种大气污染物的最高允许排放浓度、最高允许排放速率，还对若干行业性的国家大气排放标准和采样、分析方法等做了规定。

(6) 环境污染流动监测站。它是对环境中各种污染物能连续自动测量，并可随时移动进行现场监测的一种设施，如大气监测车和水质监测船。

(7) 环境连续自动监测系统。在一个区域内，由一个中心监测主站、若干个固定监测分站和一个数据通信系统，组成环境监测的网络系统。这类系统的各监测分站都配备统一的采样器。连续自动监测的仪器进行连续自动采样和测定，并将数据连续自动地处理，通过有线或无线电系统传输到中心站，中心站将收集到的监测数据存入数据库，并向有关污染源、行政管理部门发出警报等信息。

3. 监测技术的发展趋势　目前监测技术的发展较快，许多新技术在监测过程中已得到应用。如 GC－AAS（气相色谱-原子吸收光谱）联用仪，使两项技术互促互补，扬长避短，在研究有机汞、有机铅、有机砷方面表现了优异性能。再如，利用遥测技术对整条河流的污染分布情况进行监测，是以往监测方法很难完成的。

对于区域甚至全球范围的监测和管理，其监测网络及点位的研究，监测分析方法的标准化，连续自动监测系统，数据传送和处理的计算机化的研究、应用也是发展很快的。在发展大型、自动、连续监测系统的同时，研究小型便携式、简易快速的监测技术也十分重要。

(二) 环境分析技术概述

1. 化学、物理技术　目前，对环境样品中污染物的成分分析及其状态与结构的分析，多采用化学分析方法和仪器分析方法，如重量法常用于残渣、降尘、油类和硫酸盐等的测定；容量法广泛应用于水体酸碱度、化学需氧量、溶解氧、硫化物、氰化物的测定；仪器分析是以物理化学方法为基础的分析方法，包括光谱分析法（可见分光光度法、紫外分光光度法、红外光谱法、原子吸收光谱法、原子发射光谱法、X荧光射线分析法、荧光分析法、化学发光分析法等)、色谱分析法（气相色谱法、高效液相色谱法、薄层色谱法、离子色谱法、色谱-质谱联用技术)、电化学分析法（极谱法、溶出伏安法、电导分析法、电位分析法、离子选择电极法、库仑分析法)、放射分析法（同位素稀释法、中子活化分析法）和流动注射分析法等。

目前，仪器分析方法被广泛用于对环境中污染物进行定性和定量的测定，如分光光度法常用于大部分金属、无机非金属的测定；气相色谱法常用于有机物的测定；对于污染物状态和结构的分析常采用紫外光谱、红外光谱、质谱及核磁共振等技术。

2. 生物技术　这是利用植物和动物在污染环境中所产生的各种反映信息来判断环境质量的方法，这是一种最直接也是一种综合的方法。生物技术包括生物体内污染物含量的测定，观察生物在环境中受伤害症状，生物的生理生化反应，生物群落结构和种类变化等手段来判断环境质量。例如，利用某些对特定污染物敏感的植物或动物（指示生物）在环境中受伤害的症状，可以对空气或水的污染做出定性和定量的判断。

二、环境污染防治技术

（一）大气污染治理技术

1. 控制污染源　我国的大气污染是与煤炭的开发、加工和利用密切相关的，因而，防治大气污染就要对煤炭开发、加工和利用的各个环节采取有利于环境的措施。

煤炭开采过程中与大气污染有关的主要是矿井瓦斯和矿石山自燃。因此，应加强矿井瓦斯的回收和利用，开展煤矿山的综合利用：发展城市煤气，是保护环境、节约能源的一项重要措施；合理分配煤炭，如将低挥发性、低硫煤优先供给民用，从而减少污染，提高能源利用率；改进窑炉，改进燃烧方式可使污染物排放明显下降；烟气净化；采取除尘和烟气脱硫措施；使排出的烟尘达到国家规定的要求。

2. 绿化环境　绿化环境，充分发挥植物对大气的净化功能。植物可以直接吸收大气的有害气体，使大气得到净化。例如，每千克干重的拘桔叶可吸收36.6克二氧化硫，每千克干重的海桐可吸收911毫克氟，每千克干重的女贞可吸收10.7克氯。植物也可吸附大气中的烟尘、粉尘。据统计，1公顷森林可有72公顷吸附烟尘的叶面积。植物中，以槐树、杨树等阔叶树对大气的过滤效果最好，松、杉等针叶树次之。每公顷云杉林每年可吸附32吨尘，每公顷松林每年可吸附36.4吨尘。

3. 农业措施　选用对大气污染物抗性强的作物和品种。如冬季作物，小麦比大麦抗性强，在大气污染严重的地区，改大麦为小麦，就可减少损失。在水田，栽培油菜或卷心菜，对大气污染有较好抗性。

通过作物生长期、耕作制度的调整，避开空气污染的高峰季节。在日本，农业生产者与污染源工厂订立在一定时期减少污染物排放的合同，用经济措施限制季节排放，以保护农业生产少受或不受损失。

改进施肥管理，减轻污染危害。如对水稻和裸大麦，增施钾肥能减轻臭氧危害。对白菜和玉米，碳酸钙的施用也可减轻臭氧危害。

（二）水体污染治理技术

水体是河流、湖泊、沼泽、水库、地下水、海洋等的总称。它不仅包括水，还包括水中悬浮物、溶解物质、底泥和水生生物等。应把水体作为完整的生态系统或完整的自然综合体来看待。

水体污染的主要原因是工业废水和城市生活污水的排放，因而废水处理是水体污染防治最根本、最有效的途径。

废水处理就是用各种方法将废水中的污染物质分离出来，或将污染物质处理后，其浓度降至对环境无不良影响。废水处理按处理程度可分为三级：一级处理只除去水中一部分悬浮物，一般经过一级处理后，废水还不能达到排放标准的要求；二级处理是大幅度地去除废水中悬浮物和溶解性有机污染物，经过二级处理，废水基本具备排放标准；三级处理是去除二级处理所未能去除的污染物。废水经三级处理后，可作为工业用水，甚至可作为城市用水的补给水源。

废水处理按作用原理可分为物理处理法、化学处理法、物理化学处理法、生物处理法。

（三）土壤污染治理技术

1. 控制和消除土壤污染源

（1）控制和消除工业“三废”的排放。发展工业的和区域的循环用水系统，改善生产工艺，采用无污染或少污染的新工艺，用以减少废水和污染物的排放量。对工业废水、废气、废渣进行回收处理，变废为宝。对必须排放的“三废”要进行净化处理，控制污染物排放的浓度和数量。要进行环保立法，制定排污质量标准，限制污染物的排放数量和浓度。

在利用污水灌溉和施用污泥时，要密切注意其中有害物质的成分、浓度及其动态，控制污水灌溉数量和污泥施用量，以免引起土壤污染。

（2）控制化学农药的使用。使用残留量大、毒性强的化学农药，应控制其使用范围、数量和次数。研制和开发高效、低毒、低残留的农药新品种。开展以虫治虫、以菌治菌、以虫治草、以菌治草的病虫害生物防治新途径，尽可能减少有害农药的使用。

（3）合理使用化学肥料。应根据农作物的生长发育要求，合理施肥，经济用肥，以免施用过多而造成土壤污染。应注意化学肥料的使用和有机肥料的使用相结合。对本身含有毒物质的化肥品种，要严格控制施用范围和数量。

2. 提高土壤对污染物的自净能力　土壤有机质和黏粒对土壤中的有机、无机污染物具有吸附、络合和螯合作用，土壤微生物对有机污染物有代谢、降解作用，对有些无机毒物具有使其有机化的作用。因而增施有机肥，改善微生物的土壤环境条件，提高微生物活性，可以提高土壤对污染物的净化能力。

3. 土壤污染治理措施

(1) 施用化学改良剂。重金属轻度污染的土壤，施用化学改良剂可使重金属转为难溶性物质，减少作物对它们的吸收。酸性土壤施用石灰，可提高土壤pH，使铜、锌、汞等形成氢氧化物沉淀。施加硫化钠、石灰硫磺合剂等硫源物质，可使汞、铜、铅等在土壤嫌气条件下生成硫化物沉淀。

(2) 利用植物去除重金属。羊齿类铁角厥属的植物对土壤重金属有较强的吸收聚集能力。

(3) 控制氧化还原条件。土壤氧化还原条件在很大程度上影响重金属变价元素在土壤中的行为。水田淹灌，氧化还原电位降至−160毫伏时，土壤中还原性硫的最大浓度达200毫克/千克，许多重金属都可生成难溶性硫化物而降低其毒性。

(4) 改变耕作制度。改变耕作制，引起土壤环境条件改变，可消除某些污染物的毒害。据研究，DDT和六六六农药在棉田中的降解速度缓慢，积累明显，残留量大。棉田改水田后，大大加速了DDT和六六六的降解。

(5) 排土、客土改良。被重金属或难分解的化学农药严重污染的土壤，如用排土法（挖去污染上层）或客土法（用没有污染的客土覆盖于污染层上），可获得理想的改良效果。

(四) 固体废弃物处理技术

1. 工业固体废物处理技术　工业固体废物量大的有矿业的废石、尾矿砂，钢铁业的炉渣、矿渣（如钢渣、高炉渣、金属矿渣等），化工废渣（如添加剂、催化剂、酸、碱、电石等），以及其他工业垃圾和放射性废渣等。主要处理方法有焚烧法、填埋法、化学处理法、生物处理法。

2. 矿业固体废物处理方法　在采矿和选矿过程中，常产生大量废石和尾矿，长期堆存，污染土地。其中含有砷、镉等有毒元素，被水冲刷进入水体，污染环境。其处理方法主要有物理法、化学法、土地复原再植法。

3. 城市垃圾处理技术　城市垃圾是指居民的生活垃圾、粪便、商业垃圾、市政设施和管理及房屋修建中产生的垃圾与渣土，不包括工厂排出的工业固体废物。城市垃圾是一种可利用的资源。它的处理与利用，反映了废物的再生资源化和环境保护的水平，已成为现代化城市的标志之一。世界各国正大力开发这方面的工作。目前，城市垃圾处理的主要方法有填埋法、堆肥法、压缩处理法、焚化法、辐射处理法以及制沼气等。

(五) 噪声污染及其防治技术

1. 噪声污染　通常所说的噪声污染是指人为活动（生活和生产活动）产生的声音超过了一般正常人可以容许的限度，对人们产生直接的（生理、心理、工作、学习和生活）或间接的（生产和生活资料）影响和危害。噪声是一种物理性的污染，一般是局部性的，局限在一定的区域范围内，且无后效作用；只要噪声一停止，污染就立即消失。随着工业、交通运输和城市化的迅速发展，噪声源愈来愈多，噪声污染亦愈来愈严重，已成为城市环境污染的重要方面。

2. 噪声污染源（噪声源）　人为活动产生的噪声主要有交通噪声、工业噪声、建筑施工噪声、社会生活噪声等。从声音产生的原因，又可分为机械噪声、空气动力性噪声和电磁性噪声。人为噪声源可分为活动源和固定源。前者有运行中的各种汽车、摩托车、火车、飞机、轮船等，这类噪声无规律性，影响面广。后者有工厂中各种机器设备如鼓风机、风机、内燃机、电动机、电锯等，建筑工地的打桩机、钻机、推土机、混凝土搅拌机、空气压缩机等，家庭居室装修的电钻、敲打，以及社会生活中商业性、娱乐性的高音喇叭、音响等，这类噪声一般较有规律，持续时间较长。

进行噪声污染监测的工具为测声的仪器，常用的有声级计、频谱分析仪、自动记录仪和磁带录音机等；可根据噪声源选定合适的测点进行测定。城市交通噪声的监测，可在两个交通路口之间离马路边 20 厘米处，设点测定。

3. 噪声控制方法

（1）噪声源的控制方法。对固定噪声源主要是研制低噪声的机器设备或改用低噪声的加工工艺。如采用无声锻压、无声焊接等。对机器附近可采用吸声、隔声、安装消声器等措施。国际上正大力研制低噪声设备。还有用噪声来消除噪声的声波消除法，可有效消除机械行业的噪声，如机床、柴油机、涡轮机等发出的低频声波，常用的有阻尼减振。对活动源主要是改进机械设备和交通工具的结构，或将设备和机动车等改造成低噪声的整体。限制汽车喇叭的使用，加强车辆刹车的检修和维护，也可降低交通噪声。降低飞机噪声的根本途径是发展低噪声飞机，主要是降低飞机的喷气速度，国外正在研究中。控制飞机起飞和降落时的飞行速度亦可降低噪声，但要保障安全。机场地面噪声的控制，一般采用建筑物作屏障。新建机场应远离居民区，已建靠近居民住宅的机场，要对住房采取隔声措施。

（2）传声途径的控制方法。采用吸声、隔声、消声、减振、隔振、阻尼减振等技术。利用吸声材料如玻璃纤维、泡沫塑料、木丝板、甘蔗板、多孔水泥板、多孔陶瓷、薄膜共振吸收板来吸收声能。隔声是用屏蔽物将声音阻隔，可采用隔声罩、隔声间和隔声屏障；亦可在街道两侧植树绿化，来阻隔交通噪声的传输。

消声是运用消声器来削弱声能。把消声器安装在气流通道上，可衰减气体动力噪声，如风机、空气压缩机、内燃机等排气的噪声。新发展的限制噪声传播材料有阻尼材料（如橡胶、塑料、沥青、油毛毡和一些高分子涂料）、隔振坐垫，还有把吸声、隔声阻尼、隔振组合起来的隔声罩、高效吸声水泥砖等。

4．噪声能源化　近年，有人对噪声控制由消极防范转为噪声能源的利用，引起了人们的重视。这是根治噪声污染，开发新能源的新途径。噪声能源化的技术有 3 种。

（1）噪声发电。现已找到将声能变成电能的 2 个途径：①人造铅酸盐在高频、高温下能使噪声发电；②声波遇到屏障时，声能亦能转化为电能。

（2）噪声致冷。利用微弱的声振动制冷，是当今国际上正在开发的制冷新技术。第一台样机已在美国问世。

（3）噪声除草。不同植物对不同频率噪声的敏感程度是不同的。根据这一原理国际上已试制出噪声除草器。将噪声除草器放在田里，发出能诱发杂草种提前萌芽和生长的噪声，使在农作物长出之前，即将杂草除去。

（六）放射性元素污染防治

1．放射性污染　人类活动排放的放射性污染物，进入环境后，会造成对大气、水体和土壤的污染。由于大气扩散和水流的输送，放射性污染物在自然界广泛扩散和迁移，可被生物富集，使某些动植物，特别是一些水生生物体内放射性元素的浓度增高，可比环境中的高 10 多倍。环境中的放射性元素可通过多途径进入人体，使人体遭受危害。

2．放射性污染源　放射性污染源有天然源和人工源两类。前者有宇宙射线、铀等矿床，大气、水体和土壤中含有的天然放射性物质等。后者有核武器试验、核燃料的开采和加工、核反应堆、原子能发电站、核动力潜水艇、航空器、高能加速器及在工农业、医药、科研等各部门使用的放射性核素。日常生活中也有一些含放射性物质，如火焰喷射玩具、夜光表、彩色电视机等，都会发射不同强度的放射线。一切形式的放射线对人体都是有害的，必须加以防治。

放射性污染的监测，可分为外照射监测（包括辐射场）、人体剂量监测、放射性气溶胶（即放射性尘埃）和放射性气体的监测，以及大气、水、土壤、动植物中放射性物质的测量等。监测技术主要包括核辐射探测仪器和放射化学分析技术两方面。前者有电离探测器、闪烁探测器和半导体探测器等对放射性剂量进行测定，后者对采集的放射性尘埃、气体、水和动植物等样品，进行放射性定量分析。

3．放射性污染防治技术

（1）放射性辐射的防护。其目的是为减少射线对人体的照射。常用的技术是屏蔽法，即在放射源与人之间，放置合适的屏蔽材料来吸收放射线，降低外照射的剂量。对不同强度的射线用不同的屏蔽材料，如α射线其射程短，穿透力强，几张纸或薄铝膜，即能吸收掉。β射线穿透力比α射线强，用有机玻璃、普通玻璃、烯基塑料和铝板作屏蔽。γ射线的穿透力很强，危害最大，常用较厚的铅、铁、钢、混凝土等屏蔽材料来防护。

(2) 放射性废气和粉尘的处理方法。对低放射性废气、含半衰期短的放射性物质，一般可用高烟囱直接排入大气扩散稀释。对核实验散发的放射性粉尘、尘埃，如影响最大的有锶 89、锶 90、铯 137、碘 131、碳 14、钚 239 等，或含有半衰期长的放射性物质的废气，则须通过过滤除去粉尘，碱吸收去除放射性碘等元素。

(3) 放射性废水、废液的处理方法。按废水中放射性浓度大小，采用不同的处理方法。一般有 3 种：①放射性浓度极低的废水，可直接排放；②半衰期短的放射性废液，可封装储存于容器中，待放射性强度降低后，再稀释排放；③半衰期长或放射性强的废液，先蒸发浓缩后再储存起来。常用的浓缩方法有共沉淀法、离子交换法和蒸发法，所得的清液或出水，可回用、排放或进一步处理。对中、低放射性废液用水泥、沥青固化。对高放射性废液储存于不锈钢池，外加钢筋混凝土埋于地下；有时用玻璃固化法将废液固化，深埋地下。

(4) 放射性固体废物的处理方法。原子能工业中的废矿渣、放射性污染的器具和设备等，及上述浓缩废液固化后的固体废物、矿渣，可采用土地堆放、埋坑，器具可清洗、压缩、焚烧或再熔化等方法处理，所形成的固体废物，密封在金属容器中或固化在沥青、水泥、玻璃、塑料或熔化在金属块中，然后埋于地下混凝土结构的储库中。

(七) 电磁辐射防治

电磁污染是指天然的和人为的各种电磁波的干扰场或有害的电磁辐射，对环境和人体造成的影响。

1. 电磁污染源　影响人类生活环境的电磁污染源可分为天然的和人为的两大类。

(1) 天然污染源。是由某些自然现象引起的。如雷电，可能会对电器设备、飞机、建筑物等直接造成危害，还会在广大地区从几千赫到几百兆赫以上的极宽频率范围内产生严重的电磁干扰。火山爆发、地震和太阳黑子活动引起的磁暴等，都会产生电磁干扰。天然的电磁污染对短波通讯的干扰特别严重。

(2) 人为污染源。主要包括 3 方面：①脉冲放电，如切断大电流电路时产生的火花放电，其瞬时电流变率很大，会产生很强的电磁干扰；②工频交变电磁场，如在大功率电机、变压器以及输电线等附近的电磁场，它并不以电磁波形式向外辐射，但在近场区会产生严重的电磁干扰；③高频电磁辐射，发射频率为100千赫至300 000兆赫的电磁波，通常称为射频电磁辐射，如无线电广播、电视、微波通讯、高频加热等各种射频设备的辐射，对周围近场地区造成不同程度的射频辐射污染，影响人体健康。目前射频电磁辐射已成为电磁污染的主要方面。

电磁辐射的监测，通常用场强仪（如干扰场强测量仪、磁场仪）对近场的、远场的电场或磁场强度进行检测；用辐射监测仪（如宽带全向辐射仪）对频率组分进行检测。

2. *电磁污染控制技术* 电磁污染的控制主要有场源的控制与电磁能量传播的控制两方面。屏蔽是电磁能量传播控制的主要手段。所谓屏蔽是指用各种技术手段，将电磁辐射的作用与影响局限在指定的空间范围内。电磁屏蔽分为主动场屏蔽和被动场屏蔽，前者是将电磁场的作用限定在某个范围之内，使其不对限定范围以外的生物机体或仪器设备发生影响，它主要是用来防止场源对外的影响；后者是使外部场源不对指定范围之内的生物机体或仪器设备发生作用，场源位于屏蔽体之外，屏蔽体用来防止外部场源对内的影响。

(八) 热污染控制技术

1. *热污染及其来源* 环境热污染的产生，主要是由于能源消耗、热量排放引起环境增温效应，导致局部生态系统改变或自然界热平衡的破坏，而直接或间接地对人类和生态环境产生不良的影响。如水体的污染，是因为工业生产排放高温废水，使水体的水温升高，水中溶解氧减少，化学反应、生化反应加快，导致水体出现缺氧状态，从而影响鱼类等水生生物的生存和繁殖；同时厌氧细菌大量繁殖，有机物腐败，增加了水中的有毒物质。空气热污染，可由燃烧煤排放大量二氧化碳，吸收太阳和地面的红外辐射，形成温室效应，而使地面温度升高，气候变暖。热污染大多发生在城市、工业区、火力发电厂、原子能发电站等能源消费量大的地区或场所。城市里大量安装空调器，也会造成局部地区的热污染。

2. *热污染的控制途径*

(1) 改进热能利用技术，提高热能利用率。现今所用的热力装置一般其热效率较低，民用燃烧装置的热效率约为10%～20%，工业锅炉的热效率约为20%～70%，火力发电厂由高压蒸汽转化为电能的热效率约为37%～40%左右。我国热能的平均有效利用率为28%～30%，与工业发达国家相比约低20%。这就是说，我国若每年消费6亿吨煤，要比发达国家多浪费1.2亿吨煤矿，亦即向环境中释放的热量要多3.5×10^{10}亿焦耳。显然，改进现有能源利用技术，提高装置的热利用率十分重要，既节约了能源，又减轻了对环境的热污染。

（2）开发和利用无污染或少污染的新能源。从长远看，现有矿物能源将被无污染或少污染的新能源所代替，如太阳能、风力能、海洋能和地热能等，这是全球能源利用的必然发展趋势。

（3）废热的综合利用。把热力装置系统的散热、排放的热烟气和温水等废热充分利用起来。某处排放的废热，可作别处的能源。例如，由热力装置排出的高温气体或温水，可直接用于室内的空调加热；调节水田的水温，使之适宜于农作物的生长；调节水系的水温，增强水生生物的发育和生长；调节粮食储藏的温度，防止谷物受冻；改善水系的物理性质，以提高城市污水处理厂的水质净化效率；还可调节港口水域的水温，以防止港口冻结等。人类对热污染的研究还处于初级阶段，许多问题还在探索中。

三、生态防治技术

（一）工业环境保护技术

1. 清洁生产——现代工业发展的新模式　清洁生产的途径和方法主要有：①改革生产工艺；②充分利用自然资源，实现物料闭路循环；③注意能源的清洁利用，开发清洁能源和节能技术；④改进产品设计，调整产品结构，生产清洁产品；⑤加强企业清洁生产审计，实行全过程控制。

清洁生产通过节能、降耗、减污，以节省防治污染的投入，降低生产成本，改善产品质量，促进了社会经济的发展，使环境效益和经济效益完整的统一起来。由于清洁生产采用源头削减的技术措施，对生产全过程进行废物控制，从而大量减少了污染物的产生和排放，相应减少了“三废”治理的费用，还避免了可能发生的二次污染问题，并保障了工人的安全和公众的健康。《中国21世纪议程》把推行清洁生产作为中国促进环境与经济协调发展，走可持续发展战略的重要措施。1994年底，成立了中国国家清洁生产中心。近10年来，我国在世界银行支援下开展了清洁生产的项目，有27家企业进行了29个清洁生产工艺，其中在纺织、印染、化工、石化、电镀、制药、啤酒、建材、钢铁、造纸等十几个行业进行示范试点，已取得了显著的经济效益和环境效益。

2. 绿色技术　主要是采用降低对人类健康危害和环境影响，减少废物产生和排放的一切技能与设施，它主要包括资源合理开发、综合利用与保护的技术；发展清洁生产与绿色产品的技术；产品消费、使用过程中，防止污染和废物回收利用的技术。

绿色技术的发展，以绿色化学、工业生态学等崭新的科学研究为基础，以清洁生产和可持续发展的推进为动力。现今已有一批典型的绿色技术在一些国家出现，获得了很好的经济效益和环境效益。例如，利用分子结构改造技术，对有强致癌作用的联苯胺（染料中间体）改造为2,2-乙基联苯胺，既保持了原来的染料性能，又使致癌性大大降低。又如应用生物合成技术，用遗传工程获得的微生物作催化剂，以葡萄糖为起始物成功地合成了己二酸（生产尼龙的原料）。这个新技术革除了一直用有致癌作用的苯为起始物的工艺生产。应用催化技术革新合成路线，消除原有的有毒物质，如美国孟山都公司生产广泛使用的一种除草剂（Roundup），革除了原用的有毒原料氢氰酸，采用钢催化剂的新工艺，生产效率高、无毒性、无污染。还有应用生物技术，如用酶技术在农业、纺织、皮革、食品、化工、冶金等工业生产中实行清洁生产，如牛饲料中加酶，使牛粪中的矿物质减少；用酶生产速溶咖啡；用生物反应器生产医用化学品；用微生物回收金属（生物湿法冶金）等。日本提出了发展绿色技术的十大优先领域，包括的范围很广，有节能技术、低二氧化碳型制造系统、低二氧化碳型交通运输系统、新能源和替代能源技术、二氧化碳固定化技术、二氧化碳分解技术、防止大气污染技术等。由上可见，绿色技术已开始成长，取得了一些成果，展示了它广阔的可能性和美好的前景。

（二）农业环境保护技术

1. 中国生态农业　生态农业（ecological agriculture）一词最初是美国土壤学家威廉姆·阿尔伯里奇于1970年提出的，其内涵是“生态上能自我维持，低投入，经济上有生命力，在环境、伦理和审美方面可接受的小型农业”。20世纪70年代末引入后，就与我国基本国情相结合，在实践中赋予了富有中国特色的实质性内容。中国生态农业可以定义为：运用生态学原理和系统科学方法，把现代科学成果与传统农业技术的精华相结合而建立起来的具有生态合理性、功能良性循环的一种农业体系。中国生态农业有一整套技术做保证，例如，种、养、加、工、商之间的生产流通一体化技术、生物物质与能量的多级利用、有机与生态良性循环的废物转化技术、立体生产技术、生物能及其他可再生资源的优化配置技术、自净生产技术等。

2. 生态工程技术　生态工程技术是综合应用生物学、生态学、经济学、环境科学、农业科学、系统工程学的理论，运用生态系统的物种共生和物质循环再生等原理，结合系统工程方法所设计的多层次利用的工程技术。生态工程的目标就是在促进物质的良性循环前提下，充分发挥资源的生产潜力，防止环境污染，达到经济与生态效益同步发展。生态工程技术主要包括以下几种。

（1）农业的立体种植、养殖技术。即生物最佳空间组合的工程技术。这种立体种养技术通过协调作物与作物之间、作物与动物之间、生物与环境之间的复杂关系，充分利用互补机制并最大限度避免竞争，使各种作物、动物能适得其所，以提高资源利用效率及生产效率。这类模式在我国农区相当普遍，尤其是光、热、水资源条件较好，生产水平较高的地区更是类型多样，成为解决人多地少、增产增收的主要途径。

(2) 有机物质多层次利用技术。这种工程技术模拟了生态系统中的食物链结构，在生态系统中建立了物质的良性循环多级利用。一个系统的产出（废弃物）是另一个系统的投入，废弃物生产过程中得到再次或多次利用，使系统内形成一种稳定的良性循环系统，这样可充分利用自然资源，获得较大的经济效益。例如在一些生态农场，鸡的粪便用于喂猪，猪的粪便用于喂鱼（或进入沼气池），鱼塘的泥（或沼气发酵的废弃物）用于农作物肥料，农作物的产品又是鸡、猪的饲料，如此形成良性的物质循环。

(3) 秸秆综合利用。农作物的秸秆产量是相当多的，能占到生物量的60%左右，我国每年产出的作物秸秆在5亿吨以上，如何加以合理利用是相当关键的问题。目前的秸秆有相当一部分被烧掉，不仅污染大气，而且把所含的粗蛋白、纤维素及大量微量元素等浪费掉。因此，加强对秸秆的综合利用是生态农业一项重要的技术及任务。秸秆利用途径目前除部分直接用作有机质补充农田外，还有一部分作为饲料供牛、羊等草食动物食用。秸秆还可通过氨化处理、微生物发酵及添加剂处理等，使营养价值和适口性大大提高，并可替代部分粮食。秸秆还可作为食用菌（蘑菇等）的培养料及沼气原料。

(4) 自然环境的治理技术

① 水土流失治理技术。水土流失是我国农业发展和环境变劣的重要原因。中国目前水土流失面积占国土面积的38.2%。实施生物措施与工程措施相结合的综合治理技术对改善环境和控制水土流失的效果显著。目前适用的水土流失治理技术主要有两类：一类是生物措施，即植树育草，利用多样性的乡土树种营造水源涵养林、护坡林、护岸林等，在农村实行林粮间作、粮草间作和林草间作，在地广人稀的地区采用带状轮作；另一类是工程技术，主要是修建梯田，在梯田上植树或种植农作物，这是黄土高原地区水土流失治理的常见实用技术，这类工程技术还包括修建水平阶、水平沟和鱼鳞坑。

② 控制沙漠化技术。治理沙漠的技术与治理水土流失的技术十分相似，最常用的技术是植树和种草。在中国西北的一些沙漠地区已成功地造出人工森林，使荒漠变成“绿洲”。在治沙实践中，农民还创造了一种独特的且实用的“麦草方格”式技术，即利用作物秸秆（麦草）做成的方格固定流沙，选定沙蒿、花棒、柠条、枝柳、沙枣等乡土树种，以麦草方格依托植树种草，建立人

工植被，形成一个长期稳定的绿色防护工程。

③ 盐渍化土壤改良技术。中国盐渍化土地面积达2 700万公顷，其中耕地达700万公顷，对盐渍土的主要改良技术：水利改良技术，主要包括开沟排水、降低地下水位、灌溉洗盐、引洪排淤等；农业改良技术，主要包括种植水稻（洗盐作用）、平整土地、耕作培土、施有机肥等；化学改良技术，如施用化学改良剂石膏、黑矾等；生物改良技术，如植树造林、种植牧草和绿肥植物等。

（三）病虫草综合防治技术

所谓综合防治技术，就是根据病、虫、草危害作物的情况，综合地运用物理、化学、生物、农业等技术防除病、虫、草害。综合防治技术主要包括以下几个方面。

1. 农业防治技术　用农业技术防治农业病、虫、杂草和鼠害。目前采用的技术措施：①抗病、抗虫育种，以增强作物、家畜的抗病、抗虫能力；②实行轮作换茬和改变播种耕作制度，以减少病、虫、草的种群；③改变作物的播种期、营养期或收获期，以错开病、虫、草的危害时间；④清洁田间、中耕除草，以消灭病、虫的中间寄主；⑤合理灌溉、施肥，提高作物抗性。

2. 生物防治技术　这也是中国传统的实用技术，近年有所发展，主要是利用有害生物的天敌，对有害生物进行调节、控制乃至消灭。生物防治技术主要包括：①利用昆虫天敌的技术，利用有益昆虫防治害虫和杂草，如利用赤眼蜂防治玉米螟，利用蚜虫防治喜旱莲子草等；②利用微生物天敌的技术，主要是利用微生物的寄生作用致死害虫和杂草，如利用真菌防治大豆寄生性杂草菟丝子等；③利用脊椎动物作天敌的技术，如稻田养鱼、养鸭，鱼、鸭是许多害虫的捕食者，在旱作物地养鸡，鸡也是害虫的天敌。

3. 生物农药防治技术　从生物有机体中提取的生物试剂替代农药防治病虫、草害技术。利用自然界生物分泌物之间的相互作用，运用生物化学生态学技术与方法开发新型农药将会成为未来发展的新趋势。其特点是见效快、效率高、受区域限制较小，特别是对大面积、突发性病虫草害可短期迅速控制。目前采用的措施主要有积极研究筛选高效生物新农药，研究新的剂型，改进施用方法，合理使用。

4. 物理防治技术　用物理措施进行防治，如对杂草的机械铲除，对害虫的灯光诱杀等。

四、生物修复技术

生物修复（bioremediation）是最近发展起来的一项清洁环境的低投资、

高效益、便于应用、发展潜力较大的环保技术。其定义是利用特定的生物（植物、微生物或原生动物）吸收、转化、清除或降解环境污染物，实现环境净化、生态效应恢复的生物措施。其方法：①利用具有特殊生理生化功能的植物特异微生物在原位修复污染场所（土壤或水体）；②应用生物处理或生物循环过程，通过精心设计与合理应用阻断或减少污染向环境的直接排放。根据生物修复可资利用的生物主体，可分为微生物修复（microorganism remediation）和植物修复（phytoremediation）。

尽管生物修复大规模应用于实践还有许多基础科学研究要做，但与其他目前应用的常规环境治理措施相比，生物修复特别是植物修复具有不影响环境（土壤）的原生结构和功能、不产生废物残留、费用低等优势，已成为国际科技领域研发的重点和热点。近年来英国《自然》和美国《科学》就曾多次报道有关超富集植物的研究，1997 年美国《未来科学家》杂志将“利用植物清除土壤污染”列为全球科技发展的十大趋势之一。可以预见，生物修复将成为21 世纪环境治理技术中最具潜力的技术类型。

第十节 现代技术方法与技术创新

一、现代技术方法

（一）技术方法的特点

技术方法是人们在技术的研究和开发过程中所利用的各种方法、程序、规则、技巧的总称。随着科学与技术的关系日益密切，自然科学中诸如观察、实验、归纳、比较、分析、综合等方法被移植到技术研究中，使技术方法迅速发展，形成了较为复杂的技术方法体系。但技术方法与科学方法又有区别，它具有如下特点。

（1）目的性与客观性。技术方法总是与人的一定目的相对应，同时它以与客观因果性相符为前提。

（2）功利性与折中性。技术方法存在的价值就是协助技术活动达到预先设计好的主观愿望，它决定了技术方法的评价以“有效”或“无效”为标准。同时，技术方案或措施的选择要根据具体应用条件进行适当的折中，以达到投入与产出的合理化，达到环境及人的智能的合理化，达到近期效益与远期效益、经济效益与社会效益等多方面平衡。

（3）多样性与专用性。技术方法的多样性是指为实现同一技术目的，人们可以寻找多个不同的可相互替代的方案或方法，以便从中优选；同一性质的技术原理可以转化为多种类型的工艺方法和技术产品。技术方法的专用性表现在不同的技术领域或不同的技术问题有自己特有的技术方法，在方法使用上有时会打上个人的烙印。

(4) 社会性与综合性。社会性是指在技术方法中不仅有对自然规律的应用，而且还有对社会规律的适应。对技术方法的选择和应用，不能不考虑到各种社会因素。综合性是指技术方法同自然科学方法在纯化和理想化条件下研究自然物不同，在技术研究中，必须把那些在科学研究中被舍弃的因素和关系恢复起来，并在技术设计和研制中对可能出现的各种偶然因素进行综合考察。

(二) 技术发明的构思方法

1. *技术研究选题中检核表方法* 技术发明构思要从选题开始，技术选题都是面对现实的，以现实的社会需要和技术问题为出发点。人们将以往技术选题的主要方向及成功经验列成一检核表，它对引发思路是很有帮助的，其内容如下。

(1) 从多方面寻找社会潜在需求。

(2) 先跟随别人的选题，然后再设法超越它。

(3) 另辟蹊径，从狭缝中试探寻找出路。

(4) 从专业或生活中出现的问题及烦恼入手，想法消除和解决他们。

(5) 用挑剔的眼光列举事物的缺点和不足，努力去克服他们。

(6) 从降低成本、消耗，提高效率方面考虑选题。

(7) 探求对现有的事物增加新功能、开辟新用途。

(8) 求助于大胆的幻想和美好的愿望。

2. *多向型发明构思方法* 多向型发明构思法是人的思路不能拘泥于一条线索，要尽最大可能地从多角度、多方向看待问题和解决问题，提出发明构想的方法，它具体有智力激励法和发明构思检核表法。

(1) 智力激励法。针对要解决的问题，召集5～10人的小型会议。会议规定一些必须遵守的原则，与会者按照一定的步骤，在轻松融洽的气氛中，敞开思路，各抒己见，自由联想，互相启发、激励，让创造性思想火花产生共鸣和撞击，从而产生许多发明构想。

(2) 发明构思检核表法。是将多数人常用的智慧或办法收集在一起，总结出一份能启迪思路并便于查寻的检核表。它的程序如下。

① 改变现有事物的制法、形状、颜色、运动、声音和味道等，看会取得什么效果？

② 看看能否增加、附加些什么？可否延长、放大、扩大现有的事物？

③ 看看能否减少、去掉些什么？可否省去、压缩、微型化？可否缩短、

变窄、分割？

④ 看看能否找别的材料、元件、工艺、动力、符号、方法、形状等代替现有的？

⑤ 看看这项事物或这个方法还有无别的用途？倘若稍加变化，是否会有新用途、新的使用领域？

⑥ 看看有无类似的东西和情况？别的领域的类似做法借鉴和模仿一下如何？

⑦ 看看改变一下顺序，替换、互换、颠倒一下会如何？

⑧ 看看可否将两个或多个分立事物或要素组合在一起？可否混合、合成、协调、重组？

3. *侧向型发明构思法* 侧向型发明构思法是促使人们调整思考方向的方法，它以原来所处理的对象为中心，转移到其侧面，从侧面的事物中受到启发，再重新回过头来看待原来的对象，从而产生新的构思，它具体有模仿法、移植法和动作选择类比法。

（1）模仿法，是以现有事物为参考模型去构思发明的方法，模仿的对象是多种多样的，可能是实物的模仿、结构功能的模仿、原理的模仿。

（2）移植法，把已成功应用在其他领域的技术原理、技术手段、技术结构和功能，应用到发明构思上的方法。

（3）动作选择类比法，以技术装置应完成的功能或动作为线索，去寻找相似的原型，然后逐一筛选，找出最合适的类比对象，产生发明构思。

4. *合向型发明构思法* 是指人们将思考方向从若干个单一事物及其侧面，引向他们的结合点，在结合点上表现出创新的特色，它具体有组合法和形态分析方法。

（1）组合法，是将两个或两个以上分立的技术因素（如材料、工艺、零部件、方法、现象、原理、物品等）通过巧妙的结合或重组，获得具有统一整体和功能协调的新产品、新材料和新工艺。

（2）形态分析方法，是将对象分解为若干相互独立的因素，然后将每一因素中的任意一个形态与其他因素的任一形态组合，每一种组合对应一个构思方案。这样组合下去，所列形态越多，构思方案也就越多，其中必然有创造性的方案供人选用。

（三）技术方案的设计方法

技术方案的设计是应用设计理论和方法，把人们头脑中的技术构思规范化、定量化，并把他们以标准的技术图纸及其说明书的形式表示出来的技术活动。方案设计包括总体设计、初步设计、详细设计和工作图设计等程序。方案设计的一般方法主要有以下几种。

1. 传统设计法　设计者参照（类比）已有的同类型设计，确定总体布局及轮廓尺寸，然后进行结构分析和检验约束条件，对初始设计方案进行理论计算，求出各种设计参数，再将这些有关参数（如强度、刚度等）与设计规范中规定的许用值进行比较，检验这个设计方案是否可行。

2. 优化设计法　设计者按照某种技术和经济的准则，建立一个关于某项设计指标（如重量最轻、强度最大、造价最低）的优化数学模型，然后选用合适的最优化方法，应用计算机求出这个数学模型的最优解，使指标达到最优值。

3. 可靠性设计法　在设计前明确系统可靠性应达到的主要指标，然后进行可靠性预测，特别是零部件的可靠性预测，从而使设计者对其设计对象的可靠度作出大致的估计。同时要进行可靠性分配，即将系统规定的允许失效概率合理地分配给系统的零部件。

4. 功能-成本设计法（功能-价值设计法）　通过功能分析和方案创造等一系列步骤，以获得价值（产品的功能与成本的比值）较高的设计方案。

5. 电子计算机辅助设计法　通过计算机系统、绘图与图形显示装置、数据库3部分配合辅助程序与设计者共同进行设计工作。这种设计方法大幅度缩短了设计周期，而且克服了由于人的主观因素而带来的偏差及能力局限，正确率极高，同时也提高了生产过程的自动化程度。

（四）技术方案的试验和实施方法

试验是指在技术方案构思、设计和实施过程中，为了确认和提高技术成果的功能效用和技术经济水平，人们利用仪器、设备人为地控制条件、变革对象，进而在有利的条件下考察研究对象的实践方式和研究方法。技术方案经论证、试验确定后，才能进入实施阶段，即根据设计阶段所提供的生产或施工图纸制造（试制）新产品或建造新技术系统，以获取技术研究与开发成果的过程。试验和实施过程是科学技术向生产转化的重要环节。

1. 试验方法的类型和程序　在技术活动中经常涉及到的试验方法有以下几种。

(1) 性能试验与对比试验。性能试验是为了定性和定量地认识某种部件、工艺或产品的功用而安排的试验；对比试验是为了确定多种方案或产品的优劣而安排的，通过试验对照作为选择的依据。

(2) 中间试验。中间试验是为了使实验室内取得的研究成果得以扩大或推广为工业规模化生产。一般来说，实验室研究的规模也很小，条件控制比较严格，操作过程精细，一旦投入生产和扩大规模，条件发生变化，就会出现种种问题和意料不到的情况。中间试验是由研究性质的实验转向生产实践的过渡环节，带有研究和生产的双重性质。

(3) 模拟试验。模拟试验又称模型试验，它是以相似性原则构成模型，并以它来模拟（或模仿）原型而进行的试验。它可以通过与原型有一定比例的实物过程进行，也可以用数学模拟的方式，现代的许多模拟试验通常是首先在电子计算机上实现的。

试验过程大致可分为试验准备（拟定试验大纲和准备试验器材）、试验操作和试验数据资料的处理分析这 3 个基本阶段，其中，试验设计居于核心地位。

2. *技术方案的实施方法* 技术方案实施方法可分成特殊实施方法与一般实施方法 2 类。特殊实施方法主要是指用于解决生产或施工过程中的某些特定的技术问题的方法，仅适用于某个工程技术领域的某个实施阶段，其普适性小。一般实施方法可解决各个工程技术领域的实施阶段的共性问题，它包括在判定实施计划、样机研制、小批量试制、鉴定、试销、正式投产及质量管理等实施阶段中所利用的一般方法，其普适性大。

工程技术实施的一般程序：①设计者与生产制造者和管理者进行交流与协作，修改设计，完成小批量试制工作；②进行生产设计。设计师完成施工图设计后，制造工程师要结合本企业制造条件，对方案细节作必要的改进和变动，以便加工制造简易可行和节省生产费用；③制定生产作业计划，其核心是选择加工工艺、设备和拟定制造程序；④进行生产控制和质量管理。

二、技术创新

技术创新是科技成果转化全过程的结果，它有狭义和广义之分。狭义的技术创新是指从发明创造到市场实现的整个过程；广义的技术创新则是指从发明创造、市场实现直到技术扩散的整个过程。

(一) 技术创新的特点

1. *创造性* 技术创新过程中各种行为，如重组生产要素，建立新的组织结构和管理运行机制等都是一种创造性行为。为此，一方面创新主体需要更新观念，树立竞争意识、消费观念和市场观念；另一方面社会要通过建立现代企业制度，创造良好的文化环境，以保证技术创新的有效实施与实现。

2. *效益性* 技术创新的最终目的是追求经济效益、社会效益和生态效益。经济效益包括微观经济效益（即以最小的投入获得最大的利润）和宏观经济效益（即促进国民经济的不断增长）；社会效益主要是指提高人民的生活水平和国家的综合国力等；生态效益主要是指协调人与自然的关系，促进人与自然的协调发展。

3. 风险性　在实施技术创新的过程中，企业会受到技术条件、资源条件、能力水平、市场变化、创新计划、投资决策以及国内外环境等各方面因素的影响，从而使技术创新的最终实现具有不确定性，给技术创新带来很大的风险。

4. 周期性　技术创新是一个连续与间断相互交替的循环过程，主要表现在：从发明到创新的转化周期、从创新进入市场到退出市场的寿命周期、创新被广泛采用和模仿的扩散周期等。

5. 集群性　技术创新在时间和空间分布上具有集群出现的特征，即在某个时间和区域，会因某项技术重大突破，并能够满足当时社会的客观需要，而出现若干个技术创新集群，他们共同促进经济的迅速增长。

6. 系统性　技术创新不仅涉及企业内部的研究、开发、生产、经营、销售等问题，而且涉及到企业外部的市场环境与社会条件等因素。因此，技术创新是一个复杂的系统工程，它的运行是一个自组织行为。为此，需要各类创新主体如创新决策主体、创新研究开发主体、生产创新主体、市场创新主体、管理创新主体以及政府、金融机构、大学和研究机构等之间相互协同，达到技术创新系统整体的最佳效益。

（二）技术创新的过程和机制

1. 技术创新的过程　技术创新的过程是指企业吸收来自企业内部和外部的技术成果，依据市场信息，制定并确定创新决策，依靠技术设计和技术开发，通过中间试验，研制出样品或样机，通过生产过程使之转变为产品，再通过市场销售和服务使之转变为商品，最后实现经济价值、社会价值和生态价值的过程。技术创新过程也是科学技术成果向现实生产力转化的过程，是技术发明同社会经济相结合并转化为产业技术的过程，是科学技术成果的产业化、商业化乃至社会化的过程。

技术创新的过程可以划分为 4 个阶段：①创新决策阶段，即创新主体通过市场调查和技术选择，产生创新动机，形成设想，确立项目，提出规划方案；②创新研究开发阶段，即创新主体以原有的科技成果资源和技术力量为基础，通过工艺分析和试验研究，设计新产品或新工艺，通过研究开发和中间试验，形成新样品或样机或新工艺模型；③创新实施阶段，即创新主体按照用户的实际需要和生产实际需要，重新配置企业现有的生产要素，实现企业的生产条件、技术能力与产品的规模化生产相匹配，把样品转化为产品；④创新实现阶段，即创新主体进行产品的经营和销售，售后服务，市场开拓并实现商业利润。

2. 技术创新的机制 技术创新的机制分为国家和企业两个层次。国家层次是指国家创新体系，它主要是从国家竞争力考虑。企业层次主要是指企业在其内部和外部各种因素的影响下，通过创新建立相应的组织结构，并对社会经济发挥作用的机理和原理，它主要是从企业竞争力考虑。

第二次世界大战以后，人们开始有意识地进行大规模的技术创新，创新已经成为产业和企业发展战略的一个重要部分。由于不同国家、地区和产业的投入要素和环境要素各不相同，创新过程具有不同的特征，出现不同的模式。

(1) 技术推动模式，即技术创新按照基础研究→应用研究与开发→生产与销售→市场开发的线性模式进行。

(2) 市场拉动模式，即技术创新按照市场需要→销售信息反馈→研究与开发→生产的模式实施与实现。

(3) 技术与市场互动作用模式，即技术创新在技术与市场的共同作用下进行。

(4) 一体化创新模式，即技术创新过程中的各个阶段或环节不按照前面的时间序列进行，而是各环节可以同时并行，但不各自独立，而是相互联系的、一体化的，以达到降低成本，提高质量，缩短开发周期，加快技术创新。

(5) 系统网络创新模式，是在一体化模式的基础上，企业不再是独立或孤立地实施技术创新，而是在与供应商、客户、竞争者、政府与非政府机构等所形成的创新网络中进行的。

上述 (1)、(2) 模式分别强调了技术和市场在技术创新中的作用。但是，从技术创新的本质来看，企业一般不按照这 2 种模式来实施，而是依照模式 (3) 进行。但从现代技术创新的复杂性角度来看，考虑影响技术创新的各种因素，一般是依照上述模式 (4)，尤其是模式 (5) 进行，以便更有效地开展技术创新。

要保证技术创新的有效运行，还要建立科学的激励机制，主要包括：①产权激励，即通过明确创新主体与其创新成果在有形产权（如对实物的使用权等）和无形产权（如知识产权等）等方面的所有权关系，促进技术创新；②市场激励，即通过市场价格、经济诱导与监督，为技术创新提供一个竞争平台，推动技术创新活动的开展；③政府激励，即通过创新投入、政策引导、战略规划以及发展教育等，提高创新主体的素质，为技术创新提供良好的环境条件；④企业激励，即通过实行股份制等形式，聚集创新资本，调动创新主体的积极性，推动技术创新的有效实施与实现。

思考题

1. 简述现代信息技术的核心内容。
2. 什么叫生物技术？其核心内容包括哪些？
3. 试述生物技术的应用领域。
4. 简述新材料技术的主要内容。
5. 什么叫纳米材料？它有哪些种类？
6. 简述太阳能开发利用新技术的主要内容。
7. 试评价核能利用新技术的前景。
8. 试评价氢能利用新技术的前景。
9. 简述海洋能开发利用新技术的主要内容。
10. 论述新能源技术的主要内容。
11. 简述自动控制系统的主要装置及各部分的主要功能。
12. 联系实际，简述人工智能的主要应用。
13. 联系实际，简述自动化技术在农业生产上的应用。
14. 简析海洋技术的兴起和发展。
15. 试述海洋的重要战略地位。
16. 捕捞技术的现代化包括哪些方面？
17. 海洋矿产资源的开发主要有哪些？
18. 为什么说21世纪人类将进入一个崭新的“海洋经济时代”？
19. 激光的主要组成部分是什么？
20. 激光的特点是什么？
21. 激光全息照相与普通照相的主要区别是什么？
22. 什么是空间技术？
23. 试析空间技术的发展前景。
24. 空间技术的核心内容有哪些？
25. 卫星的种类主要有哪些？
26. 与其他航天器相比，航天飞机具有哪些优点？
27. 实现载人航天需攻克哪些难关？
28. 简述环境监测的发展。
29. 何谓环境监测技术，它包括哪些内容？
30. 如何控制和消除土壤污染源？
31. 放射性污染防治技术有哪些？
32. 何谓生态工程技术？

33. 病虫草综合防治技术主要包括哪些方面?
34. 何谓生物修复技术?
35. 简述技术方法的特点。
36. 简述技术方案的设计方法。
37. 什么叫技术创新? 它有哪些特点?
38. 简述技术创新的机制。

第六章　科学技术与社会

第一节　科技的社会功能

一、科技进步与经济发展

(一) 科学技术是第一生产力

1. *培根、马克思关于“科学技术是生产力”的基本观点*　第一位深刻地揭示科学技术的社会作用是英国哲学家培根。他极力主张学者要深入实际，实现学者与工匠的结合、知识与力量的统一，以解放思想，实行学问大革新，并响亮地提出“知识就是力量”这个令世人振聋发聩的口号。培根的这一思想冲破了中世纪经院哲学重宗教道德、轻科学的传统，引发了人们思想的解放，奠定了近代英国科学革命的思想基础，使科学技术在英国受到各界的重视和支持，并得以蓬勃发展，同时促进了像牛顿这样一批伟大科学家的诞生，直到引发了英国的科学革命和产业革命。对此，马克思称培根为“英国唯物主义和整个现代实验科学的真正始祖。”第二位对科学技术做出深刻分析的是马克思。马克思与培根的不同之处是运用历史唯物主义原理，把科学技术同生产力有机地联系在一起，并且放在人类社会的大系统中考察，提出了“生产力中也包括科学”① 的论断。马克思认为，科学技术绝不是一般的力量，而是一种具有生产力功能的非同寻常的社会力量。他说：“劳动生产力是随着科学和技术的不断进步而不断发展的”②，“生产力的这种发展，归根到底总是来源于发挥着作用的劳动的社会性质，来源于社会内部的分工，来源于智力劳动特别是自然科学的发展”③。在马克思看来，科学技术在知识形态上是一种潜在的一般社会生产力，而一旦进入生产过程就转化为现实的、直接的生产力。这就使人们对科学技术力量的认识，产生了一个历史性的飞跃。近代科学革命和技术革命所引发的资本主义生产力的大发展，充分证明了马克思关于“科学技术是生产

①马克思恩格斯全集 第46卷. 北京：人民出版社，1972. 211

②马克思恩格斯全集 第23卷. 北京：人民出版社，1972. 644

③马克思恩格斯全集 第25卷. 北京：人民出版社，1972. 97

力”观点的正确性。

2. 邓小平对马克思主义科学技术观的继承和创新　在“科学技术是生产力”这一重大的马克思主义理论问题上，邓小平同志既是忠实的继承者，又是大胆的创新者。这主要体现在两个方面。

(1) 他不仅重申了“科学技术是生产力”这一马克思主义观点，而且深刻揭示了这一观点的科学内涵。他认为“生产力的基本因素是生产资料和劳动力，历史上的生产资料，都是同一定的科学技术相结合的；而且，历史上的劳动力，也都是掌握了一定的科学技术知识的劳动力。”这样，科学技术是生产力这一论断就不再是仅仅停留在一般性的层面上，而是被赋予了具体的科学内涵，即科学技术是生产力，一方面在于它是改造劳动手段和劳动对象的重要手段和途径，科学技术是同劳动手段相结合的过程，就是科学改造和武装劳动手段的过程，生产工具实际上就是物化的科学。科学技术同劳动对象相结合，也就是科学技术进步为人类深入探索和开发自然资源，把更多的自然因素纳入社会生产的过程。另一方面在于科学技术与劳动力相结合，实质就是使劳动者成为“有一定的科学知识、生产经验和劳动技能来使用生产工具、实现物质资料生产的人”；就是劳动者在生产过程中越来越由以体力劳动为主转向以脑力劳动为主，并使劳动生产率大幅度提高的过程。

(2) 他进一步提出了“科学技术是第一生产力”[①]的科学论断。1988 年，邓小平同志面对世界高科技大潮的涌动，又进一步指出：“马克思说过，科学技术是生产力，事实证明这话讲得很对。依我看，科学技术是第一生产力”。这一论断，精辟地揭示了科学技术与生产力发展的内在联系，正确地评价了科学技术在社会发展中的重大作用，是对马克思主义生产力学说和科学技术观的丰富和发展。所谓“第一”，是对科学技术在现代生产力体系中特殊地位的形象表达。对“第一”的涵义，江泽民同志作了明确的阐述：“科学技术是第一生产力的论断，揭示了科学技术对当代生产力发展和社会经济发展的第一位变革作用。”相对于劳动者、生产工具和劳动对象而言，科学技术对生产力发展的作用相当于倍增器、放大器。

(二) 科技进步是经济增长的源泉

1. 科技进步与经济增长的关系　科技进步实际包含着科学进步和技术进步。科学进步是指人们对客观世界或物质运动的规律性认识的提高和发展，表现为不断提出新的观点、学说，建立新的学科，做出新的发展。技术进步是指在改造客观世界过程中所积累的经验、方法、技能及所创造的物质手段

①邓小平文选 第 3 卷．北京：人民出版社，1993．274

的丰富、创新和发展，表现为新生产工具、新材料、新能源、新工艺的不断发现发明，以及管理水平的提高等。由于科学进步与技术进步联系密切，两者相互依存、促进，其界限难以划分，因此往往将上述概念综合起来统称科技进步。

经济增长是一个复杂的运动过程，是多种因素作用的结果。原来的经济发展水平是经济增长的基础，资本、劳动、科技进步是经济增长的直接动力。社会结构、政策、社会风俗、地理状况及自然条件等则形成经济增长的客观环境。构成经济增长直接动力和客观环境的诸因素，都是影响经济增长的因素，无论哪个国家和地区，要使经济增长加快，都必须使这些因素处于相互协调的良好状态。

科技进步与经济增长关系极为密切，它们相互联系、互相制约、互相促进。一方面，经济增长不断对科学技术提出新的要求，促进科学技术的不断发展和变革；另一方面，创造、推广和应用科学技术成果，又会促进经济增长。在现实活动中，科技进步同经济发展交织在一起，实现科技进步的过程，就是实现经济发展的过程，科技进步必须由经济增长来证明，经济增长是科技进步的必然结果。

2. *科技进步是经济增长的核心因素* 邓小平同志指出：“社会生产力有这样巨大的发展，劳动生产率有这样大幅度的提高，靠的是什么？最主要的是靠科学的力量、技术的力量。”科学技术已成为影响经济增长的核心因素和最主要的驱动力。

作为经济增长直接动力的资本、劳动、科技进步，并不是等量的3要素，它们在经济增长中的作用有质的不同。资本和劳动因素在推动经济增长的过程中，是一种常数形式的财富缓慢积累的过程；而科技进步因素在推动经济增长的过程中，则是一种指数形式的财富快速积累的过程。在科学技术条件不变的情况下，资本和劳动只能通过重新组合或追加的方式推动经济增长，其经济增长速度较慢；科技进步推动经济增长时，即使投资和劳动没有变化，也能够创造出超常的经济增长速度。这是因为作为第一生产力的科学技术是能够创造出较高的劳动生产率，使原有的资本和劳动能够充分地发挥作用，产生最大的经济效益。可见，经济增长是多种因素作用的结果，但是，科技进步是核心因素，在推动经济增长的过程中有着其他因素无法替代的特殊地位和作用。

据资料统计，在发达国家科学技术对国民经济总产值增长速度的贡献，20世纪初为5%～20%，20世纪中叶上升到50%，20世纪80年代上升到60%～80%。科技进步对经济增长的贡献已明显超过资本和劳力的作用，已成为现代经济发展中最主要的驱动力。

3. 技术创新是促进经济增长方式转变的重要途径 促进经济增长有 2 条途径：一条是外延式扩大再生产，即单纯依靠增加劳动和资本的数量、扩大生产场所的扩大再生产；另一条是内涵式的扩大再生产，即依靠科技进步、提高劳动者素质，来提高劳动生产率和生产资料利用率的扩大再生产。因此，把科技进步作为经济增长的核心因素，即意味着我们应该走内涵式的经济增长之路。

技术创新是一种新的生产要素与生产条件的新组合，其本质是科学技术与经济的有效结合。技术创新概念是由美籍奥地利经济学家熊彼特（J. A. Schumpeter）于 1912 年在《经济发展理论》一书中提出的。熊彼特把创新定义为一种生产要素与生产条件的新组合，其目的是获取潜在的利润。后来，一些经济学家又把技术创新扩展为一个有多种反馈环路的完整的创新链条，包括市场机会捕捉过程，研究过程，新产品开发、试制和生产过程，市场销售与创新扩散过程。

技术创新的本质特征表明：技术创新是促进经济增长方式转变的重要途径。也就是说，要使经济增长转变到内涵式的扩大再生产的方式，只有走技术创新的道路。从目前来看，走技术创新的道路有 3 种模式，即率先创新、模仿创新和扩散创新。“率先创新”是指企业采用新的科技成果去开发新产品，提高生产效率和管理效率，高效率地创造新价值、新财富的过程。科技成果要实现商品化，就要诱导有较强创新能力的企业率先创新，使科技真正深入到经济当中去，实现科技与经济的有机结合。但是，有能力率先创新的企业，只能是少数，所以难以取得规模经济效益，要使有限数量的率先创新产生规模效益，必须进一步实现新商品的产业化。即当少数企业率先创新之后，有更多的企业学习它的经验，改进他所采用的技术，开发出更多更好的新商品，在生产中采用更有效率的新工艺，这就是“模仿创新”。企业之间的模仿创新愈是活跃，科技进步对经济增长的贡献就愈大，经济增长的质量才会愈高，创新成果的波及效应才能更大。要使技术创新活动在各行业、各产业的企业中形成“链式反应”，还需通过一定渠道在潜在使用者之间传播采用，这就是“扩散创新”。具体表现为率先创新信息的传播、技术使用权的转让以及创新技术的转移等。技术创新的扩散既可在国内企业之间进行，也可以在国际企业之间进行，其最终目的是提高各部门、各行业乃至整个国家的经济增长速度。

（三）科技进步是产业结构变革的动力

1. 科技进步促进新产业群的出现 科技进步可以带动一系列新产业群的发展，尤其是新兴技术领域的开拓，这样，必然会促进各种资源的合理利用，使消耗降低，新产品出现，随着新产品生产规模的日益扩大，逐渐形成新的产业部门。在19世纪后期到20世纪初期西方国家工业迅速发展的时期里，这一现象表现得十分明显。当时随着电气机械等方面技术的飞速发展，众多的新产品陆续问世，为了制造这些新产品，当时兴建了许许多多的相关工厂，于是出现了众多的新兴工业部门，形成了一系列新的产业群。例如，美国的汽车工业，在20世纪初，由于制造技术的改进，特别是通过建立流水生产线和采用科学的生产管理方法，使其生产率迅速提高，成本大幅度下降，产量在16年间增加了10倍以上，从而使汽车工业成为当时美国经济中的3大支柱产业之一。随着电子技术与自动化技术的发展，逐步形成了一系列制造机电技术一体化产品的新工业，如机器人制造业。数据显示，1980年美国机器人销售额为5 000万美元，到1990年增加到21亿美元，日本则为20亿美元，并且，带动了许多新型服务业部门，如数据处理，软件开发服务等部门。因此，我们可以预期，在技术进步加速的条件下，今后将会在生物化学技术、光电子技术、新材料技术、人工智能技术和信息等领域不断涌现出新的产业部门。

2. 技术进步促进产业结构演变

（1）第一产业（农业）的比重逐渐下降。农业在国民经济中比重下降并不意味着农业的衰退，而是反映国家工业化水平提高和农业现代化的发展。如在西方国家中，绝大多数国家的农业在其国内生产总值中的比重都小于10%，而低收入国家中可以占到32%，甚至更高。

（2）第二产业（工业）迅速发展。由于科学技术的进步，使得西方工业具备了庞大的生产能力，也使工业部门提高生产率和降低成本的潜力明显高于其他部门。例如，高技术工业包括电子、光学仪器、航天、农业机械、电子等部门，这些部门的生产技术含量高而受客观环境影响小，战后产值不断上升，在制造业中所占比重不断扩大，1960年为27%，1970年为31%，1980年为38%。

（3）第三产业（服务业）迅速发展。第三产业包括金融、商业、运输、通信、电力和服务等部门，二战后随着科技的发展，美国、日本、西欧等国家和地区第三产业在国民经济中所占比重不断升高，其中美国尤为明显，如：1960年第三产业在美国国民生产总值中所占比重为60%，1980年为66%，1984年超过了70%。日本也有相似的表现：1960年第三产业在日本国民总产值中所占的比重为48%，1970年为54%，1980年就超过了58%。同时，随着科技发展，第三产业中还出现了许多新兴的行业，如：电子通讯、电子计算机服务、咨询和预测机构，专门从事咨询的公司、团体。这些群体的出现、发展与壮大都对提高第三产业在国民经济中的比重起了推动作用。

二、科技进步与社会变革

(一) 科技推动社会生产关系的变革

历史唯物主义认为，生产力是最活跃、最革命的因素，生产力决定生产关系，生产关系一定要适合生产力的发展和水平。科技推动社会生产关系的变革就是通过科技的发展，首先推动生产力的发展，当社会生产力的发展达到一个新水平时，如遇到生产关系的阻碍，就必然要求改变生产关系。由于生产力中的生产工具是物化的知识力量，即科学的物化形态，所以，生产工具的发展程度直接反映了科学技术的发展水平和物化程度。例如，以打制石器为生产工具，标志着以公有制为基础的原始公社生产关系的产生；当青铜器代替石器成为生产工具时，标志着原始公社生产关系的消亡和奴隶主占有的奴隶制生产关系的兴起；尔后，铁器的出现和广泛利用，又标志奴隶制生产关系的崩溃和地主占有的封建制生产关系的建立；到了近代，当大机器生产代替手工工具生产时，则标志着封建制生产关系被资本占有的资本主义生产关系所取代。这一系列生产关系的变革，都是生产工具变革导致生产力变革的必然结果，归根结底又都是由科学技术的不断进步引发的。从科技与社会生产关系变革的联系中，可以看出，以公有制为基础的社会主义生产关系由于是建立在资本主义较为薄弱的地区，现在又处在社会主义的初级阶段，与发展了几百年的资本主义相比较，科学技术水平、生产力的水平相对低，这与新的生产关系不相匹配，因此要巩固和完善社会主义生产关系，就必须建立在以更加先进的科学技术为基础的生产力发展水平上。因为，只有比资本主义更加重视现代科学技术的发展，紧紧依靠科学技术，推动社会生产力高度发展，不断满足社会和人民不断增长的物质文化需求，社会主义的生产关系才能彻底战胜并取代资本主义生产关系，最终得以巩固和完善。

(二) 科技推动社会形态的变革

科技进步在推动生产关系发生变革的同时，也改变着由生产关系的总和构成的经济基础，而一个社会的经济基础变了，与之相应的上层建筑也必然要发生变化，从而引起社会形态的变革。人类历史上已出现了 5 种基本的社会形态：原始社会、奴隶社会、封建社会、资本主义社会和社会主义社会。由于真正意义上的科学技术从近代才开始它的产生和发展的历史，因此科学技术推动社会形态变革的作用在资本主义的产生、发展的不同阶段中表现最为明显。中国的火药、指南针、印刷术对欧洲社会生产力的发展，对资本主义社会的生产起到了巨大的推动作用。第一次技术革命中，蒸汽机的应用、机器的应用，确立了资本主义制度的统治地位，资本主义社会进入第一阶段，自由资本主义阶段。第二次技术革命中，电在能源、动力、通讯中的应用及炼钢技术、内燃机技术等的应用，促使资本主义社会进入第二个阶段，从自由资本主义走向垄断资本主义阶段。第三次技术革命中产生的一系列新技术、新工艺、新能源、新材料、电子产品等成果在生产中的应用，工业由资金密集型、技术密集型向智能密集型转移，生产社会化，生产国际化程度大大提高，从而促使资本主义社会进入第三个阶段，以私人垄断资本为主的一般垄断资本主义全面过渡到国家垄断资本主义阶段。可见，正是由于科技的不断进步，使资本主义在不断调整，改善生产关系和上层建筑的过程中，缓和了社会化大生产和私人占有制之间的固有矛盾，并表现出一定的活力，且在政治、经济方面保持着相当的实力。

作为当代最先进社会形态的社会主义国家，本来在生产关系、上层建筑方面占有很大优势，但是由于各方面原因，尤其是生产关系、上层建筑不能很好地适应科技革命潮流的发展，没有及时进行调整、改革，因而生产力发展不快，劳动生产率不高，经济发展迟缓，人民生活没有大的改善，使社会主义制度渐渐失去活力，东欧剧变、苏联解体，就是教训。现在我国所进行的改革开放正是为了使科技这一第一生产力在社会主义经济建设中发挥它应有的作用。为了使生产关系、上层建筑更加适应生产力的发展，为了使具有中国特色社会主义不断完善和发展，改革开放的事实表明，只要我们沿着这个方向走下去，社会主义制度的优越性必将充分显示出来，一个充满活力的社会主义社会最终会取代资本主义社会。

（三）科技推动社会变革的机制

科技推动社会变革的机制，主要是探讨科技是通过什么途径驱动社会变革的。关于这个问题，马克思、恩格斯在考察近代科学、技术在资本主义社会历史进程中的作用，曾有过科学的分析。他们认为产生于 16 世纪至 17 世纪的科学革命，一方面和哲学相结合，产生了“第一个自然哲学体系”——唯物主义，成为人们解放思想的精神武器，在思想精神方面引起了巨大的革新。另一方面和生产实践相结合，引发了 18 世纪末的技术革命，从而在物质生产方面引起巨大变革，这些变革最终推动了英国工业革命的发展，导致了一场范围广泛的深刻的社会革命。正如马克思所说：“机器的发展则是使生产方式和生产关系革命化的因素之一”[①]，“随着一旦已经发生的、表现为工业革命的生产力革命，还实现着生产关系的革命”[②]。恩格斯也指出，英国工业革命“是社会革命”，因为工业革命实质上是生产力革命，这场革命，在以机器大工业为技

①马克思．机器、自然力和科学的应用．北京：人民出版社，1978．51

②马克思．机器、自然力和科学的应用．北京：人民出版社，1978．111

术基础，以工厂制度为组织核心的资本主义生产方式下，引起生产关系的一系列变革，它“使人口密集起来，使生产资料集中起来，使财产聚集在少数人的手里，由此必然产生的后果就是政治的集中”①。从马克思、恩格斯关于近代科学技术革命与资本主义社会的变革的论述中可以看出，科学技术之所以是一种在历史上起推动作用的革命力量，最根本的原因就是因为科学技术是生产力中最活跃的决定性的因素，它的实际应用能够推动社会生产力的巨大发展，使得生产规模日益庞大，社会分工更加深化，使生产的专业化、协作化空前加强，流通资料更加集中，这终将造成生产社会化和私人占有制之间的矛盾更加尖锐，垄断组织之间的竞争更加激烈，使生产关系难以适应生产力的发展，从而引发生产关系和社会形成的变革。由此可见，科学技术驱动社会变革的途径：科学变革→技术革命→生产力革命→生产关系革命→社会形态革命。

当然这种互动关系并不是线性的、机械的。这种互动关系只是提供了社会变革的必要条件，而不是充分条件。否则就难以解释四大发明在中国为何没有引发社会变革，这正说明，科技革命只是社会变革的必要前提，但不是决定社会革命的唯一因素。不过，了解科技推动社会变革的机制，对于已建立社会主义制度的国家来说，仍然是十分重要的。目前我们应加大科技体制、经济体制、政治体制改革的力度，为充分利用现代科技革命创造一个良好的环境和运行机制，让现代科技革命真正成为巩固和完善社会主义制度的必要前提。

三、科学技术与科教兴国

（一）知识经济的兴起及其启示

1990年，联合国研究机构提出了“知识经济”的概念。“知识经济”是在第三次科技革命浪潮的作用和影响下，在世界经济一体化和现代化过程中形成的崭新术语。知识经济是“以知识为基础的经济”的简称。按照经济合作与发展组织（OECD）的正式文件中说法，知识经济是指以现代技术为核心，建立在知识和信息的生产、分配、传播和使用为基础上，将使环境得到有效保护，生态平衡得以真正实现，第一次真正实现技术、环境、社会的协调和可持续发展。从经济形态的发展来看，人类主要经历了农业经济、工业经济和知识经济3阶段。从这个意义上讲知识经济是区别于以前的以传统产业为支柱，以稀缺自然资源为依托的经济形态的一种新型产业经济。它以高技术产业为第一产业支柱，以智力资源为首要依托。与以往经济形态相比，知识经济的最大特点在于，它的繁荣不是直接取决于资源、资本、硬件技术的数量和规模，而是直接

①马克思恩格斯全集 第1卷. 北京：人民出版社，1979. 255

依赖于知识和有效信息的积累和利用，强调产品与服务的数字化、网络化、智能化，主张个性化商品的规模化生产和敏捷制造，是能够使用户进行有效生产和服务的经济。知识经济出现于工业化之后，不是任何时代都能发展知识经济。知识经济离不开现代工业、现代农业和发达的第三产业。发展知识经济的一个基本条件是：全社会科学文化水平要高，即全社会具有一大批掌握了高科技的人才，劳动者普遍能运用网络获取信息、知识和技术，并应用于生产、管理、分配和科研，以及法制健全、运作健康的市场经济机制。知识经济的兴起，充分证明了马克思主义的基本观点——“科学技术是生产力”和“科学是最高意义上的革命力量”是极富远见，极为正确的，也进一步证明邓小平同志“科学技术是第一生产力”的论断是无比深刻的时代真理。但知识经济的概括与“科学技术是第一生产力”的论断相比无疑是过于狭窄，也不够全面深刻。它只是从时代发展的角度，从主要经济运行方式来概括和预测未来时代的特点及社会的某些特征，而没有从社会发展的根本上或本质上把握，也没有上升到生产力的高度来概括，因而只是对社会的现象及特征的表述或描述，具有相对性。因此，我们在谈论知识经济概念时，既要从生产力角度充分全面地理解其含义，并以“科学技术是第一生产力”论断为本质含义，切忌以偏概全；又要立足于中国的社会主义现代化建设的实际国情，以科学务实的态度奋发图强，力戒脱离国情空谈治国；同时应该高度重视“知识经济”对我国发展提出的新的机遇与挑战。

（二）科学技术与生产力要素

1. *劳动者在生产力发展中实现价值的潜在性*　科学技术发展到今天，生产力的发展水平和速度已经主要不是决定于劳动者的体力和劳动者的数量，而主要取决于劳动者的智力和先进科学技术与生产结合的程度。马克思指出：“劳动生产力是由多种情况决定的，其中包括工人的平均熟练程度，科学的发展水平和它在工艺上的应用程度，生产过程的社会结合，生产资料的规模和效能以及自然条件。”①马克思把劳动者要素作为生产力发展的决定性因素，指出了劳动者的基本素质要求，任何劳动资料不论是原始人使用的弓箭，还是以当代科学技术武装的现代化设备都需要人去支配、去掌握。根据专家估算，在机械化程度较低时（例如蒸汽动力机械化水平），劳动者体力和脑力的消耗约为9∶1；在机械化程度中等水平（例如电气化加机械化水平）时，劳动者体力和脑力的消耗约为6∶4；而在全面自动化（现代化生产水平）时，劳动者体力和脑力的消耗约为1∶9。

事实证明，科技进步可以大幅度提高劳动者的劳动生产率。1900—1950

①资本论选读．北京：中国人民大学出版社，1996．10

年，世界铁产量从4 000万吨增加到2亿吨，增长了15倍；钢产量则从2 800万吨，增长到2.08亿吨，增加了7倍多。这种钢铁产量在20世纪上半叶的大幅度增加，主要归功于19世纪最后40年出现的2项重大创新：贝塞麦转炉和西门子-马丁的平炉炼钢法。以法国为例，从1905—1935年间钢铁产业应用了新技术，使得钢铁产业工人的劳动生产率提高了83%。这恰好应了一份权威统计资料所反映的统计结果：二战后发达国家工农业劳动生产率的提高60%～80%是应用科学技术取得的。

现代化生产对劳动者的要求从以体力为主，经过体脑结合，向以脑力为主的方向发展。与此相应的是，在劳动者队伍里，生产的组织管理者（包括规则、计划、决策、研究、开发、设计、组织、管理等）相对于在生产流水线上的直接劳动者的比例及其重要性日益提高。目前在一些发达国家的劳动者队伍中，高级研究人员和高级工程技术人员所占的比例越来越大。以美国为例，1930—1968年间，蓝领职工增加60%，工程技术人员却增加了450%，科研人员增加了900%。1977年，美国脑力劳动者所占的比例为50.1%，脑力劳动者的智力作用已远远超过体力作用，成为劳动者素质的主要标志。劳动者的智力除了遗传因素以外，主要是科学技术通过各种形式的教育（学校教育、社会教育、终身教育、职业教育等）以及实践活动（科学技术实践、生产实践、社会实践等）培养出来的。事实证明，科学技术能使劳动者从体力型经过文化型向科技型转化，从而提高劳动者的劳动生产率。

2. *劳动资料在生产力发展中实现价值的间接性* “劳动资料是用来加工劳动对象的物质资料，是劳动者的劳动作用于劳动对象的传导物。劳动资料首先指生产工具，生产工具体现了生产力发展水平，标志着人们支配和改造自然的程度……”[①] 随着生产和科学技术的发展，新的劳动资料不断代替旧的劳动资料，劳动对象的范围也在不断扩大。生产力是在劳动资料的不断改良下与劳动者的有效结合中不断发展的，而劳动资料的水平高低又与科学技术水平或者说劳动者的素质有关，“社会主义的任务很多，但根本的一条就是发展生产力，在发展生产力的基础上体现出优于资本主义”[②]。这就告诉我们劳动资料在我们社会主义制度下发展生产力，解放生产力同样具有重要的作用。

生产工具是劳动资料的主要方面，不管什么样的先进生产工具都需要人去掌握，而具有科学技术知识和技能的劳动者又可以去改进生产工具来提高劳动生产率，从而创造更高的生产力。

事实证明，科学技术能使劳动者从体力型经过文化型向科技型转化，也能

①宋涛. 政治经济学教程. 第五版. 北京：中国人民大学出版社，1999. 2

②邓小平文选 第3卷. 北京：人民出版社，1993. 137

使劳动资料的性能优化、效率提高，使劳动对象品种越来越多，质量越来越好。以18世纪60年代蒸汽机的应用，19世纪80年代电灯电器的出现，20世纪原子和电子信息技术的推广为代表的世界三次技术革命。从牛顿经典力学到量子力学，从DNA双螺旋结构的发现到基因重组技术的突破，不仅带来了人类可应用劳动资料的增加，深刻提高了人们的劳动能力，而且带来了生产力的飞速发展和社会经济的结构优化。如美国的汽车工业，在20世纪初，美国每年才生产几千辆汽车，后来由于制造技术的改进，特别是通过建立流水生产线和采用科学的生产管理方法，使得汽车的生产率迅速提高，产量飞跃上升：1913年美国汽车年产量为48.5万辆，而7年以后便超过了200万辆，到了1929年已达536万辆，美国汽车产量在16年内增长了10倍。事实证明，人类社会的每一次飞跃都是以一次技术革命为先导，每一次科学技术的进步都会使得生产资料以更新的面貌应用于生产生活之中。科技进步在促使劳动者劳动生产率提高，以及劳动资料性能优化效率提高的同时，也会促进生产组织和管理体制发生重大变革。

3. 科学技术第一生产力价值的实现形式　任何先进的现代化生产工具都是人类劳动的产物，是物化的知识力量。人的社会知识和智力已经在一定程度上变成了直接的生产力，科学技术的价值实现主要体现在以下几点。

（1）自然科学来源于生产实践，但最终又回到生产实践中去，它是人类征服和改造自然的精神力量，是知识形态的社会生产力。当自然科学应用于生产时，这种精神生产力则包含在一般生产力中，物化为直接的生产力。

（2）自然科学转变为直接的生产力。首先，通过技术发明创造的途径物化为生产工具，从而应用于生产过程创造出巨大的生产力，同时扩大劳动对象的范围，改变与提高劳动对象的品质，大大提高生产力。其次，通过学习、教育引导，提高劳动者的积极性，使自然科学被劳动者掌握，转变为劳动者的经验和技能，在生产中创造出更高的生产率。

（3）中国在建立社会主义市场经济中，运用科学技术提高生产力要素的先进性，能更大地推动生产力的发展。随着全球经济一体化趋势的日益明显，中国加入WTO，我国企业要成为市场竞争的主体，立于不败之地，必然自觉地运用科学技术使企业通过外延式和内涵式扩大再生产，且以内涵式扩大再生产为主的途径把企业做大做强，进一步推动社会生产力的发展，才能体现出自身价值。

（三）实施科教兴国战略

科教兴国是指全面落实科学技术是第一生产力的思想，坚持教育为本，把科技和教育摆在经济、社会发展的重要位置，增强国家的科技实力及向现实生产力转化的能力，提高全民族的科学文化素质，把经济建设转移到依靠科技进步和提高劳动者素质的轨道上来，加速实现国家的繁荣强盛。

面对世界经济、社会发展的新格局和大趋势，我们必须立足国情，找准位置，抓住机遇，认真研究新世纪科学技术发展战略，加速实现经济增长方式与经济体制方面的两个转变和科教兴国战略与可持续发展战略。为此，我们要做到以下 4 点。

(1) 坚定不移地贯彻落实“科学技术是第一生产力”的论断。在全社会树立起“科学技术是第一生产力”的思想，是保证国民经济持续、快速、健康发展的根本措施，是实现社会主义现代化宏伟目标的必然抉择，也是中华民族振兴的必经之路。十一届三中全会以后，党的工作重点转移到以经济建设为中心，实施科教兴国的战略，是这一转移的进一步加深和向更高阶段的发展，必将使生产力产生新的飞跃。

(2) 加强科技教育的投入。纵观世界上所有发达国家的历史，真正的立国之本在教育。国家的兴旺，首先在于科教事业的发达。在知识经济取代工业经济成为主导经济的 21 世纪，科学技术和人才教育更是发展的两大支柱。谁拥有先进的科学技术和大量高素质的人才，谁就能在国际竞争中占有主动权。因此，世界各国特别是发达国家，无一例外地都在调整科技发展战略，加大科教投入。实施科教兴国战略，必须保证并逐步增加对科技教育的投入。科教兴国是我们的既定国策。只有企业重视科技与教育，才能向科教提出强劲的需求，并提供除政府投入之外的重要经济支持。逐步形成既有政府投资拨款，又有非政府自筹资金；既有国内金融贷款，又有国外金融资金；既有无偿使用经费，又有有偿使用资金的科技教育投入体系。还要注意运用经济杠杆和政策手段，积极引导和鼓励各类企业增加科教投入，使其逐步成为科教投入的主体。

(3) 加速科技成果转化。目前我国科技成果的转化率在 20%左右，科技进步对经济发展的贡献率只有 27%左右，增强我国的科技实力以及向现实生产力转化的能力是关系到能否落实科教兴国战略的紧迫而重要的任务。为此要努力促使企业逐步成为技术开发的主体，要多层次、多渠道增加科技投入，要优先发展高科技产业，提高国家自主科技创新的能力。

(4) 改革创新体系。创新是知识经济的生命力之所在，江泽民同志指出：“创新是一个民族进步的灵魂，是国家兴旺发达的不竭动力。”在今后的经济发展中，如果不建立自己的创新体系，而一味地模仿国外的经验，发展就会受到限制。因此，为了保证我国经济的快速发展，必须建立符合我国社会主义市场经济和科技发展规律的国家创新体系。如建立优良的创业环境稳住人才；以法制为前提，鼓励人才流动；在竞争的机制下，吸收优秀的人才；尊重和保护知识创新权益，互利互惠共享；造就管理人才，激励管理创新等。总之，在改革开放和发展社会主义市场经济的新形势下，只要我们坚持“科学技术是第一生产力”的思想，坚定不移地实施科教兴国战略，并不断完善和推进“技术创新工程”、“211工程”、“知识创新工程”以及国家其他重点科技计划，我们就能够全面实现社会主义现代化建设的第二步和第三步战略目标，并在此基础上，开发自身的人力资本，调动国家的知识资源，打破传统产业模式，在新一轮竞争中实现跨越式发展，促进国民经济持续、快速和健康发展，真正加入到世界知识经济的行列。

第二节　科技进步与可持续发展

一、人类面临的全球性问题

（一）人口问题

医疗卫生事业的发展使得人口出生率和成活率迅速提高，死亡率大幅度下降，引起全球人口急剧增长。在原始公社时期，大约每隔4万年人口翻一番；世界人口从5亿增至10亿经历了200年；从10亿增至20亿则经历了80年；从20亿增加到40亿的间隔仅仅为45年。人口数量增长对环境的压力越来越严重；人口素质的下降比人口数量增长对全球问题的构成更具有破坏力的威胁。

从文化教育程度看，目前，全球有9.6亿文盲，其中有1.3亿是儿童。发达国家人口增长缓慢、人口老龄化，再加上许多成绩优秀的高中毕业生不愿选择理工等相对艰苦的专业，使得在培养艰苦岗位上所需合格人才陷于困境。发展中国家无力培养更多的人才，而人才从发展中国家向发达国家的流失更加剧了发展中国家的人才危机。

从健康的角度看人口素质，许多疑难病、奇特病的增加表明人口素质的下降。例如，艾滋病、变异链球菌等闻所未闻的新病毒正以惊人的速度吞噬着人类的生命。1961年，奥罗凯病毒在巴西引起了类似流感状的疾病，1 100万人感染。20世纪70年代中期以来，在亚洲、拉丁美洲地区，多次发生登革热病毒大感染，几十万人受感染。1993年，来自巴西的罕见病菌——普通肠道细菌的新菌种使美国西部500人受感染，4名儿童死亡。2003年，中国遇到一场突如其来的重大灾害SARS，SARS危机很快扩散到全球五大洲的30多个国家和地区，到2003年6月23日止，全世界累计病例数8 459人。

人口老龄化速度加快意味着每名劳动人口负担越来越多的老年人。到20世纪末，全世界60岁以上的老年人达到14亿。老龄人口的退休金入不敷出、退休金贬值、生活孤独寂寞及再就业受到歧视已是人口老龄化国家面临的严重问题。

地球上的自然资源是有限的，而自然资源和科学技术相结合才具有社会意义。在任何时代都存在和特定科学技术水平相对应的人口极限；因此，地球支持人口的能力也是有限的。

（二）温室效应

工业革命以来，大气中二氧化碳、甲烷、氮氧化物、氟氯烃等气体的含量不断增加，这些气体对长波辐射有强烈的吸收作用，导致地球表面和低层大气温度升高，造成了“温室效应”。自19世纪以来，全球平均气温升高了0.3～0.6℃；最近10年，大气中二氧化碳的含量比1750年工业革命时期提高了30%以上，全球平均气温升高幅度已创过去110年间的最高记录，二氧化碳排放量增加是温室效应的主要原因。

全球气候变暖引起的最主要灾害是南极冰雪融化以及海水膨胀造成的海平面升高。在过去的100年里，气候最暖的6年都在20世纪80年代，海平面上升了10～15厘米。如果人类不采取有效对策抑制气候变暖，到2050年，全球海平面平均升高30～50厘米。海平面升高直接威胁到沿海国家以及30多个海岛国家的生存和发展。

（三）厄尔尼诺现象

海洋水温上升，过多的热量使海水将热量传给大气，并以无法预测的方式改变大气环流，使风暴改向，打乱本来可能预报的季节大气特征的格局，引发干旱、洪水、暴风雪等自然灾害，这种具有破坏性的洋流被称为厄尔尼诺。在过去的40年里，9次不同强度的厄尔尼诺已经对全球气候产生了影响。如1997年厄尔尼诺现象的出现，澳大利亚的小麦干枯凋萎；泰国、拉丁美洲、非洲地区的玉米受到严重破坏。而在大洋彼岸，几场滂沱大雨使智利成为一片汪洋；在安第斯山口，突如其来的大雪使旅游者受困。厄尔尼诺不仅带来自然灾害，而且引起登革热、霍乱、埃博拉瘟疫等流行疾病。

（四）臭氧层被破坏

臭氧层位于地球上空25～30千米处，吸收对生物有害的波长小于295纳米的太阳紫外线，使其不能照射到地球；而对生物无害的紫外线可以畅通无阻地辐射到地球表面，保护生物免受太阳紫外线的伤害。工业生产排放的氟氯烃物质和日常生活冰箱、空调、喷雾器排放的氟氯烃制冷剂进入大气后，上升到平流层。在光化学反应的作用下，产生自由氯；氯进一步和臭氧反应，从而使臭氧层变薄。最近十年，北半球的臭氧总量减少了3.6%。臭氧量的减少导致抵达地面的紫外线增多，引起皮肤癌、白内障、免疫能力下降等疾病。臭氧总量每减少1%，皮肤癌患者便会增加2%。在1943—1993年的50年期间，全球皮肤癌、白内障的发病率提高了66.3%。臭氧层被破坏后，强烈的紫外线辐射使农作物、微生物产量大幅度下降，甚至危及海洋20 m深处的鱼、虾、海藻等浮游生物。

（五）土地荒漠化

土地荒漠化指气候变异和人类活动影响等各种因素造成的干旱、半干旱以及亚湿润干旱地区的土地退化，主要分布在亚、非、拉等发展中国家。非洲是全球受荒漠化威胁最为严重的大陆。荒漠化每年给全球造成的直接损失达423亿美元，间接经济损失是直接经济损失的2～3倍。据联合国1995年统计，全球荒漠化面积为4.56×10^7平方千米，几乎等于俄罗斯、中国、加拿大、美国的土地面积总和。目前，全世界受荒漠化影响的国家有100多个，约有9亿人的生命受到荒漠化的摧残。

（六）酸雨现象

酸雨指pH小于5.6的酸性降水，包括雨、露、霜等，是由大气中的硫酸、硝酸和云层的水蒸气发生反应形成的，主要集中在欧洲、北美和中国的西南部。虽然自然生态演替过程也释放一定数量的硫氧化物和氮氧化物，但是，酸雨的形成主要是由于现代工业的发展，像燃烧矿物燃料、金属冶炼向大气排放硫氧化物和氮氧化物。20世纪60年代，随着酸雨对生态影响的加剧，人们逐渐重视酸雨的形成机理和防治措施。酸雨损害江河湖海中的水生物，影响森林和农作物生长，加速建筑物的蚀化，危害人体健康，被称为“空中死神”。酸雨使土壤中钙、钾、镁等元素减少，抑制微生物分解有机质；同时，有毒金属像铝、铜、镉等元素被酸雨溶解而流动，伤害树木的根系，使树木不能吸收足够水分，躯干腐烂，树叶凋落，树顶枯黄。

（七）森林的破坏

大约1万年以前，地球上曾经草木繁盛、森林密布。公元前700年，地球上2/3的陆地覆盖着森林。进入20世纪，世界上每年减少1 800万～2 000万公顷森林。目前，森林覆盖率不到1/3，并且锐减的趋势仍在继续，热带雨林的减少尤为严重。在热带森林地区，栖息着种类繁多的植物和动物，许多植物的原种都来自热带森林，热带森林的消失意味着“基因宝库”将不复存在。森林的减少直接影响地球的气候变化。森林从地面吸收水分，然后，在大气中蒸发水分，起到了一架巨型抽水机的作用。森林消失导致降水量下降，气温上升。由于土壤的蓄水能力下降，加重了洪水、干旱等自然灾害。

(八) 物种的消失

地球上生命的存在约有 30 亿年的历史。随着地球的演化，曾经产生过千百万种生物。但是，大多数物种灭绝了。地球演化过程中的物种消失也不是以一种恒定的速度发生。在某些时期，由于重大的地质剧变及其自然灾害，短时间内就可能发生大量的物种灭绝。古生物学家认为，20 300 万年前的二叠纪末，海洋中的生物量减少了 90%以上，而发生于大约 6 500 万年前的恐龙灭绝则是每个人都熟知的。即使在地球平稳演化过程中，生物进化在不断增加物种的同时，也会由于自然的原因不断减少。

自从人类出现后，特别是进入 20 世纪，科学技术扩大了人类对自然的影响范围，打乱了生物的自然进化，加快了地球上物种的灭绝速度。1600—1900 年之间，有 75 个物种灭绝，平均 4 年减少 1 种；20 世纪以来，平均每天有 1 种物种消失；20 世纪 90 年代以来，平均每天灭绝的物种达 140 个；到 20 世纪末，已有 100 万种动植物绝种。生物多样性有助于调节气候，并为人类的生存提供工业原料、农业产品以及作物的基因源；生物多样性的急剧减少已经达到危及人类生存的程度，成为全球性环境问题。

(九) 垃圾泛滥

人类早期的垃圾量少，尚未破坏大自然的和谐。工业化过程向大自然排放过多的废弃物，超出了自然的净化能力。全世界每年产生 10^{10} 吨垃圾，其中有 4×10^{8} 吨具有放射性。世界各地的垃圾中，只有 1/3 可以进入自然界的生态循环，像塑料、玻璃等垃圾很难被微生物分解，玻璃瓶 100 年之后也不会分解，易拉罐需 200～250 年才能够分解，塑料垃圾的降解时间为 100～200 年。即使日常生活随意丢弃的生活垃圾，也能影响几代人。

二、产生全球性生态问题的原因

(一) 人和自然之间关系的不和谐

人类面临的生态环境问题已经严重地威胁着人类的生存和发展。几千年来，尤其是近几百年来，人类自身和自然界在相处中存在的问题已经暴露出来。例如，随着近、现代科学技术的迅猛发展和应用，极大地提高了人类利用、改造、控制自然界的能力，人类凭借这种对自然界巨大的干涉能力，大规模地改变自然界，大量生产和制造自然界并不现成存在的东西，使自己的需要得到空前的满足，人类似乎一下子成为凌驾于自然之上的主人，而自然界只不过是供人获取财富的源泉。伴随这种过度自负而来的是对自然资源掠夺性的开发和无节制的消耗，但最终因破坏自然界的再生能力和自我调节能力，使生态环境急剧恶化，从而危及人类自身的生存和发展。例如，沙特阿拉伯用出售石油的金钱开采地下水用于灌溉，1988 年耕地面积相当于 1975 年的 20 倍，小麦产量增长 1 000倍，蛋奶自给有余还能出口，但是就在这一年，几千年积累下来的地下水储量减少 1/5。据估计，到 2007 年可能全部枯竭。这些是多么触目惊心的代价。

（二）人和人之间关系的不和谐

产生环境问题的原因除了人和自然之间的关系不和谐外，还与人与人之间关系的不和谐有着密切的关系。其主要表现为，第一，目前在世界上占统治地位的资本主义生产方式，以追逐高额利润为最终目的，引导着人际关系走向以货币为中心的自我利益追逐，把个人利益推向极点。他们为了在市场经济中获取最大利润，根本无视自然界自身的发展规律，对自然界进行掠夺式的开采，无止境地向自然界索取，加速了不可再生资源的开发，造成资源的浩劫和环境恶化。同时为适应追逐资本主义商业利润的需要，又提倡高消费的价值观念，鼓励“用了就扔”的消费模式，从而加剧了物质、能源的浪费，导致了严重的环境问题。更有甚者，为了争夺、瓜分势力范围，资本主义国家还经常发动侵略战争，使生态环境付出了沉重代价。例如美国对越南进行的战争，就被称为“生态灭绝战”，美国对越南进行了地毯式的狂轰滥炸，并把 5 500 万千克毁灭植物的化学剂喷洒到 170 万公顷的森林地带，这些化学毒剂毁掉了 2 000 万立方米木材，10 万平方千米森林，这些爆炸物和化学剂还使水源污染、土质恶化、多种生物被毒死。

其次，人和人之间关系的不和谐还表现为世界范围内资本主义“富国”与发展中“穷国”之间，资源的占有和财富分配上的不公正。长期以来，富国肆无忌惮地掠夺发展中国家的人力、资源、能源，大发不义之财。以能源来说，发达国家利用的能源要占世界能源总量的 90%。光是美国，为了维持工农业生产、住宅建设、商品运输等领域机械装置的运行，每年就要消耗 2.2×10^{19} 焦耳的能源。美国以不到世界 5%的人口，每年却要消耗掉世界总消耗量 25%以上的能源和 60%以上的原材料。同时却将发展中国家推向了贫穷落后的境地，造成严重的两极分化，使这些国家被严重的生存问题所困扰。为了生存，他们不得不毁林开荒，发展粮食生产；不得不砍伐林木充作燃料；不得不低价出卖自己宝贵的自然资源，换取所需物品。从而使生态环境进一步恶化，使之陷入人口、粮食、环境、能源等问题中不能自拔。尤其令人难以容忍的是，一些“富国”还采取“祸水外引”的方式，将严重污染的企业，大量有害的特殊废弃物出口到一些发展中国家，加剧了发展中国家生态环境的恶化。

（三）科学技术的不完善

生态环境问题与科学技术的不完善有着直接的关系。虽然现代科学技术已经发展到了很高的水平，但是人们对自然规律的认识仍然存在许多空白和盲区。人们虽然有时能认识到对自然界的干预造成的近期后果，但对于长远的影响仍然无法把握。如化学工业技术的发展，创造出了几百万种新的物品，提供了丰富的生产资料和生活资料，可是，有些物品却会给人类和自然环境带来各种意想不到的危害，像塑料所造成的“白色”污染、DDT 对人类和其他生物造成的危害、化肥导致土壤板结和贫瘠等，都是始料不及的。同时，我们目前采用的生产技术也是有缺陷或不完善的。例如，在资源开发方面，只注重发展大规模采掘自然资源的技术与装备，以获得最大利润，很少关注开发资源的养护与再生的技术；在生产方式上，只注重提高利润最高的主产品的生产技术，而忽略了废物回收、再利用的技术研制。无数事实表明，科技是“双刃剑”，它既能造福于人类，又能带来祸害。

三、可持续发展理论的形成

（一）从《人类环境宣言》到“可持续发展”

1972 年 6 月，来自世界 114 个国家的 1 300 多名代表，出席了联合国在瑞典首都斯德哥尔摩召开的第一次人类环境会议，共同探讨人类面临的环境问题，通过了《联合国人类环境会议宣言》，简称《人类环境宣言》。

1983 年 12 月，联合国任命挪威首相布伦特夫人为联合国世界环境与发展委员会主席，要求以可持续发展为基本纲领，制定全球的变更日程。经过长达 4 年的研究，1987 年，该委员会发布了长篇报告《我们共同的未来》，对经济发展和环境保护中存在的问题进行了全面、系统的评估，分析了当代与后代的需求、国家主权、国际公平、自然资源、生态承载力等问题，首次提出了可持续发展的定义：“既满足当代人的需求又不危及后代人满足其需求能力的发展”。

1992 年 6 月，联合国环境与发展大会在巴西里约热内卢召开，会议通过了《21 世纪议程》，将可持续发展由概念、理论推向行动。《21 世纪议程》根据对自然环境的新认识，要求改变人类的经济活动，从政治平等、消除贫困、环境保护、资源管理、生产和消费方式、科学技术、立法、国际贸易、公众参与、能力建设等方面详细论述了实现可持续发展的目标、活动和手段，将环境和发展综合考察，使人类基本需求得到满足、所有人的生活水平得到改善、生态环境得到有效保护。《21 世纪议程》要求各国制定相应的可持续发展战略和规划，以迎接人类面临的共同挑战。

可持续发展是发达国家、发展中国家都可以争取实现的目标，得到全世界不同经济水平、不同文化背景国家的共识。可持续发展的概念提出后，在世界范围内得到公认，并成为大众媒体使用频率最高的词汇之一，既反映了人类对传统发展模式的怀疑和抛弃，也反映了人类对未来发展道路、目标的憧憬。

（二）可持续发展在中国

我国不仅积极参加了联合国环境与发展大会以及《21 世纪议程》的制定，而且在联合国环境与发展大会通过《21 世纪议程》后，我国对此做出了积极响应，采取了一系列措施。

（1）1992 年的联合国环境与发展大会结束后，国家环保局立即组织力量，根据《21 世纪议程》的全球规划，结合中国的环境和发展问题，提出了 10 条对策。

（2）1994 年 3 月，我国政府发布了全球第一部国家级的中国可持续发展战略文件《中国 21 世纪议程》。

（3）我国国家环境保护总局、国家发展和改革委员会根据世界银行要求组织制定了《中国环境保护行动计划》，明确了实现 2000 年环境目标的政策和措施。

（4）1994 年，在世界银行和联合国开发计划署的资助下，中国政府完成了《中国生物多样性保护行动计划》，制定了中国生物多样性保护措施。

（5）环境保护的法制建设。1979 年，中国制定了《环境保护法》。20 世纪 80 年代，中国把环境保护作为一项基本国策，并制定了一系列法规。90 年代，在制定新的法律时，将环境保护和可持续发展纳入其中。1997 年，新修订的《刑法》设立了“破坏环境与资源保护罪”。在环境执法上，加大执法力度。1996 年 8 月至 1997 年 6 月，全国依法取缔、关闭了 15 种工艺落后、污染严重的小型企业 65 000 多家。1996 年 6 月，在水污染严重的淮河流域关闭了 1 100 多家生产能力 500 吨以下的小造纸厂。

四、科技进步是实现可持续发展的重要保证

（一）科技进步将给人类发展提供巨量的能源

目前，人类所消耗能源的 70%来自矿产燃料。矿产燃料能源在地球上的储量是有限的，而且这些能源的使用还会污染环境，破坏生态平衡。在 21 世纪，生产可再生的清洁能源是能源科学的主要发展方向之一，能源供给将呈多样化的发展趋势。可以预见，核能的研究与利用将会取得突破性进展，可控核聚变将成为现实；氢能和太阳能是最理想的取之不尽的能源，甚至可以设想仿造太阳，运用核聚变研究开发一种同环境兼容、持久、不含二氧化碳的能源形式；地球本身到处都存在的温差，科学家称由此产生的能源为“冷自然能”并

可设法开发利用。例如，核聚变技术的突破和运用，利用海洋中的氘产生的核聚变能，可供人类使用几十亿年，并且21世纪可再生的清洁能源可满足世界未来能源供给的50%。能源的充分供给和清洁能源的使用，可以为可持续发展提供能源保证。

(二) 科技进步为人类发展提供新型先进材料和优质资源

(1) 随着基础研究方面的进展，将为新材料和新能源的开发提供科学基础。特别是随着新材料科学技术的进步，将会不断地给人类提供更多新型、先进、优质的材料。21世纪，超导材料、利用DNA技术制造的高性能聚合物、纳米材料、智能材料等将会有革命性的突破。材料科学技术的突破与发展，将为信息、通讯、医疗、航空航天等领域和产业提供更为广阔的发展空间。

(2) 太空科学技术的发展，将使人类可以更为快捷、更为经济、更加充分地利用太空中的资源和极端环境，进行特殊材料加工、生物育种等。

(3) 随着海洋技术特别是海水淡化和综合利用技术的进步和运用，将为经济社会发展提供充足的水和其他资源。

这些都将为人类发展提供优质的资源。

(三) 科技进步将为人类发展提供优良的环境

(1) 清洁能源的使用，将减少废弃物的排放量，减轻环境污染的程度。

(2) 环境保护技术将为解决环境问题提供手段。21世纪，生态环境领域将着重解决几大问题，即全球生态环境变化预警系统的建立；退化生态系统的修复和重建；生态系统的有效管理和持续生态系统的建立；复杂生态系统的结构和功能；外来物种的生态安全对策；环境污染整治和清洁水质管理等，这将为解决全球环境问题创造技术条件。

(3) 随着科学技术的进步，推动对资源的低投入、高利用和污染物低排放的循环经济生产方式的出现和普及，可以实现对资源的重复利用、循环利用和综合利用，减少废弃物的产生。

(4) 随着地球系统科学的发展，将使人类更好地认识所赖以生存的环境，更有效地防止和控制可能突发的灾变对人类造成的损害。

第三节 科学技术与人文社会科学

一、科学技术促进人类精神文明的建设

(一) 科学技术是精神文明的重要支柱

(1) 科技作为生产力，为精神文明提供必要的物质基础。一方面，科技促

进了物质生产的发展，进而为精神文明建设提供了必要的物质基础，使人类精神文明的发展成为可能；另一方面，科技为人类精神文明发展提供了物质手段，甚至直接就是精神产品的载体。

(2) 科技是精神文明的重要内容。自然科学在人们探索科学真理的过程中具有多种认识功能，即发现自然规律的功能、解释自然现象和本质的功能和预见自然现象及其变化的功能。而自然科学的这种认识功能又都是在一定的技术基础上实现的。技术的发展，为自然科学提供了日益增多的认识工具和手段。因而，科技发展状况成为人类利用自然能力的时代特征，从而成为社会精神文明的重要内容。

(3) 科技是人们批判宗教迷信和唯心主义的精神武器。因为自然科学所揭示的自然界发展的客观规律，是自然界本来面目的真实反映，所以自然科学是唯物主义的天然同盟军，自然科学的每一发现，都是对宗教迷信和唯心主义的批判。

(4) 科学对整个社会精神面貌产生深刻的影响。科技的研究活动教育人们热爱科学、追求真理、坚持真理和敢于与谬误作斗争的革命精神，养成一切从实际出发，实事求是的科学态度和工作作风。这种科学精神随着科学技术向社会生活各方面的渗透以及科学文化知识的普及，将会日益深入人心，影响到社会精神生活的面貌和人们思想品德的修养。

（二）科技进步推动精神文明的进步

(1) 引起思维方式的变革。思维方式是人类理性认识的形式、方法和程序，它反映人们对世界的理解水平以及认识的深度和广度，是精神素质和科学文化素质总的体现，在精神文明中占据着特殊的地位。社会的精神文明大体可以归结为思想道德和科学文化两个方面，而在这两个方面中都贯穿、渗透着思维方式的影响。科学的思维方式往往体现着正确的思想和道德观念，起着巩固先进的世界观和人生观的作用。同时，思维方式的科学化程度也体现着人类的智力和文化素质的发展状况，是衡量精神文明中科学文化方面的综合标志。现代科学的深奥使广大群众很难领会其精神实质，而技术进步，尤其新技术革命以来的高新技术，则是推动社会大众思维方式科学化的主要动力。

(2) 推动道德观念的更新。主要表现在以下几个方面：①技术进步使社会生产和生活发生巨大变化，对生产关系和其他社会关系产生深刻的影响，从而促进新的道德规范的形成和社会道德的提高。道德发展的历史表明，不可能设想在青铜器的奴隶制时代，会有完美的人道主义产生；如果没有近代科技和机器大生产代替手推磨式的生产，也就不会有资本主义文明的道德取代封建文明的道德。②技术知识加深了人们对自然、社会和自身的本质认识，从而扩大了人们的道德视野，促进了道德观念的变革。③某些技术成果的运用，有力地冲击着传统道德观念，为新的道德规范的确立开辟了道路。近年来问世的试管婴儿、器官移植等新科技成果也引起了有关道德评价问题的激烈争论，但我们看到，这些成果目前已经被越来越广泛的应用，为越来越多的人所理解和接受。这表明人类的生命道德观念正在随着技术进步而取得新的进步。此外，道德观念又具有相对稳定性，在一定时期，它的变化相对其他一些社会因素，常常是滞后的。技术进步与道德进步之间，不可能只具有简单的线性关系，在一定条件下，两者的相互作用也可能产生一些错综复杂的社会现象。

（3）促进教育文化等事业的发展。科学技术进步对教育事业的促进作用主要体现在以下几个方面：①先进技术成果直接应用于教育实践，从而引起教育系统结构的变化。②技术进步必然引起教育方式上的变革。在当代，技术以空前未有的速度发展。面对这种情况，教育必须改变过去单纯传授知识的方式，转而注重培养学生驾驭知识的能力，而且教材内容也必须有相应的改革和更新。“知识爆炸”同时也引起知识老化和更新速度加快，这就要求对在职人员实施继续教育和终身教育，使之用不断更新的知识结构，跟上现代技术发展的步伐。③当代技术革命出现的科学—技术—生产一体化趋势，必然改变传统的教育价值观念。当代科学—技术—生产一体化的趋势使人们认识到科学技术是生产力，因此对传授科技知识的教育的投资乃是生产性投资。

二、科学技术推进人类社会制度文明的发展

科学技术是人类社会文明的巨大推动力。科学技术的发展促进社会生产方式的变革，实现社会制度的更新，是因为它极大地提高生产力水平，使社会生产和人类生活发生了巨大改变。而生产力水平的提高，必然引起生产关系的变革，导致社会形态的变更。

首先，科学技术为社会主义的产生创造了一定的条件。社会主义是建立在以科学技术为中坚力量的生产力的高速发展基础上的。其次，社会主义制度的巩固和发展必须依靠科学技术的进步。因为任何社会制度，都要有相应的物质基础。只有依靠科学技术，大力发展生产力，实现农业、工业、国防的现代化，才能保证社会主义最终战胜资本主义，保证社会主义的巩固和发展。目前，世界正掀起一个知识经济的浪潮，这既是一个挑战，又是我们赶超世界先进水平的大好机会。先进者有基础厚实，先行一步的优势，而后来者也可以做到：①吸取先行国的经验教训，少走弯路；②与先行国在同一起跑线上发展新产业或者直接采取新技术改造传统工业；③科学发明难，使用却比较容易，后

来者可以通过多种形式和渠道，利用先行者的技术。因此，在知识经济的大潮中，如果我们能够及时抓住这个机会，加快自己的发展，就能使我们在经济、技术方面缩短同发达国家的差距，甚至赶超发达国家的水平，并以此来保证社会主义制度的巩固和发展。

总之，科学技术不仅是推动人类物质文明和精神文明进步的力量，也是推动社会制度变更的革命力量。

三、科学技术与人文文化相互渗透、协调发展

科学是求真，解决对客观世界及其规律的认识问题，要回答的问题是“是什么？为什么?”。而人文是求善，解决精神世界的认识问题，要回答的问题是“应该是什么？应该如何做?”。科学活动本身并不能保证其发展与应用是否有利于人类进步，人文活动本身也并不能保证其本身能建筑在客观规律的基础之上。显然，真为善奠基，善为真导向。如何正确地认识科技与人文的关系呢？

(1) 科学与人文都有着自己的明确而强烈的追求。一个追求真，一个追求善，都在追求真理，追求者都在为所追求的真理而奋斗，而献身。“砍头不要紧，只要主义真”，这是一个真正的人所具有的最崇高的思想品质与精神境界。一个科学家，求得“是”，求得“真”，就是求得达到自己人生的崇高精神境界，达到完美目的。数学、物理，追求以达到概括客观事物的本质，简洁、协调、整齐、有序。牛顿力学定律、爱因斯坦质能互换公式，在懂得它们含义的科学家眼中，多么美妙！文学、艺术的追求又何尝不是如此！被世界华人选为第一首的中华诗词孟郊的《游子吟》：“慈母手中线，游子身上衣，临行密密缝，意恐迟迟归。谁言寸草心，报得三春晖。”通过母为儿缝衣这点，深刻地表达出母子深情，多么简洁、协调、整齐、有序，多么美妙！美就是感受，精神就是“人文”境界的活动。“科学精神”是求真的精神，“人文精神”是求善的精神。两者都是人的精神世界的求美，追求崇高，而且这两者往往不可分割。我国过去的“科学救国”，是追求科学、追求真，还是追求救国、追求善？显然，是两者交融。今天的“科教兴国”，同样是求真、求善两者交融。它们的主旋律显然都是爱国主义，使国家强大起来。我国的文艺作品，一贯是以爱国主义为主旋律的，同时，我国伟大的科学家也莫不以爱国主义作为生命的主旋律。《老子》讲得何等深刻：“不失其所者久，死而不亡者寿。”一个是对真理的执著追求者，一个是对精神境界崇高的追求者，人可谢世，而人文精神、社会影响、人生价值却万古长青！

(2) 科学与人文都十分重视客观实际，尊重客观规律，努力探索客观存在

的奥妙。因此，“读万卷书，行万里路，干万件事”，充分重视调查、实践、研究，做老实人、说老实话、干老实事，科技著作固然如此，人文著作也不例外。文学艺术中的夸张，是在承认与尊重客观规律基础上的文艺超越，因而不但不会歪曲客观事物，而且能更加深刻地突出事物的特点与本质。试看韦应物《滁州西涧》一诗：“春潮带雨晚来急，野渡无人舟自横”，“自横”两字正确地描写了无人的小舟在溪流急涌时，是横在溪流中，而不是顺水流而纵置。这可能出乎人的意料，但这是事实，是水力学原理所致。李白《望庐山瀑布》一诗：“日照香炉生紫烟，遥望瀑布挂前川”，“紫”字不是虚构，不是乱造，而是正确地反映了在一定条件下光发生“漫射”的结果，完全符合科学原理。如此字句，不胜枚举。在柳宗元的《种树郭橐驼传》里，郭橐驼讲他种树种得好，并不是自己有什么了不起，而是按“顺木之天，以致其性”办事，就是顺着树木生长的客观规律，以充分发展木的本性、个性。这是正确的。接着，柳宗元在文中又写郭橐驼怎么批评地方官员，批评他们从下种、耕耘、收获、缫丝、纺纱到子女读书，养鸡养鸭等，统统管了起来，管得那么死。结果呢？“而卒以祸！”也就是“虽曰爱之，其实害之，虽曰忧之，其实仇之。”事情走向了反面，完全违背了客观规律，违背了老子所深刻揭示的“无为而无所不为”的真谛。

(3) 创造性的思维都能透过现象，抓住本质，区分主次，把握关键。当然，这是建立在承认与尊重客观事实的基础之上的。如果上一点是讲“求实”，那么这一点是讲“求是”。科学本身就是“求真”，也就是“求是”，而文学艺术创作又何尝不是如此呢？文学艺术创作源于生活，又高于生活，必须透过纷繁的现象，把握事物的本质。一个漫画家画某个人，不管如何美化或丑化，不管如何夸张，寥寥几笔，确如其人。为什么？关键就是这几笔！这几笔不是其他，而是现代数学一个分支“拓扑学”中的特征不变量。“拓扑学”是研究图形的，研究图形在各种变化中有哪些东西始终不变，这些始终不变的东西叫做“特征不变量”。漫画几笔在任何夸大即在任何变化下，仍能准确地反映其人的特色，不是“特征不变量”又是什么？严肃音乐中的主旋律，京剧中所谓的“神似”的动作与意境，都是科学中的“特征不变量”。京剧界有句话讲得好：“不能不像，不能全像；不像不是戏，全像不是艺。”“艺”之精华，就在突出本质，把握住一目了然的“神似”。这不是科学又是什么？再如，诗眼、词眼、文眼，也正是集中地深刻地揭示了事物的特征与本质。众所周知，科学力求其表达简洁、精炼，文艺又何尝不是如此！宋祁的“红杏枝头春意闹”的“闹”字，王安石的“春风又绿江南岸”的“绿”字，一个写小小空间的红杏枝头，一个写辽阔空间的锦绣江南，都生动、深刻、内涵极为丰富地表现了春天的欣欣向荣和无限生机。读者可凭着自己的知识、经验与灵性去认识、去感觉，任凭想像纵横驰骋。马致远的《天净沙·秋思》中“枯藤、老树、昏鸦，小桥、流水、人家，古道、西风、瘦马”18个字，9个景，组成了一幅漂泊悲凉的画面，揭示了无可奈何、前途无望的衰败景象，从而引出了“夕阳西下，断肠人在天涯”的结局。正因为中华诗词是用词用字最为精炼的文学，从而也最能抓住事物本质，突出事物的特征。这也是我们强调加强诗教的重要原因之一。

（4）创造性的思维是整体的思维。逻辑思维是这个整体思维的正确性的坚实基础，而形象思维则是这个整体思维的主要创新源泉。没有严密的逻辑思维，思维将是混乱的，漏洞百出的，彼此矛盾的，乃至是荒谬的。正因为如此，学音乐的，应该懂些声学；学美术的，应该懂些光学；学艺术体操的，应该懂些力学；学人文的，应该懂些科学技术，如此将大有裨益。但是，逻辑思维执著于前后一致的严密，因此，往往摆脱不了现有思维方式与内容的框架，难于突破，难于求异，难于飞跃，难于超脱现有模式而作出重大的创新。文学艺术恰恰与科学相反，不是力求抽象，不是力求直接表达共性、普遍性，而是通过个体、特殊的形象来反映共性、普遍性，力求从不同侧面、从相异个体、从种种特殊中来创造新的形象，揭示客观规律。也正因为直接表达的是个体，是特殊，是某侧面，从而就留下了广阔的想像空间给有心人去思考，去领悟。一部《红楼梦》是一个时代的“百科全书”，同时通过具有高度智慧而富含文化深度的语言文字，饱含了大量的人生哲理与科学结论。精炼的中华诗词更是如此。以上名篇名句，都是合乎客观实际，合乎逻辑的。因此，必须指出，第一，由于形象思维的开拓而导致超脱现有逻辑思维方式与内容的新思维，本身应该是一个新方式与新内容的逻辑思维，这才可以保证思维的正确性，否则，此“新”只可能是“荒唐”；第二，绝不是讲逻辑思维不可能有创新，而是讲，仅凭逻辑思维所产生的创新，只能限于原来逻辑思维范围内，而不可能超脱或飞跃出其所严格限定的范围。

文学写作中的“起承转合”，就是逻辑分明的。京剧、交响乐等讲究程式，这同逻辑学讲究格式，没有什么大区别。杜牧的《阿房宫赋》，介绍阿房宫来由是起，描写阿房宫的结构是承，描写秦王奢侈享受是进一步的承，说明农民起义、人民造反是转，给出六国灭亡、秦朝灭亡的教训是合。整篇说事、说理、说情的思路条理分明，前后相应，这就是逻辑思维。

有些文学名著很难说是纯粹的文学，其中含有很多科学价值。《徐霞客游记》是地理学，还是文学著作？《本草纲目》是药学，还是文学著作？《狂人日记》是文学，还是狂人病史？《蒙娜丽莎》是油画，还是光学、解剖学的展示？

又如李重元的名句："欲黄昏，雨打梨花深闭门"，此时，只出现了黄昏时节被雨打落下的十分可怜的苍白色的梨花，其实，深闭门户的女主人翁的形象已在读者眼前浮现了。她为什么紧闭门户呢？凋零的梨花够惨了，女主人翁同这梨花一比，自己就更惨了。这就是文学中的"比"，它的科学实质就是"图像识别"、"图像匹配"。

一个伟大的科学家，不但有高度严密的逻辑思维，同时不管是自觉还是不自觉，也一定有高度开放的形象思维。爱因斯坦讲得多么深刻：知识是有限的，而艺术开拓的想像力是无限的。想像力就是形象思维能力。这是爱因斯坦从他创建"相对论"的奋斗中所体验到的，也是伟大的科学家一般所必然实践的。同样，一个伟大的文艺家，不但有高度开放的形象思维，同时不管自觉还是不自觉，也一定有高度严密的逻辑思维。文艺家在创作时往往先有一个构思，或一个脉络，或一个提纲等，这些就是逻辑思维的体现。当然，"这些"的产生主要依赖于大量的实践，依赖于高度开放的形象思维。

(5) 科技教育与人文教育相融则利，相离则弊。"有理想、有道德、有文化、有纪律的、德智体美等全面发展的社会主义事业建设者和接班人"，其中关键在于"全面发展"。《关于深化教育改革全面推进素质教育的决定》（以下简称《决定》）中讲得十分清楚，"使诸方面教育相互渗透，协调发展"。渗透、协调就是相融，就是一体。在《决定》和《面向 21 世纪教育振兴行动计划》中，都一再强调了中华优秀文化传统与革命传统教育，这是人文教育中极为重要的内容，对于培养学生的爱国主义精神、中华魂、民族根极为关键。对民族的文化传统与革命传统，若无长期熏陶，若无深刻了解，怎么可能对这个民族有感情，有责任感！

(6) 科学技术与人文社会科学相结合，相互作用，彼此渗透，相互融合。科学技术与人文社会科学相结合，主要包含两层意思：①科学技术的发展要受到社会科学发展的制约。人文社会科学在一定程度上指导，或者说是影响了科学技术的发展方向、布局等。科学技术的发展，是以社会经济发展需求为依据的，同时也脱离不了社会文化背景。因此，如何有效地发挥科技工作者的作用，对科学技术的价值进行正确的评价等，这些问题本身就是属于社会科学的领域。②很多社会问题的解决要靠科学技术。科学技术的发展给人文社会科学提供了新的研究方法和手段，随着科学技术的发展，一些高新科技的研究成果将直接应用于人文社会科学。在现代科学技术中，所谓"先进制造技术"，就是制造技术、信息技术、管理科学与有关的科技的统一体。而其中的根本就是"人"，亦即"以人为本"。没有熟悉社会、了解用户、熟悉产品、通晓市场、掌握科技的高级专门人才，从事制造的企业就无法适应科技迅速发展、产品日新月异的急剧变化的市场情况，就无法实现生产的“快速、重组、柔性”的要求，就无法以“价廉、物美、交货期短、服务工作好、文化含量高”的产品去占领市场。比如，现代企业面临着日益激烈的市场竞争，为使企业从激烈的竞争中脱颖而出，可充分利用信息技术来构建适应市场和客户快速变化的新型销售体系。网络化销售体系，就是利用现代技术解决销售过程中存在的库存、配送问题，以实现零库存，进行实时控制。又如，核化学中对放射性物质的研究成果，已成为考古学中分析和测定文物年代的重要方法；新的艺术体裁和大量的信息传播手段（广播、电影、电视、网络）的产生是科学技术和艺术创造密切结合的直接结果。再如，分子生物学、遗传学、优生学的发展已影响到婚姻法的修订；试管婴儿、胚胎移植对伦理道德观念已产生了巨大的影响。与此同时，一些科学技术概念如系统、信息、反馈、控制、宏观、微观等已向人文社会科学渗透，而计算机则已成为各门学科研究不可缺少的重要工具等。

由于科学技术与人文社会科学的这种相互作用、彼此渗透，在许多方面已是高度科技与深度人文的相融。现代科技成果的使用，其作用之强大，影响之深远，已达到远非所能预计之地步。人的情况如何，人的精神境界如何，是关键之所在。我们要的人才，是邓小平同志所讲的能做到“三个面向”的“四有”人才，是江泽民同志所讲的坚持“四个统一”的人才。没有现代科学，没有先进技术，一个国家、一个民族，一打就垮，永远受制于人，痛苦受人宰割；而没有优秀文化传统，没有民族人文精神，一个国家、一个民族，就不打自垮，自甘受制于人，宁愿为人奴隶。科技与人文，应该相融，不应相离，应该相互渗透，协调发展，形成一体，而决不该相互对立，形成两张皮。自20世纪中叶以来，在科学技术与人文社会科学之间产生了一系列的新兴学科，如数量经济学、定量社会学、工程心理学、人文地理学、科技文化史等。这些新兴交叉学科的产生填补了存在于自然科学和人文社会科学之间的巨大鸿沟，把科学技术与人文社会科学相互融合，连接成了一个有机的整体。

思考题

1. 试述科技进步与经济发展的关系。
2. 试述科技进步与社会变革的关系。
3. 试述科技进步与科教兴国的关系。
4. 试述科技进步与可持续发展的关系。
5. 试述科技进步与人文社会科学的关系。

附录一

科学技术发展大事记

年代	科技成果
300万—400万年以前	人类使用天然火（雷击火等），传说中国燧人氏钻木取火；有巢氏模仿鸟类在树上筑巢，称“构木为巢”
200万年前	中国元谋人用火；传说伏羲氏“教民渔猎”
100万年前	旧石器时代，传说中国神农氏“尝百草”
50万年前	北京猿人，打造石器
2万年前	中国进入新石器时代
8 000年前	中国饲养家畜，初步有天文、地理、医学、算术知识
7 500年前	日本进入新石器时代
5 000年前	朝鲜进入新石器时代
公元前：	
前4713年	巴比伦历开始
前4000年	中国仰韶文化（彩陶）、农耕、放牧，天、地、医、算知识；埃及十进位法
前3000年	中国龙山文化；埃及象形文字记数符号
前2700年	中国丝织
前2600年	基萨金字塔群修筑
前2200年	美索不达米亚制造玻璃
前2000年	朝鲜的农桑事业
前1900年	古巴比伦数学的发展
前1550年	中国青铜器，少数铁器，陶器大发展；造酒技术产生
前1300—1200年	埃及和中国冶炼钢、铁；中国的毛笔出现
前760年	中国织布机；中国历法完备（19年中有7个闰月的农历）
前700年	中国铁器广泛使用，如兵器、农具
前465年	芝诺《论自然》问世
前450年	中国确定28宿，绘制星图

（续）

年　代	科　技　成　果
前 432 年	希腊天文学家默冬（Meton）提出默冬周期（月球位相以 19 年为 1 周期）
前 400 年	中国墨子学说提出物质可分性极限“端”的概念，有了世界最小基石的思想
前 387 年	柏拉图在雅典建学院，提出和谐原理
前 359 年	中国战国时期魏国开始筑长城
前 350 年	中国《甘石星经》（最古老的星表）
前 335 年	亚里士多德设吕克昂学院，提出物理概念、形式逻辑
前 310 年	李冰父子治水，考虑航运和灌溉
前 300 年	欧几里得完成《几何学原本》，出现演绎体系；中国的“五行说”、《山海经》出现
前 267 年	开凿尼罗河-红海运河；中国医书《黄帝内经》，辨证施治
前 215 年	中国筑万里长城，用烽火传递信息
前 168 年	帛书、古地图（最古老的地图）、丝织物染色、保存尸体
前 140 年	中国《周礼·考工记》，工具制造技术、冶炼技术发展
前 134 年	中国汉朝《汉书·天文志》有新星的第一次详细记载
前 104 年	中国实行“太初历”
前 60 年	卢克莱修发表《论自然》
前 30 年	中国天文、数学专著《周髀算经》，计算圆周率
公元：	
公元 10—50 年	中国《九章算术》，四则运算、解高次方程
83 年	王充撰《论衡》
85 年	中国制定四分历，使用浑天仪
105 年	中国蔡伦发明和改良纸张，中国印刷术诞生
102 年	罗马建设万神殿
132 年	中国张衡制成浑天仪、候风地动仪
142 年	中国魏伯阳著《周易参同契》、总结炼丹术，出现化学萌芽
185 年	华佗医学与麻醉手术
约 200 年	张仲景著《伤寒杂病论》
235 年	中国马钧造指南车，磁学知识系统化
263 年	刘徽注释《九章算术》
280 年	王叔和《脉经》；皇甫谧著《针灸甲乙经》，中国针灸治疗术趋于成熟
317 年	葛洪著《抱朴子》，发展了炼金术和炼丹术，积累了许多化学知识和制火药技术

（续）

年　代	科　技　成　果
330 年	中国虞喜发表天文学著作《安天论》，发现岁差
340 年	中国稽含著《南方草木状》；解飞改进指南车
366 年	中国开凿敦煌石窟，泥塑技术、染色技术
400 年	马其奴斯著《外洋航海记》
443 年	中国何承天创《元嘉历》
457 年	中国开凿云冈石窟
470 年	中国《张邱建算经》
480 年	祖冲之计算出圆周率
495 年	郦道元著《水经注》
500 年	陶弘景著《神农本草经集注》
540 年	贾思勰著《齐民要术》
550 年	甄鸾著《五经算术》
605 年	中国开凿大运河（颐）
610 年	李春建造赵州曲拱石桥
690 年	王孝通著《缉古算经》，能解三次方程
707 年	中国造纸术西传
717 年	朝鲜设立学位制
735 年	比德著《论自然》
801 年	贾耽著《海内华夷图》
804 年	陆羽著《茶经》
808 年	日本古代医学名著《大同类聚方》吸收了中国医术
822 年	西方出现水泵；中国徐昂编撰《宣明历》
850 年	西方出现齿轮时钟；中国陶瓷业兴起
932 年	中国印刷术完善
973 年	刘翰著《开宝新详定本草》
984 年	日本把唐代医学整理成《医心方》
1000 年	中国指南针、火药、印刷术已十分普及
1005 年	开罗设立“智慧馆”
1044—1049 年	毕昇用胶泥制活字用于印刷
1060 年	刘禹锡著《嘉佑补注本草》
1061 年	苏颂著《图经本草》
1072 年	沈括修定《奉元历》

（续）

年代	科技成果
1074 年	乌马尔·雅依雅米研究三次方程的解法
1087 年	沈括完成《天下州县图》
1088 年	沈括开始写《梦溪笔谈》；苏州建大钟塔
1090 年	中国秦观著《蚕书》，804 年《茶经》形成“蚕茶”文明
1094 年	苏颂著《新仪象法要》
1100 年	中国造纸术传到摩洛哥；西方用蒸馏法制得酒精
1115 年	柏拉图经院哲学学派夏尔托尔学派形成
1150 年	宋朝把火药用于军事上；炼金术传入欧洲
1160 年	托勒密的《光学》被译成拉丁语
1165 年	托勒密的《天文大全》被译成拉丁语
1169 年	牛津大学创立
1170 年	英国制成彩色玻璃、平板玻璃
1180 年	英国住房开始使用玻璃窗
1195 年	英国学会了制造指南针
1197 年	朱熹著《周易参同契考异》
1211 年	日本荣西著《吃茶养生记》
1220 年	英国萨克洛波斯科著《天球论》
1230 年	中国使用火箭
1242 年	罗吉尔·培根记述了火药及其破坏力
1247 年	秦九韶著《数书九章》
1248 年	李冶著《测圆海镜》
1250 年	朝鲜崔宗俊著《新集御医提要》，吸收中国医学知识
1252 年	郎布里奇的布鲁诺著《大外科技》
1263 年	中国陈自明撰《外科精要》
1266 年	托马斯·阿奎那开始撰写《神学大全》，维护信仰主义
1267—1268 年	罗吉尔·培根著《大著作》、《小著作》、《形象多化论》，提出实验科学
1269 年	皮埃尔·德·马利克尔著《关于磁石的书信》
1271 年	北京建造回教司天台
1272 年	德国鲍尔·盖萨诺制作生丝纺车和捻丝机械
1275 年	萨里切·特格利埃尔莫著《外科术》
1281 年	中国郭守敬的授时历开始施行
1284 年	意大利发明眼镜；日本完成《本草色叶抄》

（续）

年　代	科　技　成　果
1288年	日本丹波行长著《卫生秘要》
1289年	拉温那出现木板印刷
1299年	中国朱世杰著《算学启蒙》
1303年	中国朱世杰著《四元玉鉴》
1308年	中国宋慈著《洗冤录》医书
1310年	德特里希著《论虹与光的感应》
1313年	王祯著《王祯农书》
1315年	荷兰使用闸门
1316年	蒙德诺著《蒙德诺解剖学》
1320年	中国朱思本著《舆地图》
1325年	佛罗伦萨出现铁铸大炮，使用的是中国黑火药
1340年	那木尔地区建造熔矿炉
1348年	多佛城安装成有重锤能打点的屋顶钟
1355年	中国丁巨著《丁巨算法》
1363年	基·德·肖利亚克设计老花眼用的凸透镜
1367年	基·德·肖利亚克著《大外科学》
1375年	加太罗尼亚地图
1378年	发明引信
1380年	比利时在列日建高炉
1381年	德国在奥格斯堡制造步枪
1385年	中国在南京建观象台
1389年	德国在纽伦堡建造水车，用作造纸业的动力
1395年	朝鲜制定天文图《天象列次分野之图》；米兰纳维里奥大运河上建造闸门
1406年	我国明朝人撰《救荒本草》
1420年	意大利的丰塔纳制造水雷
1422年	使用硝基炸药和地雷
1430年	《胡斯战争抄本》中记载了潜水衣帽
1437年	L. B. 阿尔贝提在秤杆上吊称海绵测定空气湿度
1439年	中国夏源泽著《指明算法》，设计出算盘每行七子式，发展了古算盘
1444年	欧洲各地出现高炉
1451年	L. B. 阿尔贝提著《论建筑》
1457年	巴黎设供水水道，实现了水的管道运输

（续）

年　　代	科　　技　　成　　果
1458年	朝鲜李纯之、金石梯著《交食椎步法》，解决日月食的推算
1459年	弗拉·马乌洛的世界地图
1466年	出现三搞航船的记载
1467年	朝鲜世宗制三角洲量仪——窥衡·印地仪
1488年	达·芬奇设计压力计、飞行器草图、机械图
1492年	马尔丁·派哈姆制作地球仪；哥伦布发现磁偏角
1495年	达·芬奇发明压缩蒸汽点火枪
1500年	达·芬奇设计了降落伞、风力计、湿度计、纺纱机、路动车床等草图
1517年	在纽伦堡制作轮式板机枪
1535年	西班牙奥维埃德首次对橡胶做了记述；克托纳在枪膛内开螺旋形沟纹即来复线
1543年	葡萄牙人用中国船到达种子岛；哥白尼《天体运行》发表，创立日心说；比利时维萨里《人体的构造》出版，开创了近代解剖学
1553年	西班牙塞尔维特《基督教的复兴》记述了肺循环
1558年	意大利的波尔塔谈到透镜产生光的折射
1559年	意大利的哥伦布对肺循环作了记述
1568年	朝鲜宣祖代、李长孙发明炮弹“飞击震天雷”
1576年	丹麦第谷·布拉赫在赫芬岛上建设天文观测台
1583年	利马窦在中国肇庆观测日月食
1584年	利马窦制作世界地图“山海舆地图”（肇庆版）
1589年	英国用织袜机使编织机械化
1590年	荷兰的詹森发明复式显微镜
1596年	李时珍著《本草纲目》
1600年	意大利的法布里茨奥在《胚胎发生》中，记述了鸡胚胎生成的各个阶段
1603年	李时珍《本草纲目》再版（江西本）
1604年	德国开普勒讨论了透镜成像
1609年	开普勒在《新天文学》中，提出关于行星运动的第一、二定律；伽利略用望远镜观测天体，发现了木星的凹凸现象
1610年	伽利略著《星界报告》；法国贝干撰《化学的初学者》
1611年	开普勒发表《折射光学》
1612年	伽利略设计温度计
1615年	开普勒著《葡萄酒桶的形状与体积的计算》

（续）

年　代	科　技　成　果
1616 年	意大利达·斯特拉达制成精巧的水泵
1617 年	英国的耐普尔在《Rabdoloqia》中谈了他的计算机械
1618 年	开普勒著《哥白尼天文学纲要》
1619 年	开普勒在《宇宙的和谐》中提出了行星运动第三定律；伽利略关于彗星的讨论
1620 年	英国的弗兰西斯·培根著《伟大的复兴》（包括《新工具》），强调实验与逻辑方法；葡萄牙的 C. 德列贝尔用自制的潜水船潜入泰晤士河；英国用煤炼铁
1621 年	中国茅元仪著《武备忘》，其中有郑和航海图、兵图等；荷兰斯涅尔记述了光的折射定律
1622 年	英国皇家学会会员参加专利评审
1623 年	康帕内拉着《太阳城》
1624 年	英国布里格斯著《对数算法》；英国甘塔发明函数尺
1627 年	中国王徽《远西奇器图说》介绍西方机械；培根著《新大西岛》、《林木集》；开普勒著《鲁道夫天文表》
1628 年	英国哈维著《关于动物及血液流动解剖学研究》；中国陈嘉谟著《图像本草蒙签》
1629 年	意大利布兰卡著《机械》一书
1630 年	意大利盖塔尔迪著《数学解析与综合》
1631 年	英国奥特里德著《数学的钥匙》，哈奥特著《解析法演算》；朝鲜郑斗源从明朝等地将天文、历算等中文科学著作以及望远镜、自鸣钟、红衣炮等带回朝鲜
1632 年	伽利略《两大世界的对话》用潮汐现象说明地动说；意大利的卡瓦列利提出抛射物运动轨迹是抛物线
1633 年	日本建造安宅九船
1634 年	中国徐光启完成《崇祯历书》；英国穆费著《昆虫世界》
1636 年	法国费马撰写《平面及立体轨迹论入门》
1637 年	中国宋应星著《天工开物》；法国笛卡儿著《几何学》、《气象学》、《方法论》和《折射光学》
1638 年	伽利略著《两门新科学的议论及数学证明》，确定了落体定律
1639 年	徐光启著《农政全书》；法国沙格著《关于圆锥与平面相交的研究草案》
1640 年	日本今村知商著《因归其歌》
1641 年	笛卡儿著《形而上学沉思》
1642 年	法国帕斯卡发明帕斯卡计算机

（续）

年　代	科　技　成　果
1643年	意大利的托里拆利进行大气压力的实验，托里拆利真空
1644年	荷兰发明圆锯；笛卡儿著《哲学原理》
1645年	意大利格劳勃著《新蒸馏技术》；中国采用“时宪历”
1646年	德国A. 基尔比发明幻灯
1647年	法国帕斯卡做关于真空的实验
1648年	德国格劳勃著《新哲学之炉》，提出盐酸、硫酸的制法
1649年	西医传入日本
1650年	格里凯“马德堡半球实验”
1651年	哈维著《动物的发生》
1653年	瑞典路德贝克发现淋巴管
1654年	霍布斯著《论物体》；克拉瓦比著《药品制造术》
1655年	荷兰惠更斯发现土星、卫星及土星环
1657年	惠更斯制作最早的振子时钟
1660年	英国波义耳确定波义耳定律；胡克确定胡克定律
1661年	波义耳著《怀疑派的化学家》，提出科学的元素概念
1662年	法国费马确定光的折射定律
1663年	英国牛顿设计用蒸汽反冲力推动的四轮车
1664年	波义耳著《关于光的实验与考查》
1665年	英国胡克在《微形图》中记述了细胞（小室）
1666年	波义耳著《形态与质的起源》；牛顿流数法
1667年	中国李中梓著《本草通元》；戈雷戈里著《圆与双曲线求积》
1668年	丹麦的麦卡托在《对数技法》中论述了无限级数的展开
1669年	牛顿撰写《运用无限多项方程的分析学》，制作反射式望远镜
1670年	莱布尼茨撰写运动论，制作能进行加减乘除运算的计算机
1671年	V. D. 海顿兄弟发明由1个空气室2个汽缸组成的可以连续喷射的灭火机
1672年	牛顿在《关于光的颜色的新理论》中记述了用棱镜进行光的色散和复合发现七色光
1673年	惠更斯出版《震子钟》，设计火药发动机
1674年	胡克提出行星轨道是切线运动和中心运动之合成
1675年	莱布尼茨使用微积分记号；丹麦的勒丹提出光速有限的观点；牛顿发现“牛顿环”；法国雷梅里撰《化学教程》；贝门发现“有机玻璃”
1676年	法军配有长形手榴弹

（续）

年　代	科　技　成　果
1677 年	胡克发现精子；莱布尼茨完成微积分；出现用水车带动的织布机
1678 年	马里特著《关于空气性质的论述》
1679 年	德雍克著《植物研究导论》
1680 年	英国出现木制轨道的轨道车
1681 年	英国格鲁撰《胃肠的比较解剖学》
1682 年	中国汪昂著《本草备要》
1683 年	日本出现天球图和地球圈
1684 年	莱布尼茨著《关于求极大、极小以及切线的新方法，对分数或无理数也适用》；牛顿撰《论物体的运动》
1686 年	莱布尼茨提出积分算法
1687 年	法国巴本设计了一种蒸汽机
1688 年	法国设海军造船厂
1690 年	惠更斯在《关于光的探讨》中提出光的波动说
1694 年	莱布尼茨《创新自然体系》
1696 年	法国罗比塔在《无限小的解析》中提出了罗比塔定理
1698 年	英国出现蒸汽抽水机
1699 年	法国阿蒙顿发表摩擦定律
1700 年	柏林“科学协会”创立
1704 年	牛顿《光学》出版
1708 年	英国 A. 达比砂模铸造
1709 年	意大利制造钢琴
1710 年	牛顿著《酸的本性》
1713 年	牛顿《自然哲学数学原理》第 2 版；德国造大炮膛床；英国用焦炭炼铁
1714 年	德国华伦海特制水银温度计；英国米尔研究打字机
1715 年	英国泰勒提出关于级数展开的泰勒定理；格雷厄姆发明离合器；北京引入西方钟表
1718 年	英国哈雷发现恒星的固有运动；法国制造渗碳钢
1920 年	德国留波尔德设计高压蒸汽机；凯拉设计铸造型大炮
1723 年	施塔尔著《哲学及实验的化学基础》
1728 年	英国布拉德雷发现米行差
1729 年	英国格雷做电的传导性实验
1733 年	英国凯伊发明使用飞梭

（续）

年　代	科　技　成　果
1735年	林耐在《自然系统》中对植物按雌雄蕊分类，提出林耐24纲
1736年	乾隆皇帝鼓励开发矿山；英国出现用纽可门机为动力的拖轮
1739年	英国建玻璃厂
1740年	亨茨曼用坩埚法炼钢
1741年	张琰著《种痘新书》
1742年	瑞典摄尔胥斯制定摄氏温标；英国马可劳林定级数展开定理
1745年	克莱斯特设计莱顿机
1747年	罗蒙诺索夫著《对热与冷原因的考察》
1749年	法国布丰撰《博物志》；赛纳克撰《心脏结构及其作用》
1750年	美国富兰克林发明避雷针，提出电的流体说；英国米歇尔推测磁力的反比平方定律
1751年	狄德罗、达朗贝尔等法国百科全书派出版《百科全书》
1752年	法国盖塔尔对火山进行研究
1754年	德罗著《论自然的解释》
1755年	康德提出太阳系起源的星云假说、潮汐摩擦阻碍地球自转的假说
1756年	大英博物馆创立
1765年	瓦特发明冷凝器改革蒸汽机
1767年	R. 雷诺设计铸轨铁道；英国哈特里弗斯发明“珍妮纺纱机”；普利斯特利著《电学历史与现状》
1768年	库克船长赴太平洋探险；英国设立皇家学院
1769年	法国制蒸汽三轮车；英国制梁式发动机
1774年	J. 斯米顿制57千瓦的组可门机；瑞士金纳造光学玻璃
1777年	拉瓦锡著《关于燃烧的一般报告》，提出氧化燃烧理论
1781年	J. 瓦特制成大型发动机；赫舍尔发现天王星；卡文迪许电解水
1782年	意大利伏打制作“电池”（伏打电池）；康德著《形而上学导论》
1783年	法国查理做氢气球实验
1784年	法国阿雨著《关于结晶构造的理论尝试》；赫舍尔《论天体结构》；P. 鲁彭制气体发动机
1785年	法国库仑提出库仑定律；赫舍尔完成大型反射望远镜；英国默多克制蒸汽车；法国P. 布兰夏尔乘气球飞越英吉利海峡
1786年	英国J. 菲奇制作用蒸汽开动一组桨的船；康德著《自然科学的形而上学基础》
1787年	拉瓦锡、吉顿、弗尔克洛瓦、贝尔托莱发表《化学命名法》

（续）

年　代	科　技　成　果
1788年	瓦特发明离心调速器
1789年	拉瓦锡著《化学原理》，制化学元素表，包括33种元素；法国P.J.L.贝尔托莱用氯和碱制作漂白粉
1790年	纺纱机普遍使用蒸汽动力
1791年	美国J.沃克取得燃气轮机和压缩机专利
1792年	德国李希特提出化学当量的概念
1793年	法国夏皮设计光电报
1794年	英国H.莫兹利发明带滑台刀架的车床
1795年	英国赫顿著《地球理论》
1796年	法国拉普拉斯著《宇宙体系概说》，丰富了康德星云假说
1798年	英国詹纳发表《关于牛痘的原因及作用的研究》；伦福德提出摩擦热的实验报告
1799年	谢林著《自然哲学体系的最初草案》；拉普拉斯著《天体力学》；法国居维叶著《比较解剖学》；法国普鲁斯特提出定比定律；法国P.勒朋取得将煤气与空气压缩发动的内燃机专利
1800年	伏打发表有关电池的论文；英国武拉斯顿与赫舍尔发现红外线；伏特发现电解反应
1801年	英国万兹瓦斯-克洛伊顿间的货运铁路开通；德国里特发现在电堆两极呈现相反的电荷
1802年	盖·吕萨克提出气体膨胀定律；道尔顿提出气体分压定律；美国R.特列维西克取得高压蒸汽机专利
1803年	道尔顿原子论、倍比定律、原子星表；贝采利、马斯奠定电化学基础
1804年	英国A.沃尔弗研制复式发动机
1805年	德国塞尔丢尼尔从鸦片中分离出吗啡；英国出现镀锌铁
1806年	布鲁门巴哈奠定了人类学基础
1807年	英国托马斯·杨提出“能”的概念
1808年	道尔顿著《化学的新体系》，原子论趋于完备
1809年	法国拉马克著《动物哲学》，进化论思想形成
1810年	英国W.武拉斯顿发现胱氨酸
1811年	傅立叶提出傅立叶级数；意大利阿伏伽德罗提出分子假说；法国阿拉戈发现色偏光现象
1812年	居维叶著《关于四脚兽骨化石的研究》；丹麦奥斯特著《关于化学力与电力统一性的研究》
1813年	德国使用精馏塔

（续）

年　代	科　技　成　果
1814年	贝采利乌斯提出化学元素符号，确定化学符号系统；英国用煤气灯
1815年	拉马克著《无脊椎动物》
1816年	菲涅尔做光的干涉实验
1817年	德贝莱纳提出三元素组；黑格尔著《哲学全书》
1818年	德国冯·索尔布龙研制自行车
1819年	机帆船“萨凡纳号”横渡大西洋
1820年	法国安培提出电磁作用定律；多·科尔马尔制作计算机“阿里斯”马达
1821年	法拉第微电流磁效应产生运动实验
1822年	法国彭色列创立射影几何学
1823年	法拉第液化成功许多气体
1824年	法国卡诺《关于火的动力考察》确定卡诺循环；英国J. 阿斯普丁研制水泥
1825年	居维叶在《地表变革论中》提出激变论
1826年	挪威阿贝尔提出无限级数的定理；英国迈纳伊海峡建吊桥
1827年	欧姆定律；R. 布朗发现布朗运动；英国用水泥铺路
1828年	维勒合成尿素
1829年	俄国的罗巴切夫斯基创非欧几何学
1830年	李比希研究有机化学
1831年	英国J. 亨利发现电磁感应现象；法拉第发现电磁感应电流；R. 布朗发现植物细胞中的细胞核
1832年	美国的萨克斯顿制作发电机；德国S. 坎谢塔特制作五针电报机；德国恩科计算双星轨道
1833年	法拉第电解定律提出
1834年	美国R.M. 麦克米克发明收割机
1835年	英国T. 达文波特制作电动机；巴黎协和广场铺沥青路面
1836年	法国的柯西提出光的色散理论；美国出现卧铺车
1837年	法国杜特洛谢证实叶绿素是光合作用不可缺少的因素；德国贝塞尔利用恒星视差测定恒星到地球的距离
1838年	德国施莱登提出植物细胞学说；挪威缪尔达提出蛋白质的概念；法国实现铝焊接
1839年	施旺著《关于动物和植物结构与成长的一致性的显微研究》，奠定了细胞学基础；达尔文著《贝格尔舰航海记》，是进化论的重要著作之一；法国L.J. 达克尔完成银版照相术

（续）

年　代	科　技　成　果
1840年	焦耳定律确定；俄国赫斯果提出总热量不变定律；英国麦克米伦制早期自行车；英国C. 巴贝奇设计机械式计算机
1841年	R. 迈尔著《各种力量和质的规定》
1842年	多普勒效应被发现；A. 佩思设计可以传递图案的收发机
1843年	焦耳测定热动当量；中国魏源著《海国图志》
1844年	法拉第揭示磁化光能不变的规律
1845年	德国费尔肖研究白血病；美国E. 哈维发明缝纫机
1846年	勒维烈等发现海王星；C. 桑拜因发明硝化纤维炸药
1847年	赫尔姆霍茨《论力的守恒》；格塔贝卡制成绝缘电缆
1848年	中国徐继畲著《瀛环志略》
1849年	法国菲索测定光速
1850年	克劳修斯提出热力学第二定律
1851年	法国傅科用单摆证明了地球的自转
1852年	法国H. J. 吉法德制作装有2.2千瓦蒸汽机的飞艇
1853年	日本在军事上使用西方大炮
1854年	德国黎曼著《论成为几何学基础的假说》，创黎曼几何
1855年	约尔特设计“自激发电机”
1856年	洛采著《微观世界》
1857年	英国H. C. 索尔比研究《金相学》
1858年	达尔文系统提出进化论思想；凯库勒提出碳原子四价说
1859年	达尔文《物种起源》出版；本生、基尔霍夫制分光镜
1860年	英国E. 考伯用耐火砖建高炉；平炉炼钢商业化
1861年	英国W. 汤姆生提出CGS单位制
1862年	基尔霍夫对太阳光谱进行分析；出现双螺旋桨船和钢制船舱
1863年	法国雷诺设计煤气发动机；赫胥黎著《人类在自然界中的地位》
1864年	英国哈金斯研究恒星光谱，用显微镜研究金相学
1865年	克劳修斯发现熵增加原理；孟德尔确定遗传定律；英国麦克斯韦著《电磁场的动力学理论》；纽兰兹提出“八音律”；大西洋铺设海底电缆
1866年	英国W. H. 帕金爵士合成茜素
1867年	德国贝特劳发现渗透压
1868年	达尔文著《育成动植物的变异》
1869年	门捷列夫著《化学原理》，发现周期律；希托夫等研究阴极射线

（续）

年　代	科　技　成　果
1870 年	德国迈尔撰写关于周期律的论文；罗德金试验用碳棒的电灯
1871 年	达尔文著《人类起源》；英国 P. 布拉泽胡德设计三缸发动机
1872 年	恩格斯著《自然辩证法》；美国 E. 威斯顿用发电机作电源
1873 年	麦克斯韦著《电磁论》；德国范德瓦斯提出气体状态方程
1874 年	范特霍夫创立体化学；吉布斯将平衡自由度与保持平衡的相关系（相律）公式化
1875 年	麦克斯韦研究比热的分子论；维也纳的 S. 马克斯制作磁点火的四冲程发电机
1876 年	法国研制冷冻机
1877 年	德国波尔兹曼提出热力学第二定律与概率算法，或与热平衡定理的关系；液化氧、氮成功
1878 年	美国 E. 里切尔发明以蒸汽为动力驱动的螺旋桨飞艇；德国库恩统一酶概念；爱迪生发明白炽电灯
1880 年	出现公共汽车
1881 年	迈克尔逊否定以太的实验
1882 年	赫尔姆霍茨提出自由能概念；德国弗莱明研究细胞分裂；德国的 G. 戴姆勒与 W. 迈巴哈研制汽油发动机；爱迪生在纽约建供电系统；瑞典的德·拉沃尔研制反冲式汽轮机
1883 年	丹麦康托尔著《一般集会论基础》；镍铜问世
1884 年	德国 E. 费歇尔合成糖类
1885 年	瑞士巴尔末发现元素光谱系列
1886 年	电解铝研制成功
1887 年	瑞典阿伦尼玛斯提出电离学说；范特霍夫证实了稀溶液定律；美国试用电车
1888 年	挪威人著《连续交换群论》；德国人用青蛙的半胚生成正常胚；赫兹证实了麦克斯韦的电磁理论
1889 年	德国普朗克著《能量守恒定律》；法国建巴黎铁塔；德·查尔东奈特制成人造丝
1890 年	柯赫发明抗结核菌素；英国出现通廊式火车
1891 年	法国鲁·夏特里埃设计热电偶高温计；荷兰大量生产白炽灯
1892 年	荷兰洛伦兹提出洛伦兹电子论
1893 年	洛伦兹和美国的菲茨杰拉德各自独立提出长度缩短假说；英国出现以煤气发动机为动力的拖拉机
1894 年	美国贝特逊研究遗传学的突变

（续）

年　代	科　技　成　果
1895 年	德国伦琴发现 X 射线；意大利 G. 马可尼把赫兹波用于电信
1896 年	法国贝克勒尔发现放射性
1897 年	J.J. 汤姆生发现电子；瑞典巴尔末完成氢光谱系的巴尔末公式
1898 年	居里夫妇研究贝克勒尔现象，发现镭和钋；S. 杜蒙和 F. 齐伯林制成以汽油发动机为动力的飞艇
1899 年	伊布试验海胆人工单性生殖成功
1900 年	普朗克辐射定律；莱特兄弟开始滑翔实验
1901 年	开始颁发诺贝尔奖；日本八幡炼铁厂第一座高炉开始生产
1902 年	卢瑟福和索迪发现原子蜕变；吉布斯著《统计力学基础原理》
1903 年	英国威尔逊设计威尔逊雾室；莱特兄弟制作四缸 8.9 千瓦汽油发动机为动力的飞机；德国尤斯特等用钨制灯丝
1904 年	洛伦兹提出洛伦兹变换；英国 J.A. 费莱明根据爱迪生效应发明了二级真空检波管
1905 年	爱因斯坦在《论动体的电力学》一文中提出狭义相对论和光量子论；德国霍夫曼测定电子质量随速度变化
1906 年	能斯特提出热力学第三定律
1907 年	美国德·福列斯特发明三级真空管
1908 年	卢瑟福、盖革（德）研制 α 射线计数管；K. 霍夫曼与特尔用异戊二烯合成橡胶
1909 年	卢瑟福指出 α 粒子即氦核
1910 年	美国摩尔根提出遗传基因说
1911 年	爱因斯坦著《引力对光的传播的影响》；卢瑟福著《物质使粒子和 β 粒子散射及原子结构》
1912 年	奥地利赫斯确认宇宙线的存在；德国劳厄用晶格使 X 射线发生衍射；L.V. 米丘林杂交法得到美国的承认
1913 年	玻尔原子结构理论
1914 年	德国帕狄修公司用氨的接触氧化法制硝酸
1915 年	爱因斯坦提出广义相对论（第 2 年公开发表论文《广义相对论理论基础》）；索末菲解释光谱的精细结构；德国制全金属飞机
1916 年	战争中使用坦克
1917 年	爱因斯坦提出相对论的宇宙论
1918 年	贝尔研究设计载波电话
1919 年	阿斯顿质谱仪；罗素著《数理哲学导论》；英国观测队观测到光线通过太阳附近时弯曲；飞机飞越大西洋成功

（续）

年　代	科　技　成　果
1920 年	美国 KDKA 电台开始播音；日本自然科学研究组织“学术研究会”成立
1921 年	北京周口店第一次调查（1923 年发现猿人牙齿）
1922 年	英国埃文斯等发现维生素 E；美国班廷等分离胰岛素
1923 年	法国德布罗意提出电子波假说
1924 年	印度的玻色将玻色统计处理光子的论文送给爱因斯坦
1925 年	瑞士泡利提出不相容原理；德布罗意、海森堡等创立量子力学；德国的贝尔格记录人的脑电图；英国切尔姆斯电台使用短波
1926 年	量子力学形成；薛定谔发表《论作为本征值问题的量子化》；J. L. 贝尔德研究红外暗视机；恩格斯《自然辩证法》第一次在前苏联出版；竺可桢提出中国气候脉动说
1927 年	玻尔互补原理；海森堡测不准关系；穆勒人工改变遗传基因实验
1928 年	狄拉克预言正电子的存在；英国弗莱明发现青霉素；美国试播电视；德国詹格尔思进行血型分类（A、AB、B、O 型）
1929 年	哈勃定律；爱因斯坦提出统一场论的设想；“齐柏林号”飞艇绕地球飞行一周
1930 年	前苏联亚历山德洛夫著《拓扑几何学》
1931 年	美国的劳伦斯发明回旋加速器；美国的泡利提出中微子假说；美国建成 102 层 375 米高的帝国大厦
1932 年	美国的安德森发现正电子；英国的查德威克发现中子；中国物理学会、化学学会成立
1933 年	美国的 V. K. 兹渥里金发明光电摄像管；瑞士卡勒确定维生素 A 的结构
1934 年	英国制超高精度大型铣床
1935 年	费米用中子进行核反应研究；英国的 W. 瓦特实验防空脉冲雷达
1936 年	前苏联的奥巴林《生命起源》出版；美国制造波音 B－17 轰炸机
1937 年	美国的尼德迈耶等在宇宙线中发现介子；英国 F. 惠特尔实验喷气发动机
1938 年	哈恩等发现铀核裂变；路易斯酸碱理论问世
1939 年	奥本海默提出黑洞理论；V. 兹渥里金制成高性能的电子显微镜；日本研制出远程飞机；
1940 年	意大利装配喷气发动机飞机
1941 年	美国的卡斯特发明电子回旋加速器
1942 年	美国建原子反应堆；潜水艇大量生产
1943 年	德国发明 V－2 火箭
1945 年	美国制成原子弹
1946 年	美国的洛伦兹制同步回旋加速器；美国完成 ENIAC 及 EDVAC 计算机

（续）

年　代	科　技　成　果
1947年	巴西拉蒂斯等发现重轻2种介子；美国制成B-47喷气轰炸机
1948年	美国在帕罗山天文台架设口径为5米的天文望远镜；贝尔研究所研究出晶体三极管
1949年	发现介子；前苏联进行原子弹实验；美国波音-50飞机成功地不着陆飞行绕地球1周
1950年	美国制造无人驾驶飞机；英国建雷达驱逐舰
1951年	挪威奥尔特弄清了银河系结构；美国制成UNIVAC-1型、IEDPM-71型电子计算机
1952年	美国建造核动力航空母舰、核动力潜艇
1953年	英国沃森、克里克发现DNA螺旋结构
1954年	美国在比基尼环礁进行氢弹试验；钱学森发表《工程控制论》
1955年	奥乔亚人工合成RNA
1956年	美国孔勃格人工合成DNA
1957年	前苏联发射第一颗人造卫星
1958年	美国完成USSC电子计算机；美国发射第一颗人造卫星
1959年	前苏联发射登月火箭1、2号成功到达月球
1960年	制定ALGOL、COBOL计算机语言
1961年	美国尼伦泊格用DNA人工合成蛋白质分子；前苏联载人宇航飞行成功
1962年	美国约瑟夫逊提出隧道效应；美国成功发射通讯卫星；库恩著《科学革命的结构》
1963年	日本建成超高压、超高温装置（10万标准大气压，3 000 ℃）
1964年	盖尔曼、兹微格各自独立地建立夸克理论；中国爆炸第一颗原子弹
1965年	前苏联宇航员太空行走成功；中国人工合成胰岛素
1966年	前苏联无人驾驶宇宙飞船在月球软着陆
1967年	中国氢弹实验成功；世界新技术革命兴起，美、日、德、法等国率先发展
1968年	马塞克超球坐标法公式化
1969年	“阿波罗11”号登上月球
1970年	中国发射人造卫星“东方红”号
1971年	阿波罗计划中使用月面车（LRV）
1972年	中国长沙马王堆汉墓出土
1973年	美国发射水星探测器
1974年	丁肇中发现J/4粒子
1975年	美国发射火星探测器“海盗号”

（续）

年　代	科　技　成　果
1976 年	电子计算机证明四色定理
1977 年	美国发射木星及土星探测器；日本发射同步卫星
1978 年	通过遗传基因重组合成胰岛素
1979 年	韩国建成核电站
1980 年	中国洲际导弹试验成功
1981 年	美国航天飞机“哥伦比亚号”返回地球成功
1982 年	中国大部分学术团体恢复了学术活动
1983 年	中国研制成功“银河”亿次计算机
1984 年	中国研究蛋白质的合成；发达国家投资研究生物工程
1985 年	日本研究第五代计算机，开发太平洋
1986 年	美国与前苏联联合研究宇航技术；中国制定发展高科技的“863 计划”
1987 年	美国探测到太阳系的 4 颗新卫星；中国推行高技术产业的“火炬计划”和普及普通技术的“星火计划”
1988 年	德国核子研究取得进展；世界性的超导研究提高超导温度
1989 年	中国与前苏联恢复正常关系、恢复学术交流；中国“长征三号”火箭研制成功
1990 年	美国拍下了太阳系的俯视照片；确定细胞骨架模型
1990 年	美国发现夸克存在的第一个证据
1991 年	德国发现细胞离子通道
1992 年	美国发现逆转蛋白质磷酸化是细胞的调节机制
1993 年	美国发明了聚合链式反应法
1994 年	发展了中子衍射技术，回答了原子运动问题
1995 年	发现了比电子重 3 500 倍的粒子
1996 年	美国费米实验室和欧洲核子研究中心分别合成了反氢原子
1997 年	英国利用体细胞培养克隆羊成功
1998 年	美国研制出具有全能分化潜力的人胚胎干细胞
1999 年	美国科学家首次成功制造出人工脱氧核糖核酸（DNA）分子
1999 年	中国“神舟”号宇宙飞船发射成功

附录二

科学技术史上的名著

序号	作　者	国别	时　　间	书　　名
1	欧几里得	希腊	前300年	《几何原本》
2	—	中国	前300年	《山海经》
3	—	中国	前267年	《黄帝内经》
4	—	中国	前140年	《周礼·考工记》
5	—	中国	前30年	《周髀算经》
6	—	中国	公元1世纪下半叶	《九章算术》
7	张仲景	中国	约200年	《伤寒杂病论》
8	陶弘景	中国	1—2世纪	《神农本草经集注》
9	贾思勰	中国	540年	《齐民要术》
10	王孝通	中国	约625年	《缉古算经》
11	陆羽	中国	约761年	《茶经》
12	秦观	中国	1090年	《蚕书》
13	萨克洛波斯科	—	1220年	《天球论》
14	秦九韶	中国	1247年	《数书九章》
15	丹波行长	日本	1288年	《卫生秘要》
16	朱世杰	中国	1299年	《算学启蒙》
17	朱世杰	中国	1303年	《四元玉鉴》
18	王祯	中国	1313年	《王祯农书》
19	蒙德诺	—	1316年	《蒙德诺解剖学》
20	夏源泽	中国	1439年	《指明算法》
21	哥白尼	波兰	1543年	《天体运行论》
22	维萨里	比利时	1543年	《人体的结构》
23	李时珍	中国	1596年	《本草纲目》
24	开普勒	德国	1609年	《新天文学》

（续）

序号	作　者	国别	时　　间	书　　名
25	伽利略	意大利	1610年	《星界报告》
26	开普勒	德国	1618年	《哥白尼天文学纲要》
27	开普勒	德国	1619年	《宇宙的和谐》
28	布里格斯	英国	1624年	《对数算法》
29	哈维	英国	1628年	《关于动物及血液流动解剖学研究》
30	哈维	英国	1628年	《心血循环运动论》
31	兰卡	意大利	1629年	《机械》
32	伽利略	意大利	1632年	《关于托勒密和哥白尼两大世界体系的对话》
33	笛卡儿	法国	1637年	《几何学》、《气象学》、《方法论》和《折射光学》
34	伽利略	意大利	1638年	《两门新科学的议论及数学证明》
35	徐光启	中国	1639年	《农政全书》
36	格劳勃	意大利	1645年	《新蒸馏技术》
37	哈维	英国	1651年	《动物的发生》
38	波义耳	英国	1661年	《怀疑派的化学家》
39	波义耳	英国	1664年	《关于光的实验与考查》
40	胡克	英国	1665年	《微形图》
41	牛顿	英国	1669年	《运用无限多项方程的分析学》
42	牛顿	英国	1672年	《关于光的颜色的新理论》
43	牛顿	英国	1678年	《自然哲学的数学原理》
44	牛顿	英国	1684年	《论物体的运动》
45	莱布尼茨	德国	1684年	《关于求极大、极小以及切线的新方法，对分数或无理数也适用》
46	牛顿	英国	1704年	《光学》
47	牛顿	英国	1710年	《酸的本性》
48	林耐	瑞典	1735年	《自然系统》
49	赛纳克	法国	1749年	《心脏结构及其作用》
50	康德	德国	1755年	《自然通史和天体论》
51	普利斯特利	英国	1767年	《电学历史与现状》
52	拉瓦锡	法国	1777年	《关于燃烧的一般报告》
53	拉瓦锡	法国	1777年	《化学纲要》
54	康德	德国	1782年	《形而上学导论》

（续）

序号	作　者	国别	时　　间	书　　名
55	赫歇尔	英国	1784 年	《论天体结构》
56	康德	德国	1786 年	《自然科学的形而上学基础》
57	拉瓦锡	法国	1789 年	《化学原理》
58	赫顿	英国	1795 年	《地球理论》
59	拉普拉斯	法国	1796 年	《宇宙系统论》
60	马尔萨斯	—	1798 年	《人口论》
61	拉普拉斯	法国	1799 年	《天体力学》第 1 卷
62	居维叶	法国	1799 年	《比较解剖学》
63	道尔顿	英国	1808 年	《化学的新体系》
64	拉马克	法国	1809 年	《动物哲学》
65	奥斯特	丹麦	1812 年	《关于化学力与电力统一性的研究》
66	拉马克	法国	1815 年	《无脊椎动物》
67	黑格尔	德国	1817 年	《哲学全书》
68	卡诺	法国	1824 年	《关于火的动力考察》
69	居维叶	法国	1825 年	《地表变革论》
70	赖尔	英国	1830—1833 年	《地质学原理》
71	施旺	德国	1839 年	《关于动物和植物结构与成长的一致性的显微研究》
72	达尔文	英国	1839 年	《贝格尔舰航海记》
73	李比希	德国	1840 年	《有机化学在农业和生理学上的应用》
74	迈尔	德国	1841 年	《各种力量和质的规定》
75	亥姆霍兹	德国	1847 年	《论活力守恒》
76	微耳和	英国	1858 年	《细胞病理学》
77	达尔文	英国	1859 年	《物种起源》
78	赖尔	英国	1863 年	《古代人类》
79	麦克斯韦	英国	1865 年	《电磁场的动力学理论》
80	门捷列夫	俄国	1869 年	《化学原理》
81	达尔文	英国	1871 年	《人类起源》
82	恩格斯	德国	1872 年	《自然辩证法》
83	麦克斯韦	英国	1873 年	《电磁论》
84	康托尔	丹麦	1883 年	《一般集合论基础》

(续)

序号	作　者	国别	时　　间	书　　名
85	普朗克	德国	1889 年	《能量守恒定律》
86	吉布斯	美国	1902 年	《统计力学基础原理》
87	爱因斯坦	美国	1905 年	《论动体的电力学》
88	爱因斯坦	美国	1911 年	《引力对光的传播的影响》
89	泰罗	美国	1911 年	《科学管理原理》
90	卢瑟福	新西兰	1911 年	《物质使 α 粒子和 β 粒子散射及原子结构》
91	爱因斯坦	美国	1916 年	《广义相对论理论基础》
92	摩尔根	美国	1919 年	《遗传的物质基础》
93	罗素	英国	1919 年	《数理哲学导论》
94	摩尔根	美国	1926 年	《基因论》
95	薛定谔	奥地利	1926 年	《论作为本征值问题的量子化》
96	贝塔朗菲	美国	1928 年	《现代发展理论》
97	亚历山德洛夫	前苏联	1930 年	《拓扑几何学》
98	薛定谔	奥地利	1944 年	《生命是什么?》
99	申农	美国	1948 年	《通信的数学理论》
100	维纳	美国	1948 年	《控制论》
101	钱学森	中国	1954 年	《工程控制论》
102	科恩	美国	1962 年	《科学革命的结构》
103	卡尔逊	美国	1962 年	《寂静的春天》
104	贝塔朗菲	美国	1968 年	《一般系统论：基础、发展和应用》
105	哈肖	德国	1977 年	《协同论导论》
106	罗维克	美国	1978 年	《人的复制——个人的无性繁殖》

附录三

科学技术的重大发现、发明

序号	发现、发明者	国别	时　间	发　现、发　明
1	—	中国	前700年	滑轮
2	欧几里得	希腊	前300年左右	《几何原本》
3	阿基米德	希腊	前250年左右	发现浮力原理
4	—	中国	约前221～前206年	建成万里长城
5	蔡伦	中国	公元105年	纸
6	张衡	中国	约117年	浑天仪
			约132年	候风地动仪
7	祖冲之	中国	462年	计算出圆周率的分数值
8	—	中国	约581—808年	火药
9	—	波斯	650年	风车
10	—	中国	868年	雕版印刷
11	—	中国	1000—1200年	固体火药火箭
12	毕昇	中国	1041—1048年	活字印刷术
13	—	中国	1100年左右	指南针
14	J. 古腾堡	德国	1450年	铅字印刷术与印刷机
15	L. 达·芬奇	意大利	1490年	较精确的人体解剖图
16	N. 哥白尼	波兰	1543年	发现太阳是太阳系的中心，提出日心说
17	G. 伽利略	意大利	1609年	提出自由落体定律
18	J. 开普勒	德国	1609—1619年	提出行星运动三定律
19	J. 耐普尔	英国	1614年	对数
20	R. 胡克	英国	1665年	发现细胞
21	I. 牛顿	英国	1665—1666年	发现光的色散现象，提出光的微粒说
22	I. 牛顿	英国	1666年	创立微积分

（续）

序号	发现、发明者	国别	时　　间	发　现、发　明
	G. W. 莱布尼茨	德国	1674年	创立微积分
23	I. 牛顿	英国	1687年	提出运动三定律和万有引力定律
24	T. 萨维利	英国	1698年	蒸汽泵
	T. 纽可门	英国	1712年	纽可门蒸汽机
	J. 瓦特	英国	1765—1769年	瓦特蒸汽机
25	J. 哈格里夫斯	英国	1765年	珍妮纺纱机
	R. 阿克赖特	英国	1769年	水力纺纱机
	S. 康普顿	英国	1779年	走锭纺纱机（骡机）
	E. 卡特莱特	英国	1785年	动力织机
26	C. W. 舍勒	瑞典	1772年	
	J. 普利斯特列	英国	1774年	发现氧气，提出燃烧的氧化学说
	A. L. 拉瓦锡	法国	1777年	
27	A. 伏打	意大利	1799年	伏打电堆
28	R. 特里维希克	英国	1804年	蒸汽火车
29	R. 富尔顿	美国	1807年	蒸汽轮船
30	J. 道尔顿	英国	1808年	提出化学原子论
31	H. C. 奥斯特	丹麦	1820年	发现电流的磁效应
32	M. 法拉第	英国	1831年	发现电磁感应现象，提出电磁感应定律
33	J. 麦考密克	美国	1834年	收割机
34	I. 皮特曼	英国	1839年	速记法
35	J. P. 焦耳	英国	1840年	发现电流的热效应，提出焦耳定律
36	J. P. 焦耳	英国	1840年	
	J. R. 迈尔	德国	1842年	各自独立提出能量守恒定律
	H. L. F. 亥姆霍兹	德国	1847年	
37	C. R. 达尔文	英国	1859年	提出生物进化论学说
38	J. C. 麦克斯韦	英国	1864年	总结电磁现象的基本规律，提出电磁经典理论，从理论上预言电磁波
39	C. J. 孟德尔	奥地利	1865年	发现遗传定律，奠定生物遗传学的基本理论
40	A. B. 诺贝尔	瑞典	1867年	炸药
41	门捷列夫	俄国	1869年	发现元素周期律，绘制元素周期表

（续）

序号	发现、发明者	国别	时　间	发　现、发　明
42	A. G. 贝尔	美国	1876年	电话
43	N. A. 奥托	德国	1876年	四冲程内燃机
44	T. A. 爱迪生	美国	1877年	留声机
45	W. 西门子	德国	1879年	电力机车
46	C. 本茨	德国	1885年	汽油汽车
	G. W. 戴姆勒	德国	1885年	
47	W. K. 伦琴	德国	1895年	发现X射线
48	A. H. 贝可勒尔	法国	1896年	发现铀的天然放射性现象
	M. B. 居里夫妇	法国	1896年起	发现放射性元素铀、钍、钋、镭
49	J. J. 汤姆生	英国	1897年	发现电子
50	M. 普朗克	德国	1900—1901年	创立量子假说，对建立量子力学产生重大影响
51	W. 莱特 O. 莱特	美国	1903年	飞机
52	A. 爱因斯坦	美国	1905年	创立狭义相对论
			1915年	创立广义相对论
53	L. 卢瑟福	新西兰	1911年	提出原子有核模型
54	N. 玻尔	丹麦	1913年	创立量子论，第一次较圆满地解释了原子结构
55	A. L. 魏格纳	德国	1915年	提出大陆漂移假说
56	W. K. 海森伯	德国	1925年	创立量子力学的矩阵形式
	E. 薛定谔	奥地利	1926年	创立量子力学的波动形式
57	J. L. 贝尔德	英国	1925年	电视
58	F. 惠特尔	英国	1930年	喷气发动机
59	E. 鲁斯卡 M. 克诺尔	德国 德国	1931年	电子显微镜
60	J. 查德威克	英国	1932年	发现中子
61	G. 雷伯	美国	1937年	射电望远镜
62	L. W. 瓦特	英国	1935年	雷达
63	O. 哈恩	德国	1939年	发现原子核的裂变现象
64	E. 费米等	美国	1942年	原子反应堆
65	—	美国	1946年	原子弹

（续）

序号	发现、发明者	国别	时　间	发　现、发　明
66	P. 艾克托 J. W. 莫奇利	美国	1946 年	ENIAC 电子计算机
67	W. B. 肖克莱 J. 巴丁 W. H. 布拉顿	美国	1947 年	晶体管
68	J. D. 沃森 F. H. C. 克里克	美国 英国	1953 年	发现脱氧核糖核酸（DNA）双螺旋结构模型，奠定分子生物学基础
69	杨振宁 米尔斯	中国 美国	1953 年	提出规范场理论
70	—	前苏联	1957 年	人造卫星
71	J. S. 基尔比 诺伊斯	美国	1958 年	集成电路
72	J. 戴沃 J. 恩伯尔伯格	美国	1961 年	机器人
73	A. A. 彭齐亚斯 R. W. 威尔逊	美国	1964 年	发现宇宙微波背景辐射，为宇宙大爆炸理论提供了观察依据
74	M. 盖尔曼 G. 茨韦格	美国	1964 年	提出强子结构的夸克模型
75	中国科学院和 北京大学	中国	1965 年	人工合成胰岛素
76	英特尔公司	美国	1971 年	微处理器
77	袁隆平	中国	1973 年	水稻杂交种利用技术
78	L. 爱德华兹 B. 斯戴克	英国	1978 年	试管婴儿
79	戈特力布	美国	1981 年	首次发现艾滋病感染者
80	A. 哈勃	美国	1990 年	哈勃空间望远镜
81	凯克天文台	美国	1999 年	发现距地球 130 亿光年的一个星系

参 考 文 献

［1］W.C. 丹皮尔. 李珩译. 科学史及其与哲学和宗教的关系. 桂林：广西师范大学出版社，2001

［2］G.E. 艾伦. 二十世纪的生命科学. 北京：北京师范大学出版社，1985

［3］M. 玻恩. 彭石安译. 爱因斯坦的相对论. 石家庄：河北人民出版社，1981

［4］M. 雅墨. 秦克诚译. 量子力学的哲学——量子力学诠释的历史发展. 北京：商务印书馆，1989

［5］N. 雷德尼克. 周昌忠译. 场. 北京：科学普及出版社，1981

［6］W. 海森伯. 范岱华译. 物理学和哲学——现代科学中的革命. 北京：商务印书馆，1984

［7］库兹涅佐夫. 刘盛际译. 爱因斯坦传. 北京：商务印书馆，1988

［8］爱因斯坦，L. 英费尔德. 周肇威译. 物理学的进化. 上海：上海科学技术出版社，1979

［9］保尔·戴维斯. 傅承启译. 宇宙的最后三分钟. 上海：上海科学技术出版社，1995

［10］比尔工作室. 科技启蒙. 北京：中国劳动社会保障出版社，1999

［11］蔡自兴等. 人工智能及其应用. 北京：清华大学出版社，1996

［12］曹林奎，虞冠军. 创建都市农业. 上海：上海教育出版社，2004

［13］查先进. 信息政策与法规. 北京：科学出版社，2004

［14］陈昌曙. 自然辩证法概论新编. 修订二版. 沈阳：东北大学出版社，2001

［15］陈厚云等. 计算机发展简史. 北京：科学出版社，1985

［16］陈述彭，曾杉. 地球系统科学和地球信息科学. 地理报告. 1997（8）

［17］陈英旭. 环境学. 北京：中国环境科学出版社，2001

［18］陈志良，明德. 知识爆炸——高科技与知识经济. 北京：科学普及出版社，1999

［19］崔海良. 大步跨越时空——信息技术. 上海：上海科技教育出版社，1996

［20］戴文赛. 戴文赛科普创作选集. 北京：科学普及出版社，南京：江苏科技出版社，1980

［21］邓小平文选 第3卷. 北京：人民出版社，1993

［22］董大钧. SAS统计分析软件应用指南. 北京：电子工业出版社，1993

［23］杜石然，范楚玉，陈美东，金秋鹏，周世德，曹婉如. 中国科学技术史稿. 北京：科学出版社，1985

［24］马克思恩格斯全集 第37卷. 北京：人民出版社，1985

[25] 方同德. 向蔚蓝的世界进军——海洋技术. 上海：上海科技教育出版社，1996
[26] 费·季·阿尔希普采夫. 卢冀宁译. 作为哲学范畴的物质. 北京：中国社会科学出版社，1984
[27] 傅世侠. 科学前沿的哲学探索. 沈阳：辽宁人民出版社，1983
[28] 高庆狮. 智能技术与系统基础. 北京：北京大学出版社，1990
[29] 胡鞍钢. 中国新发展观. 杭州：浙江人民出版社，2004
[30] 胡秉民. 微电脑在农业科学中的应用. 北京：科学出版社，1987
[31] 胡成春. 新能源. 上海：上海科学技术出版社，1994
[32] 胡海棠. 高技术与高技术产业——人类希望之光. 北京：北京科学技术出版社，1994
[33] 胡显章，曾国屏. 科学技术概论. 北京：高等教育出版社，2003
[34] 黄秉维. 区域持续发展的理论基础. 地理报告. 1997 (7)
[35] 黄天芳，陈丁堂. 现代科学简明教程. 武汉：华中师范大学出版社，2004
[36] 黄宗良，林勋建. 经济全球化与中国特色社会主义. 北京：北京大学出版社，2005
[37] 贾兰坡等. 生命的历程. 桂林：广西师范大学出版社，2000
[38] 江东亮. 新材料. 上海：上海科学技术出版社，1994
[39] 江泽民. 在全国科学技术大会上的讲话. 人民日报，1995-09-26. (1)
[40] 姜璐，王德胜等. 系统科学新论. 北京：华夏出版社，1990
[41] 姜振寰，孟庆伟，谢咏梅，黄丽华. 科学技术哲学. 哈尔滨：哈尔滨工业大学出版社，2001
[42] 蒋世仰. 21世纪天文学的重要问题. 科学. 2000 (7)
[43] 教育部社会科学研究与思想政治工作司组. 自然辩证法概论. 北京：高等教育出版社，2004
[44] 教育部师范教育司. 20世纪物理学概观. 上海：上海科技教育出版社，2001
[45] 金吾伦. 物理可分性新论. 北京：中国社会科学出版社，1988
[46] 瞿礼嘉等. 现代生物技术导论. 北京：高等教育出版社，1998
[47] 李传志. 论科技进步在经济增长中贡献份额的测算. 生产力研究. 1995 (3)
[48] 李京文，李富强. 知识经济概论. 北京：社会科学文献出版社，1999
[49] 李京文. 生产率与中美日经济增长研究. 北京：中国社会科学出版社，1993
[50] 李佩珊，许良英. 20世纪科学技术简史. 第二版. 北京：科学出版社，1999
[51] 李启斌等. 90年代天体物理学. 北京：高等教育出版社，1996
[52] 李啸虎. 科学风云录. 上海：上海科技教育出版社，2001
[53] 李星学等. 还我大自然. 北京：清华大学出版社，广州：暨南大学出版社，2002
[54] 李振基，陈小麟，郑海雷，连玉武. 生态学. 北京：科学出版社，2001
[55] 李政道. 物理学的挑战. 科学. 2000 (3)
[56] 林德宏. 科学思想史. 第二版. 南京：江苏科学技术出版社，2004
[57] 刘大椿，何立松. 现代科技导论. 北京：中国人民大学出版社，1998
[58] 刘大椿. 当代科学技术对经济社会发展的决定作用. 教学与研究. 1997 (8)

[59] 刘大椿. 自然辩证法概论. 北京：中国人民大学出版社，2004

[60] 刘光巧，杨昊. “科学技术是第一生产力”与“知识经济”辩证. 湖北民族学院学报(社科版). 2000 (3)

[61] 刘华，梅光泉. 自然科学概论. 北京：海洋出版社，2000

[62] 龙华. 摆脱地球的羁绊——空间技术. 上海：上海科技教育出版社，1996

[63] 卢鹤绂. 哥本哈根学派量子论考释. 上海：复旦大学出版社，1984

[64] 陆璇. 应用统计. 北京：清华大学出版社，1999

[65] 栾玉光. 自然辩证法原理. 合肥：中国科学技术大学出版社，2001

[66] 罗伯特. M. 索洛. 经济增长因素分析. 北京：商务印书馆，1991

[67] 马克思恩格斯选集 第3卷. 北京：人民出版社，1972

[68] 马世骏. 马世骏文集. 北京：中国环境科学出版社，1997

[69] 米尔顿·穆尼茨. 徐式谷等译. 理解宇宙——宇宙哲学与科学. 北京：中国对外翻译出版公司，1997

[70] 南京农业大学. 田间试验和统计方法. 北京：农业出版社，1985

[71] 秦志敏，秦志钰. 现代科学技术与马克思主义. 北京：红旗出版社，2004

[72] 秦志敏. 自然辩证法概论. 北京：兵器工业出版社，2002

[73] 全林. 科技史简论. 北京：科学出版社，2002

[74] 申先甲等. 物理学史简编. 济南：山东教育出版社，1985

[75] 沈小峰. 自然科学概论. 郑州：河南科技出版社，1987

[76] 盛连喜. 现代环境科学导论. 北京：化学工业出版社，2002

[77] 盛正卯. 物理学与人类文明. 杭州：浙江大学出版社，2000

[78] 史缔芬·霍金. 许明贤，吴忠超译. 时间简史. 长沙：湖南科学技术出版社，1998

[79] 宋健. 现代科学技术基础知识. 北京：科学出版社，1994

[80] 宋子良. 理论科技史. 武汉：湖北科学技术出版社，1989

[81] 孙汉文. 现代科学技术概论. 北京：中国经济出版社，1999

[82] 孙树森等. 自然辩证法通论. 北京：中国农业科技出版社，1992

[83] 孙啸霆. 现代科学技术概论. 北京：高等教育出版社，1999

[84] 孙钟秀. 电子信息技术. 南京：江苏科学技术出版社，1993

[85] 谭浩强. BASIC语言. 北京：中国科技出版社，1990

[86] 陶世龙，万天丰，程捷. 地球科学概论. 北京：地质出版社，1999

[87] 滕佳东. 管理信息系统. 大连：东北财经大学出版社，2003

[88] 王慧炯. 中国发展与改革的综合研究. 北京：五洲传播出版社，2004

[89] 王建明. 科学与技术. 沈阳：东北大学出版社，2000

[90] 王庆仁，刘秀梅，崔岩山等. 土壤与水体有机污染物的生物修复及其应用研究进展. 生态学报. 2001 (1)

[91] 王人潮，史舟. 农业信息科学与农业信息技术. 北京：中国农业出版社，2003

[92] 王如松. 高效·和谐——城市生态调控原则与方法. 长沙：湖南教育出版社，1989

[93] 王松良，林文雄．中国生态农业与世界可持续农业殊途同归．农业现代化研究．1999 (2)

[94] 王玉仓．科学技术史．第二版．北京：中国人民大学出版社，2004

[95] 魏宏森，曾国屏．系统论——系统科学哲学．北京：清华大学出版社，1995

[96] 魏宏森等．开创复杂性研究的新学科．成都：四川教育出版社，1991

[97] 乌·罗塞堡．朱章才译．哲学和物理学——原子论三千年的历史．北京：求实出版社，1987

[98] 邬焜等．自然辩证法新编．西安：西安交通大学出版社，2003

[99] 吴国盛．科学的历程．长沙：湖南科学技术出版社，1995

[100] 吴乃虎．基因工程原理．第 2 版．北京：科学出版社，1998

[101] 吴锡军，何国平．高技术——跨世纪的战略问题．南京：江苏科学技术出版社，1993

[102] 吴祥兴．现代科技概论．上海：世界图书出版公司，2002

[103] 吴义生等．自然科学概要．济南山东科学技术出版社，1981

[104] 奚旦立，孙裕生，刘秀英．环境监测．北京：高等教育出版社，1986

[105] 向德平．科学的社会价值．上虞：浙江科学技术出版社，1998

[106] 邢广义，赵良庆．科学技术发展概要．合肥：安徽科学技术出版社，1988

[107] 熊澄宇．信息社会 4.0：中国社会构建新对策．长沙：湖南人民出版社，2002

[108] 徐长山，王德胜等．科技发展简史．北京：解放军出版社，2000

[109] 徐同文，于含云．知识创新——21 世纪高新技术．北京：北京科学技术出版社，2000

[110] 严力蛟，朱顺富．农业可持续发展概论．北京：中国环境科学出版社，2002

[111] 杨敬年．科学·技术·经济增长．天津：天津人民出版社，1981

[112] 杨钧锡等．信息技术——跨世纪高技术发展的先导．北京：北京科学技术出版社，1994

[113] 杨沛庭等．科学技术论．杭州：浙江教育科学出版社．1985

[114] 杨振秀．大学生现代科技基础．北京：警官教育出版社，1998

[115] 叶锡君．大学信息技术教程．北京：中国农业出版社，2002

[116] 尹均，高志强．农业生态基础．北京：经济科学出版社，1996

[117] 余谋昌．惩罚中的醒悟．广州：广东教育出版社，1995

[118] 余谋昌．全球研究的哲学思考．北京：中共中央党校出版社，1995

[119] 余雅福，林而达．计算机农业应用．北京：中国农业科技出版社．1987

[120] 远德玉，丁云龙．科学技术发展简史．沈阳：东北大学出版社，2000

[121] 约翰·马隆．吴唐生等译．科学难解之谜．北京：经济日报出版社，2002

[122] 曾国屏．自组织的自然观．北京：北京大学出版社，1996

[123] 曾中平．高新科技知识教程．北京：中华工商联合出版社，2003

[124] 张全德，胡秉民．农业试验统计模型和 BASIC 程序．杭州：浙江科技出版社，1984